7 ANO

DESENHO GEOMÉTRICO

Ideias e imagens

Sonia Maria Gonçalves Jorge

Licenciada em Desenho e Plástica pela Universidade Estadual Paulista "Júlio de Mesquita Filho" (Unesp-SP), em Educação Artística pela Faculdade de Belas Artes de São Paulo e em Pedagogia pela Universidade do Sagrado Coração (Bauru-SP).

Editora Saraiva

Editora Saraiva

Direção Presidência: Mario Ghio Júnior
Direção de Conteúdo e Operações: Wilson Troque
Direção editorial: Luiz Tonolli e Lidiane Vivaldini Olo
Gestão de projeto editorial: Mirian Senra
Gestão de área: Julio Cesar Augustus de Paula Santos
Coordenação: Marcela Maris
Edição: Enrico Briese Casentini, Katia Takahashi e Thais Bueno de Moura
Planejamento e controle de produção: Patrícia Eiras e Adjane Queiroz
Revisão: Hélia de Jesus Gonsaga (ger.), Kátia Scaff Marques (coord.), Rosângela Muricy (coord.), Aline Cristina Vieira, Ana Maria Herrera, Ana Paula C. Malfa, Arali Gomes, Brenda T. M. Morais, Carlos Eduardo Sigrist, Cesar G. Sacramento, Daniela Lima, Diego Carbone, Gabriela M. Andrade, Heloísa Schiavo, Hires Heglan, Kátia Lopes Godoi, Lilian M. Kumai, Luciana B. Azevedo, Luiz Gustavo M. Bazana, Luís M. Boa Nova, Marília Lima, Maura Loria, Patrícia Cordeiro, Paula T. de Jesus, Raquel A. Taveira, Ricardo Miyake, Sandra Fernandez, Vanessa P. Santos; Amanda T. Silva e Bárbara de M. Genereze (estagiárias)
Arte: Daniela Amaral (ger.), André Gomes Vitale (coord.), Renato Neves (edição de arte)
Diagramação: WYM DESIGN
Iconografia e tratamento de imagem: Sílvio Kligin (ger.), Roberto Silva (coord.), Tempo Composto Ltda. (pesquisa iconográfica), Cesar Wolf, Fernanda Crevin (tratamento)
Licenciamento de conteúdos de terceiros: Thiago Fontana (coord.), Flavia Zambon (licenciamento de textos), Erika Ramires, Luciana Pedrosa Bierbauer, Luciana Cardoso Sousa e Claudia Rodrigues (analistas adm.)
Ilustrações: Adilson Secco, Angelo Shuman, Felix Reiners, Ideário Lab, Ilustra Cartoon, Léo Teixeira, Luís Moura, Luiz Rubio, Mauro Nakata e Rodrigues
Cartografia: Eric Fuzii (coord.), Alexandre Bueno (edit. arte)
Design: Gláucia Koller (ger.), Aurélio Camilo (proj. gráfico e capa) e Erik Taketa (pós-produção)
Foto de capa: Michael1959/E+/Getty Images

Avenida das Nações Unidas, 7221, 1º andar, Setor A – Espaço 2 – Pinheiros – SP – CEP 05425-902
SAC 0800 011 7875
www.editorasaraiva.com.br

Dados Internacionais de Catalogação na Publicação (CIP)

Jorge, Sonia
Desenho geométrico 7º ano / Sonia Jorge. - 6. ed. - São Paulo : Saraiva, 2019.

Suplementado pelo manual do professor.
Bibliografia.
ISBN: 978-85-472-3697-7 (aluno)
ISBN: 978-85-472-3698-4 (professor)

1. Desenho geométrico (Ensino fundamental). II. Título.

2019-0136 CDD: 372.7

Julia do Nascimento - Bibliotecária - CRB-8/010142

2024
OP: 247415
Código da obra CL 800947
CAE 649681 (AL) / 649682 (PR)
6ª edição
6ª impressão
De acordo com a BNCC.

Impressão e acabamento
Log&Print Gráfica, Dados Variáveis e Logística S.A.

Uma publicação SOMOS EDUCAÇÃO

Thinkstock/Getty Images

Caro estudante,

Este livro será seu guia na viagem de exploração ao mundo do Desenho Geométrico – uma linguagem cujo conhecimento o ajudará a compreender melhor o mundo em que vive e, por consequência, a se relacionar melhor com ele.

Proponho que você aprenda com a prática e que se divirta com as atividades. Observe, experimente, reflita, raciocine, construindo você mesmo seu conhecimento.

Coloque em sua bagagem muita curiosidade, disposição e alegria.

Boa viagem!

Sonia Jorge

Conheça seu livro

Você foi convidado a viajar pelo mundo do Desenho Geométrico tendo este livro como guia. Saiba o que ele oferece para você.

Abertura de capítulo
Imagens acompanhadas de um breve texto trazem ideias, situações e aplicações práticas do tema do capítulo.

Olhando ao redor
Relaciona as aplicações do Desenho Geométrico à vida cotidiana, abordando questões ambientais, de cidadania, trabalho, arte, cultura, etc. Como esse estudo pretende ser uma fonte de prazer, divirta-se com as atividades e socialize seus conhecimentos.

De olho na mídia
Notícias de jornais, revistas e internet originam propostas de atividades que o levam a pensar além do conteúdo do capítulo.

Você sabia?
Ampliando o tema, esse boxe traz curiosidades e outras informações.

Compreendendo ideias
Essa seção é um convite para observar, experimentar, analisar, comparar, deduzir, enfim, para fazer suas próprias descobertas e compreender as ideias que fundamentam as propriedades geométricas.

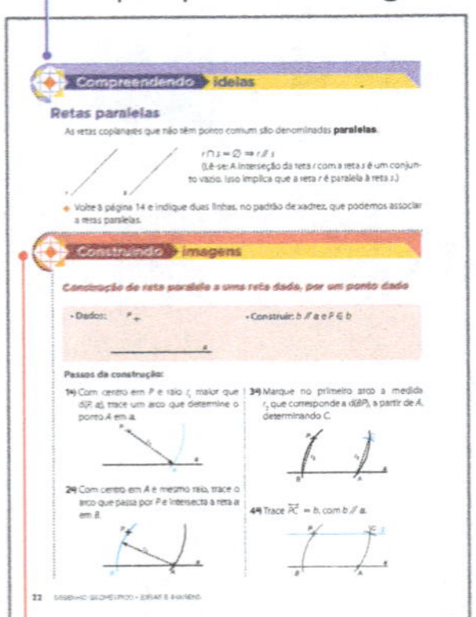

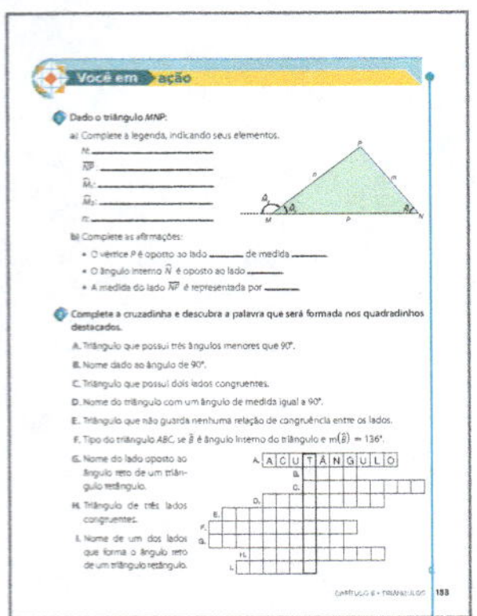

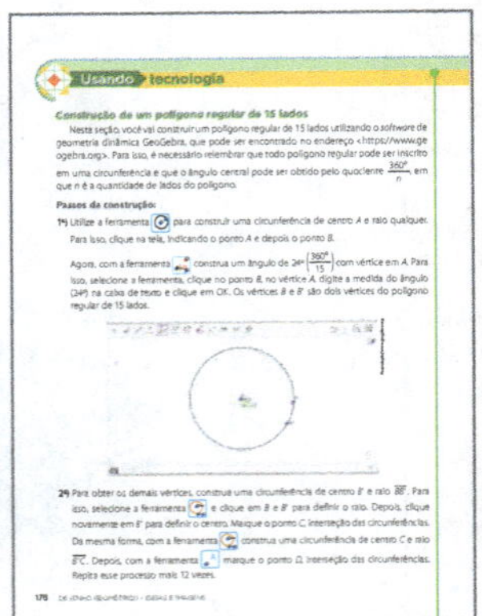

Usando tecnologia
Propõe a utilização de ferramentas tecnológicas, como o *software* de Geometria dinâmica GeoGebra, em construções geométricas.

Construindo imagens
Você quer recordar como se desenha? Aqui você encontra o passo a passo de algumas construções. Use o campo "Para você construir" para desenhar, acompanhando a explicação do professor.

Você em ação
É fazendo que se aprende. Portanto, empenhe-se na resolução dos exercícios e dos problemas. Eles vão ajudá-lo a fixar e aprofundar o conteúdo, incorporando conhecimentos. Não deixe de fazer as atividades de revisão do final do livro.

Glossário
Organiza os símbolos para que você encontre o significado deles com facilidade.

Atividades para revisão
Traz atividades que revisam os conceitos estudados.

Desafio
Apresenta atividades ou jogos que devem ser trabalhados em grupos.

Sumário

Ton-Ton/Shutterstock

askarim/Shutterstock

Katrien1/Shutterstock

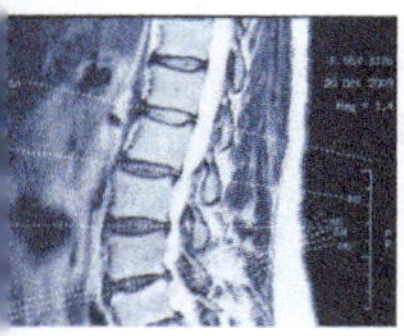
Thinkstock/Getty Images

Wilf Doyle/Alamy/Fotoarena

Sumário

pisaphotography/Shutterstock

Reprodução/Acervo particular

Mikka Fotografie/Shutterstock

Maria Menshova/Shutterstock

CAPÍTULO 1

Introdução

Você já sabe que escrever é também desenhar e já deve ter percebido os benefícios de utilizar as letras do tipo bastão em seus desenhos. Agora vai notar também que desenhar bem é como praticar esportes — é preciso treinar sempre.

Este primeiro capítulo do seu livro traz algumas informações que você já conhece, para que esteja sempre atento a elas. Além disso, traz dicas para ajudá-lo a realizar desenhos cada vez mais precisos, limpos e organizados.

Ton Ton/Shutterstock

Materiais de desenho

Todo desenhista deve conhecer bem e manusear com muito cuidado o material com o qual trabalha. Para conservar seu material, use-o corretamente, limpe-o periodicamente e proteja-o quando for transportá-lo.

Lápis e lapiseira

Lápis e lapiseira são usados para desenhar e escrever. As lapiseiras para grafites de 0,7 mm e 0,5 mm são as mais comuns.

A grafite ou mina é classificada de acordo com o grau de dureza. Observe:

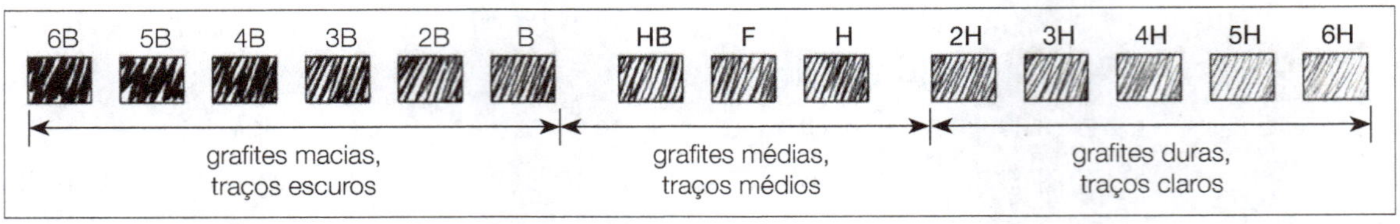

Para desenhar, utilize duas graduações de grafite:

- média (HB ou F) para traços de pouco realce, como as construções auxiliares;
- macia (2B) para destacar as respostas.

Para escrever, use grafite média (HB ou F) ou macia (2B), como preferir.

O lápis deve ser apontado e sua grafite, lixada em forma de cone.

Régua

Usa-se a régua para desenhar traços retos e medir o comprimento de segmentos de reta.

A régua deve ser transparente para que você possa ver o que está desenhando. Recomendam-se as de 20 cm e mais grossas, cuja graduação não se apaga facilmente.

Mantenha sua régua limpa, lavando-a com água fria ou lustrando-a com uma flanela seca.

Lápis e régua: use-os corretamente

Coloque o lápis em posição vertical e deslize sua ponta pela borda baixa da régua (Figura 1). Os movimentos mais seguros são de cima para baixo e da esquerda para a direita (Figura 2).

Para os canhotos é mais apropriado traçar da direita para a esquerda, o que lhes permite visualizar o traço enquanto é feito.

Ao fazer desenhos com caneta, vire a régua ao contrário para evitar que o traço borre (Figura 3).

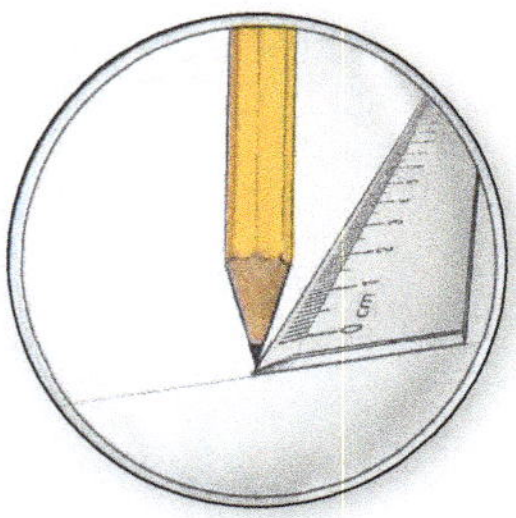

Figura 1

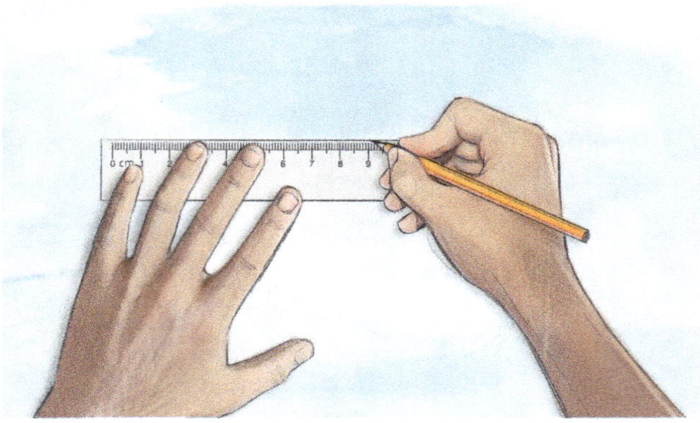

Figura 2

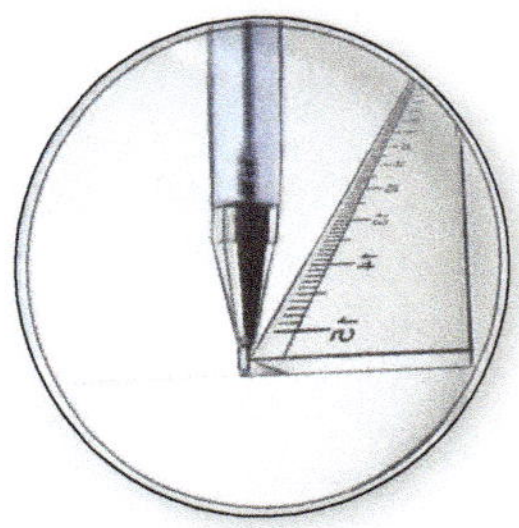

Figura 3

Par de esquadros

O par de esquadros é usado para traçar retas paralelas e perpendiculares.

Os dois instrumentos devem ser usados juntos: um permanece fixo (apoio), e o outro se desloca sobre ele. Veja na figura abaixo qual deve ser a posição das mãos em relação ao par de esquadros:

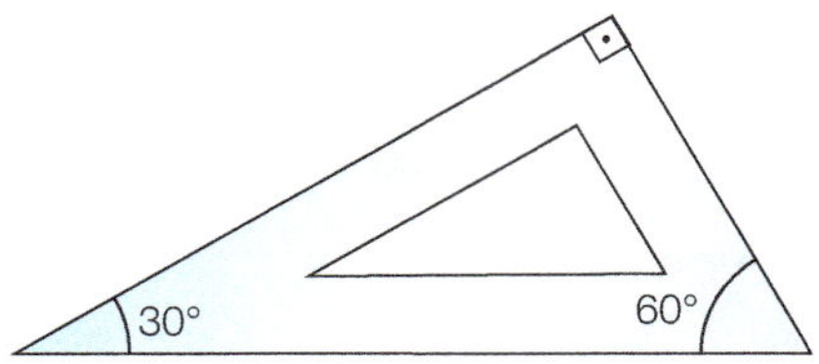

Esquadro de 60°

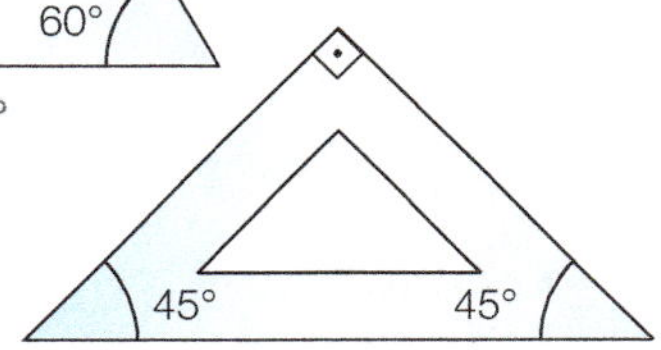

Esquadro de 45°

Os esquadros são laváveis. Mantenha-os limpos.

Borracha

As melhores borrachas para apagar erros de desenhos a lápis são as bem macias ou as sintéticas. Para limpá-las, nunca as lave; basta esfregá-las em papel grosso ou em tecido.

Compasso

Usa-se o compasso para traçar circunferências e transportar medidas.

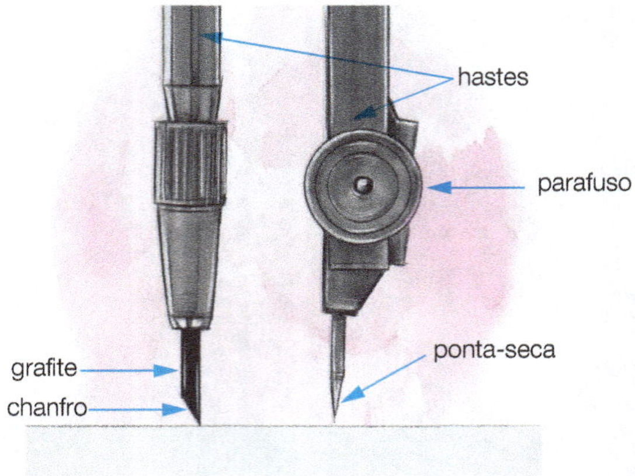

Para obter melhor resultado nos traçados feitos com o compasso, observe os seguintes cuidados:

- A grafite deve ter o chanfro voltado para fora e estar sempre no mesmo nível que a ponta-seca, de metal (Figura 1). Aponte a grafite com lixa.
- As hastes devem estar firmes.
- Para dar ao compasso uma abertura medida com régua, apoie a régua na mesa, coloque a ponta-seca do compasso no zero da graduação e afaste a outra haste (Figura 2).
- Ao executar o traço, segure o pino superior apenas com o polegar e o indicador (Figura 3).
- Mantenha o compasso na posição vertical e gire-o sempre no mesmo sentido — preferencialmente no sentido horário (Figura 3).
- Faça um movimento firme para obter um traçado uniforme.
- Recomenda-se usar grafite macia (2B).

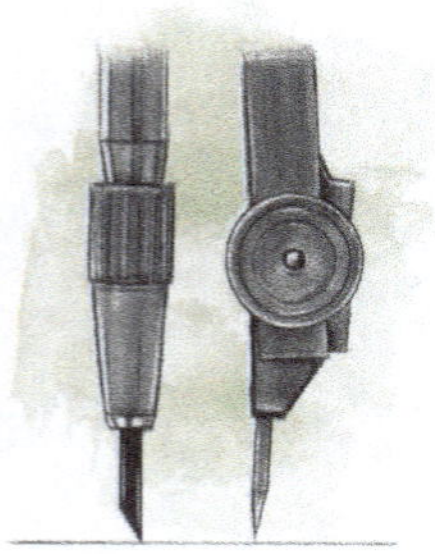

Figura 1

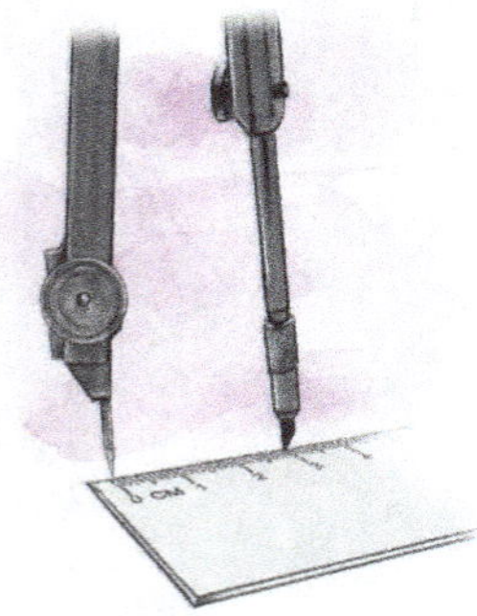

Figura 2

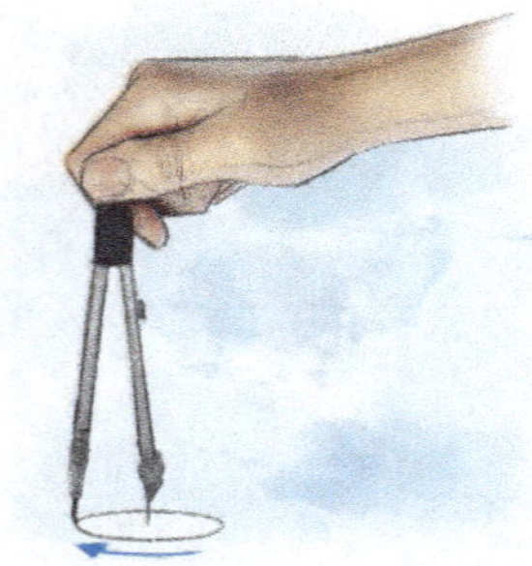

Figura 3

Construções gráficas

Com base neste livro, você fará muitas construções utilizando os instrumentos clássicos do Desenho Geométrico: a régua e o compasso.

Essas construções devem ser precisas, limpas e organizadas. Assim, confira se os seus instrumentos se encontram nas condições recomendadas e treine as posições corretas de segurá-los.

As operações gráficas (traçados de retas e de arcos) deverão ser executadas com muito cuidado. Assim, ao traçar uma reta, posicione a régua exatamente sobre os dois pontos que a determinarão, e, ao traçar arcos, coloque a ponta-seca do compasso rigorosamente no centro do arco. Além disso, execute os traços de uma só vez, com firmeza e segurança, exercendo a mesma pressão em toda a sua extensão.

Como você sabe, os pontos sempre são obtidos pelo cruzamento de duas linhas. Eles ficarão mais bem definidos quanto menos oblíquas forem as linhas. Veja:

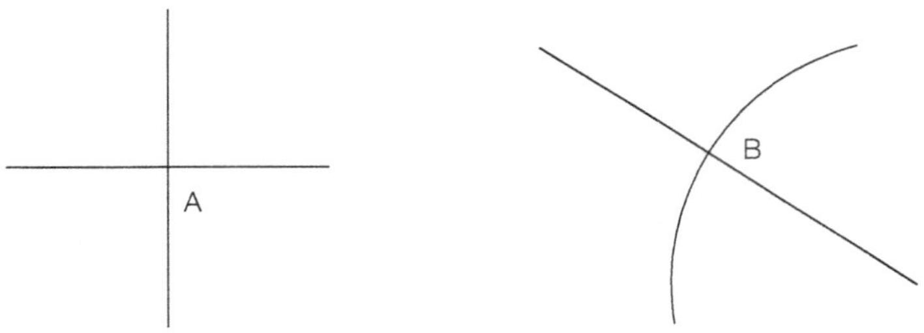

Pontos bem definidos

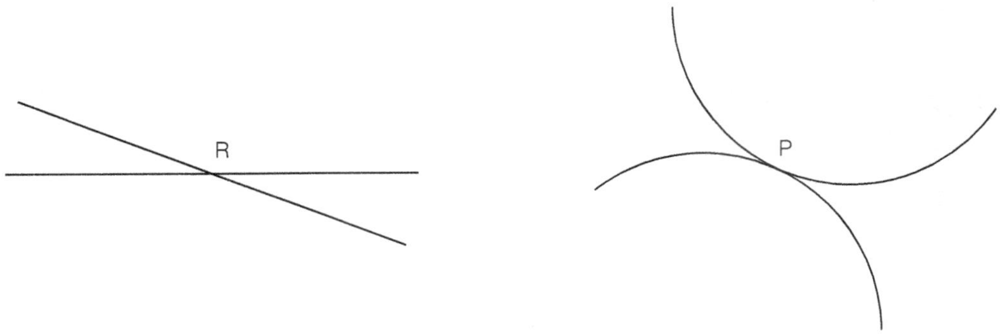

Pontos mal definidos

Capriche nos traçados para obter desenhos cada vez melhores.

Letras do tipo bastão

Um bom desenho exige uma boa letra. A escrita uniforme, com letras legíveis, valoriza o seu desenho, pois o torna organizado e estético.

As letras do tipo bastão são usadas pelos desenhistas por serem de fácil execução e leitura, permitindo uma comunicação eficaz.

- Treine o traçado das letras do tipo bastão, copiando os alfabetos maiúsculo e minúsculo e os algarismos nas linhas seguintes.

ABCDEFGHIJKLMNOPQRST
UVWXYZ

abcdefghijklmnopqrstuvwxyz

0123456789

CAPÍTULO 2

Perpendiculares e paralelas

Linhas perpendiculares e paralelas, quando se cruzam, podem formar padrões que dão a ideia de "xadrez". Esse tipo de padrão é utilizado para diferentes finalidades, como na criação de estampas de tecidos, em tabuleiros de jogos e na arquitetura, como podemos observar na fotografia do Parque Verde, em Shenzhen, na China.

Neste capítulo você vai aprender a desenhar retas perpendiculares e paralelas. Depois, que tal criar o seu próprio xadrez?

askarim/Shutterstock

Vista superior de praça no Parque Verde, em Shenzhen, China.

Compreendendo ideias

Retas perpendiculares

Vamos recordar alguns conceitos importantes.

Duas retas **coplanares** (que estão contidas em um mesmo plano) e **concorrentes** (que têm um ponto comum) são **perpendiculares** quando formam quatro ângulos retos.

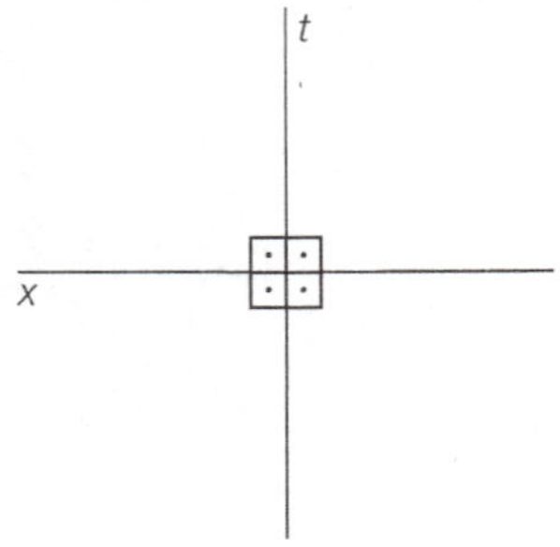

$x \perp t$ (Lê-se: A reta *x* é perpendicular à reta *t*.)

∟ (representa um ângulo de 90°)

Reta mediatriz é a reta perpendicular que passa pelo ponto médio de um segmento de reta.

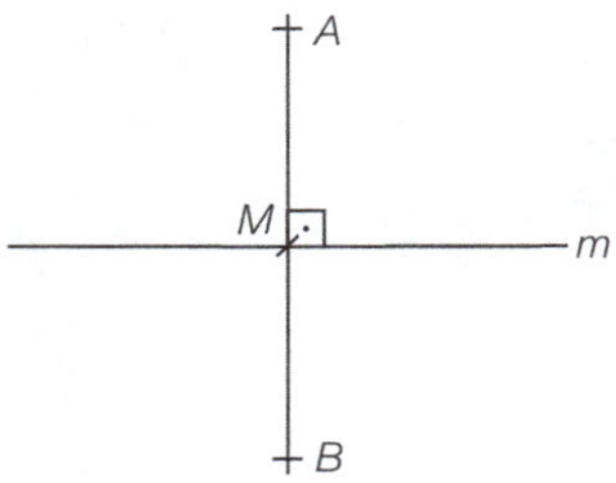

$$\text{Se: } \left.\begin{array}{l} m \perp \overline{AB} \\ M \in m \\ AM = MB \end{array}\right\} \Rightarrow m \text{ é mtz de } \overline{AB}$$

No padrão de xadrez da imagem a seguir, destaque as linhas que podemos associar a retas perpendiculares e a uma reta mediatriz.

Thinkstock/Getty Images

Construindo imagens

Construção de reta perpendicular a uma reta dada, por um de seus pontos

• **Dados:** 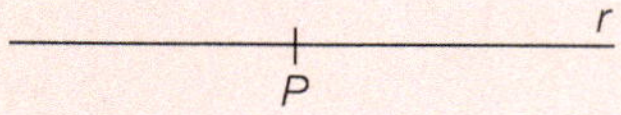

• **Construir:** $s \perp r$ e $P \in s$

Passos da construção:

1º) Com centro em *P* e raio qualquer, trace um arco que determine *A* e *B* na reta *r*.

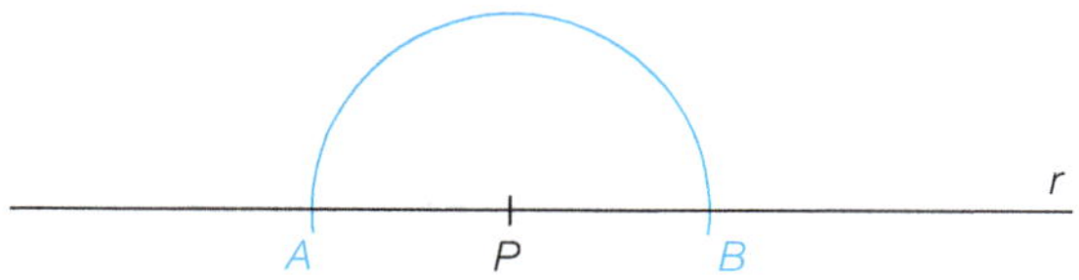

2º) Com raio maior que d(*A*, *P*), trace arcos com centros em *A* e *B*, obtendo o ponto *C* na sua interseção.

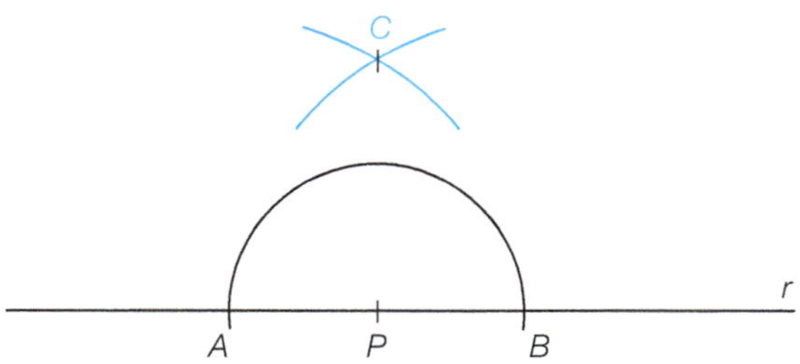

3º) Trace $\overleftrightarrow{CP} = s$, $s \perp r$.

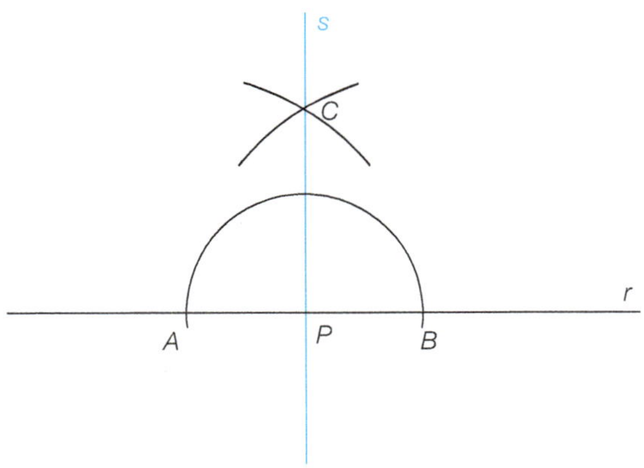

Justificativa:

A figura *ADBC* abaixo é um losango porque tem quatro lados congruentes.

As diagonais do losango são perpendiculares.

Então, $s \perp r$.

Se é dado *P* (interseção das diagonais), basta encontrar os vértices *C* e *D*.

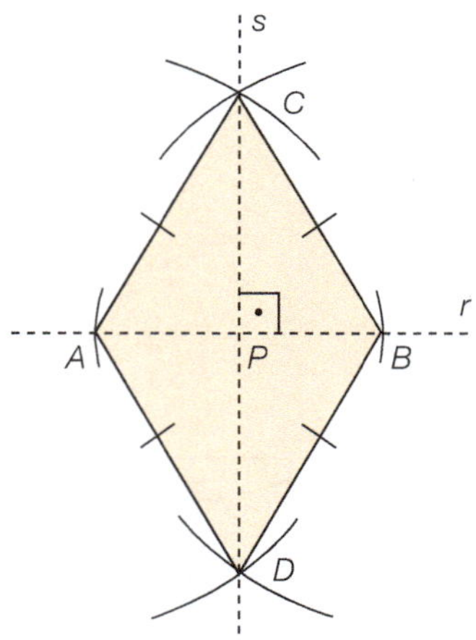

Para você construir:

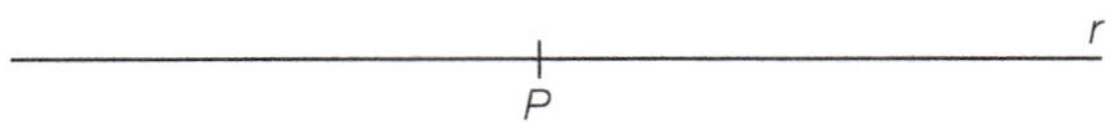

Construção de reta perpendicular a uma reta dada, por um ponto que não pertence à reta

• **Dados:**

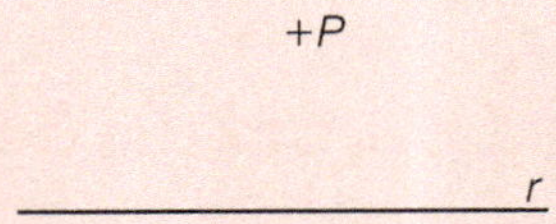

• **Construir:** $s \perp r$ e $P \in s$

Passos da construção:

1º) Com centro em P e raio n maior que d(P, r), trace um arco que intersecta a reta r em A e em B.

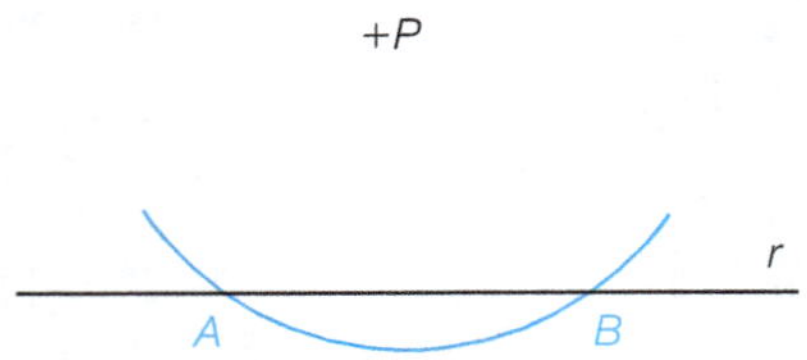

2º) Com raio de medida n, trace dois arcos com centros em A e B, determinando o ponto C, oposto a P em relação a r.

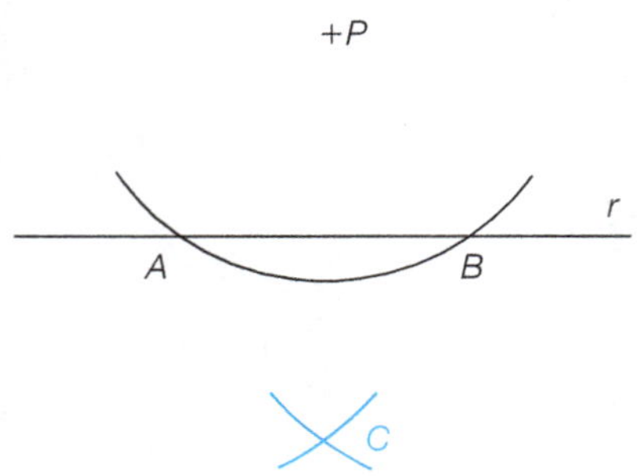

3º) Trace $\overleftrightarrow{CP} = s$, $s \perp r$.

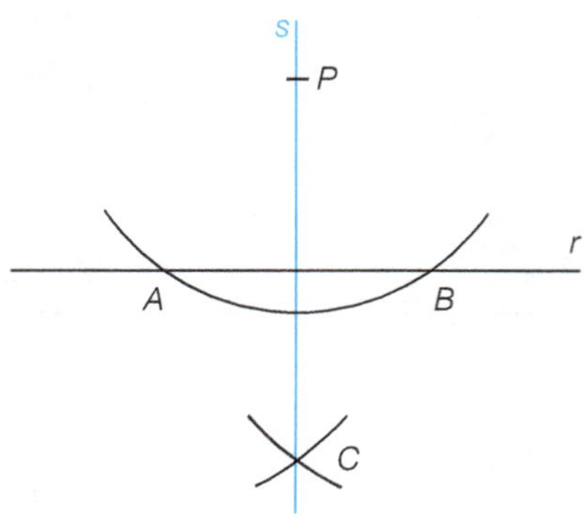

Justificativa:

A figura $PACB$ abaixo tem os quatro lados congruentes. Logo, é um losango.

As diagonais do losango são perpendiculares. Então, $s \perp r$.

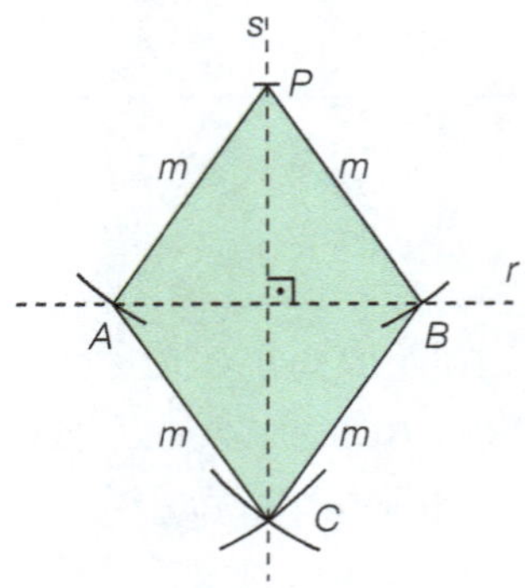

Para você construir:

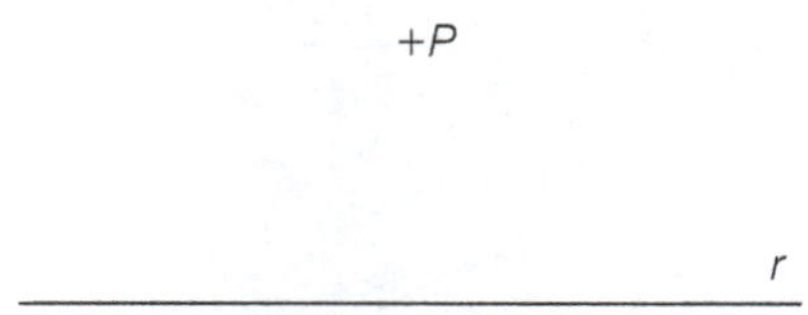

Construção de mediatriz de um segmento de reta

• **Dados:** 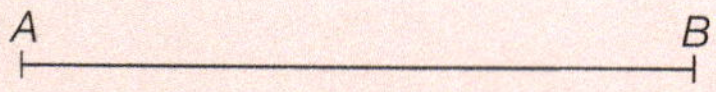

• **Construir:** m, mediatriz de $\overline{AB}$

Passos da construção:

1º) Com centros em A e B e raios de mesma medida, maior que a metade d(A, B), trace dois arcos e determine C e D.

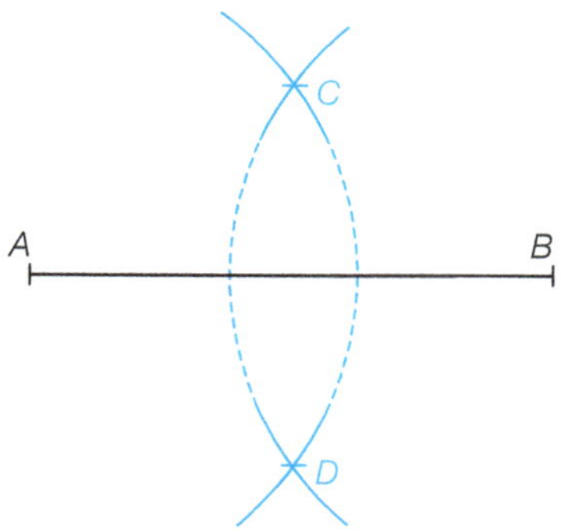

2º) Trace $\overleftrightarrow{CD} = m$, $m \perp \overline{AB}$. m é mtz de $\overline{AB}$.

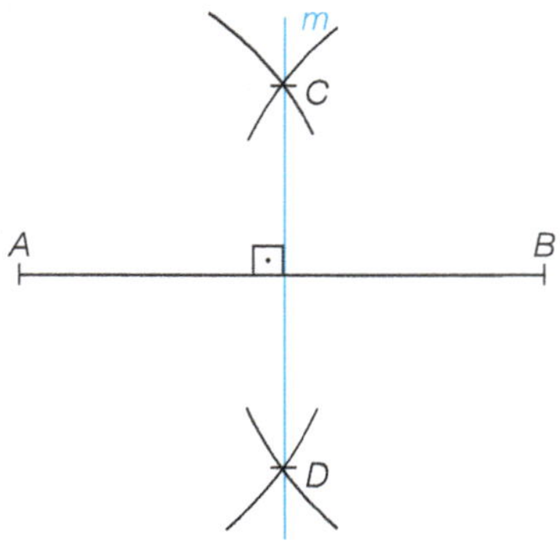

3º) Observe que:

$\overline{AM} \cong \overline{MB}$

M é ponto médio de $\overline{AB}$.

A e B são simétricos em relação à reta m.

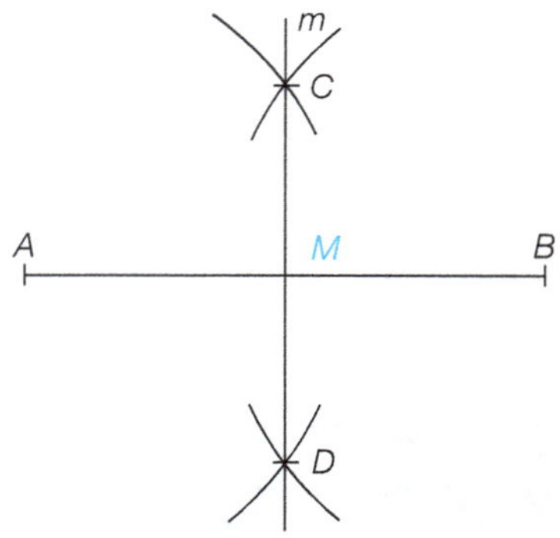

Justificativa:

A reta m é suporte de uma diagonal do losango $ADBC$. Em qualquer losango, as diagonais são perpendiculares e se cortam ao meio.

Para você construir:

Outros processos para a construção de mediatriz

Você pode construir a mediatriz de um segmento de reta por outros dois processos, bastante úteis nos seguintes casos:

- Quando o espaço é insuficiente.

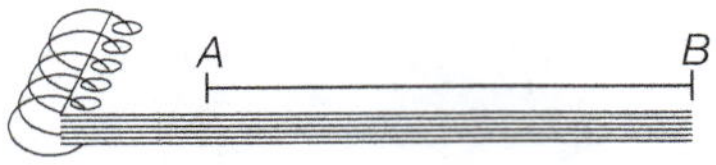

Determine C e D no mesmo semiplano, não muito próximos entre si.

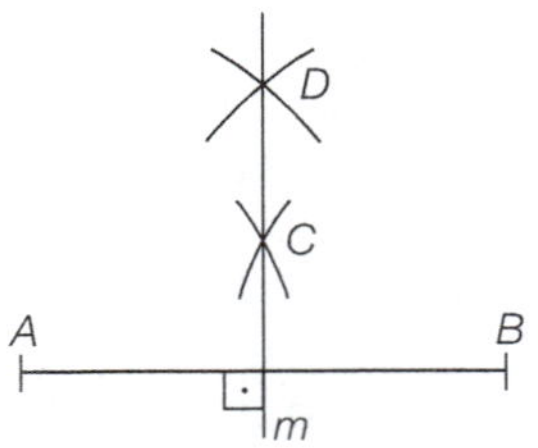

- Quando os segmentos têm medidas grandes.

Com centros em A e B e raios de mesma medida u, trace arcos que determinem A' e B' em $\overline{AB}$ ($A'B' = AB - 2u$).

Depois, construa a mediatriz de $\overline{A'B'}$.

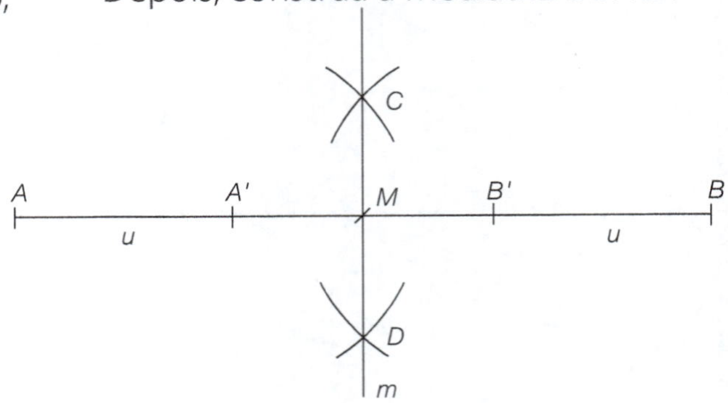

Você em ação

1 Construa uma reta a perpendicular à reta b pelo ponto P.

a)

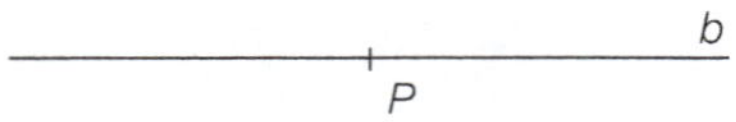

b)

2 Construa uma reta x, tal que $Q \in x$ e $x \perp r$.

a)

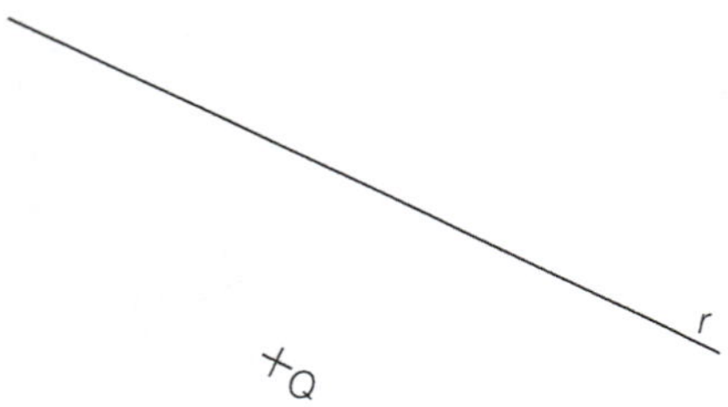

b)

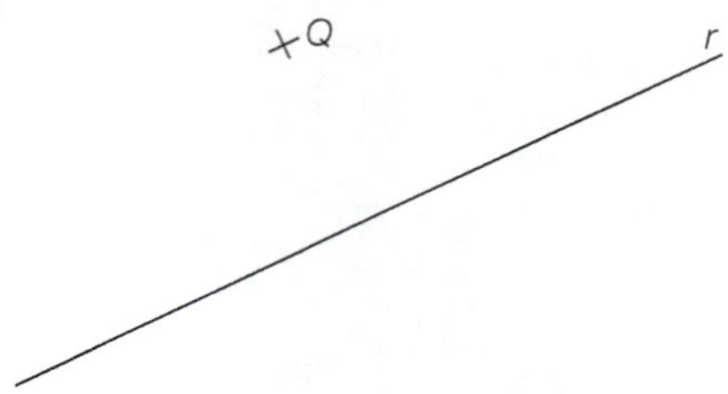

3 Construa uma reta y perpendicular à reta x pelo ponto A.

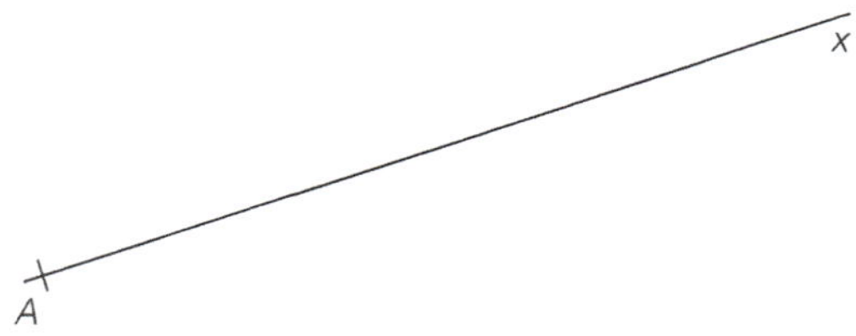

4 Construa uma reta r, tal que $r \perp \overline{XY}$ e $Z \in r$.

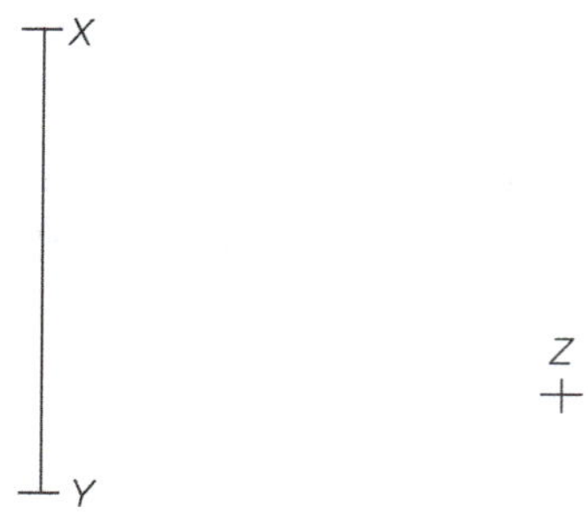

5 Dados os segmentos $\overline{AB}$, $\overline{CD}$ e $\overline{EF}$, construa suas mediatrizes. Depois, determine seus pontos médios, nomeando-os de M, R e S, respectivamente.

6 Construa as retas m_1, m_2 e m_3, mediatrizes dos segmentos $\overline{GH}$, $\overline{HL}$ e $\overline{GL}$ dados. Depois, determine M_1, M_2 e M_3, pontos médios desses segmentos.

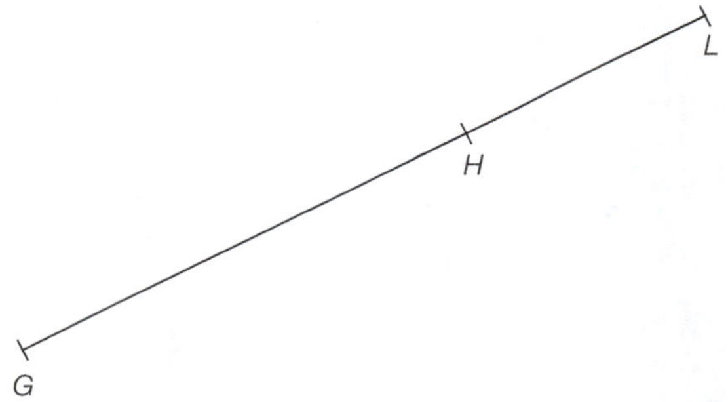

Qual é a posição relativa de m_1, m_2 e m_3? ....

7 Construa uma reta *a*, perpendicular à reta *s*, e uma reta *d*, perpendicular à reta *r*. Ambas as retas devem passar pelo ponto *T* dado.

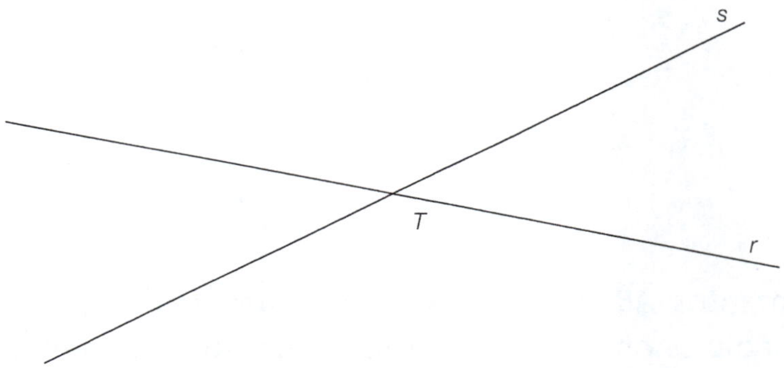

8 Construa pelo ponto *P* as retas *g* e *h*, perpendiculares, respectivamente, às retas *a* e *b* dadas.

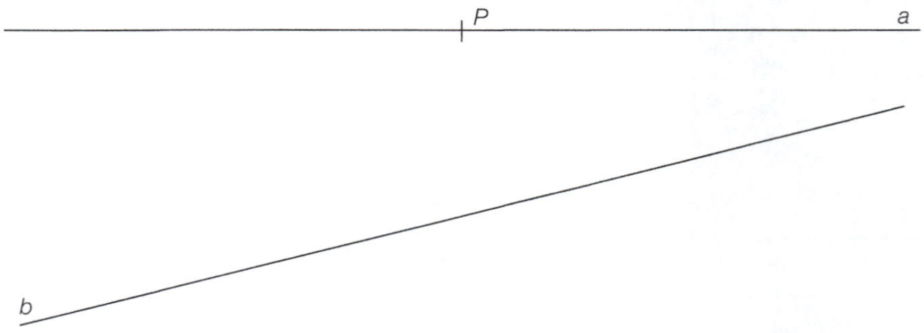

9 Construa o segmento AB, de medida 4 cm, sabendo que $\overleftrightarrow{MP}$ é a mediatriz de $\overline{AB}$ e que M é o ponto médio de $\overline{AB}$.

10 Determine um ponto A, interseção das retas r e s, sendo $r \perp m$, por F; $s \perp n$, por G.

11 Construa as retas j e p, tal que R pertença a ambas as retas, j seja perpendicular à reta a e a reta p seja perpendicular à b.

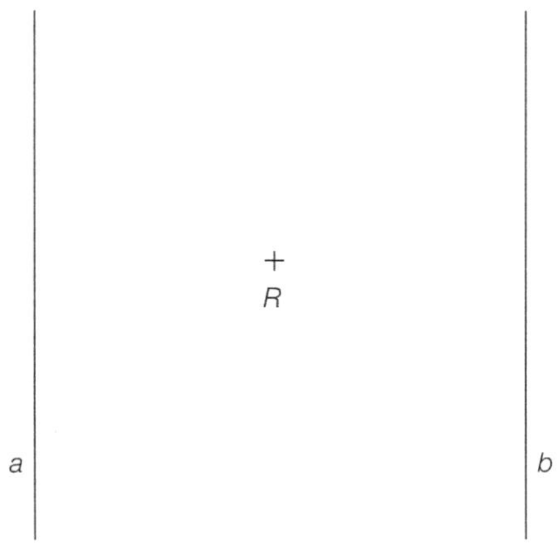

Qual é a posição relativa de j e p? ....

Compreendendo ideias

Retas paralelas

As retas coplanares que não têm ponto comum são denominadas **paralelas**.

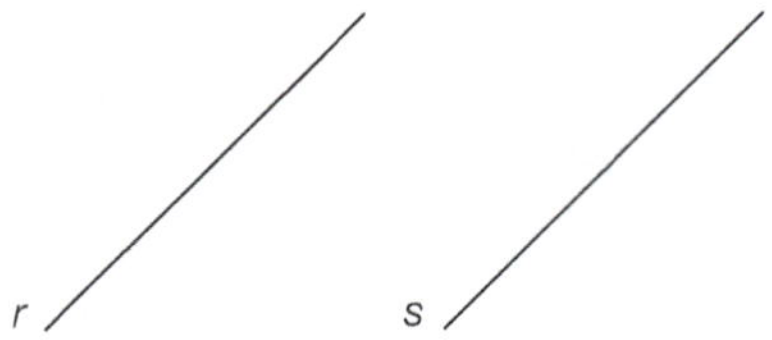

$r \cap s = \varnothing \Rightarrow r \mathbin{/\!/} s$

(Lê-se: A interseção da reta *r* com a reta *s* é um conjunto vazio. Isso implica que a reta *r* é paralela à reta *s*.)

◆ Volte à página 14 e indique duas linhas, no padrão de xadrez, que podemos associar a retas paralelas.

Construindo imagens

Construção de reta paralela a uma reta dada, por um ponto dado

- **Dados:**

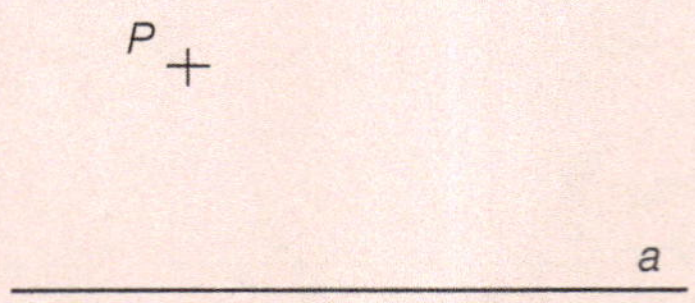

- **Construir:** $b \mathbin{/\!/} a$ e $P \in b$

Passos da construção:

1º) Com centro em *P* e raio r_1 maior que d(*P*, *a*), trace um arco que determine o ponto *A* em *a*.

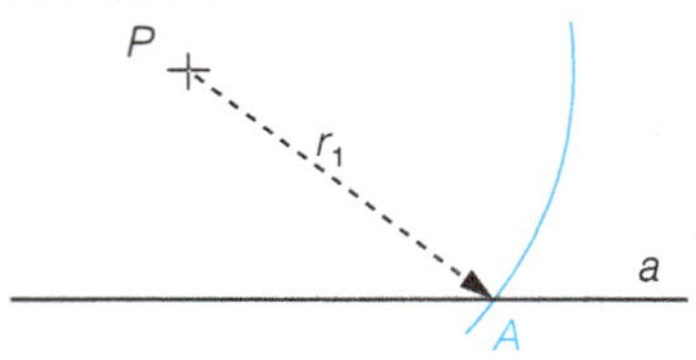

2º) Com centro em *A* e mesmo raio, trace o arco que passa por *P* e intersecta a reta *a* em *B*.

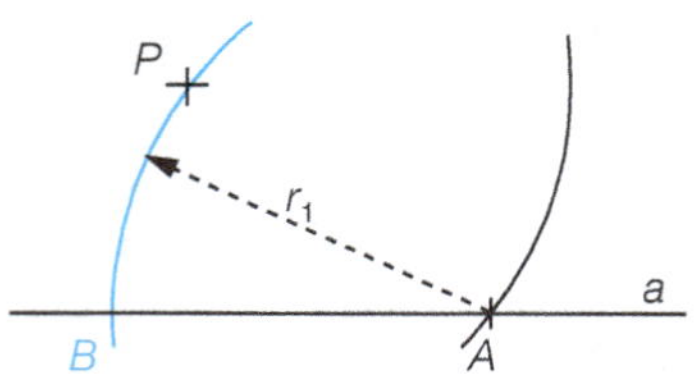

3º) Marque no primeiro arco a medida r_2 que corresponde a d(*BP*), a partir de *A*, determinando *C*.

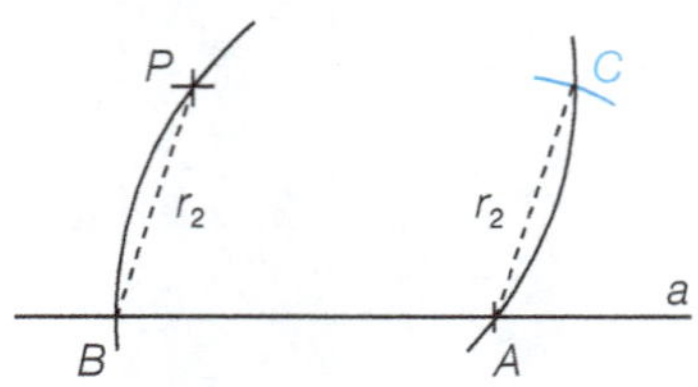

4º) Trace $\overleftrightarrow{PC} = b$, com $b \mathbin{/\!/} a$.

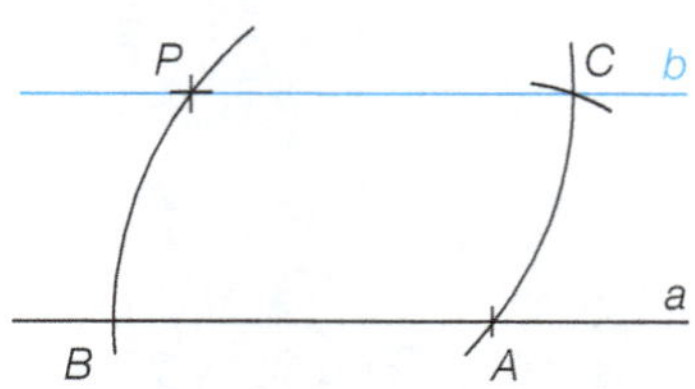

Justificativa:

Na figura, temos $\overline{PC} \cong \overline{BA}$ e $\overline{PB} \cong \overline{CA}$.
A figura *PBAC* é um paralelogramo.
Então, *b* // *a*.

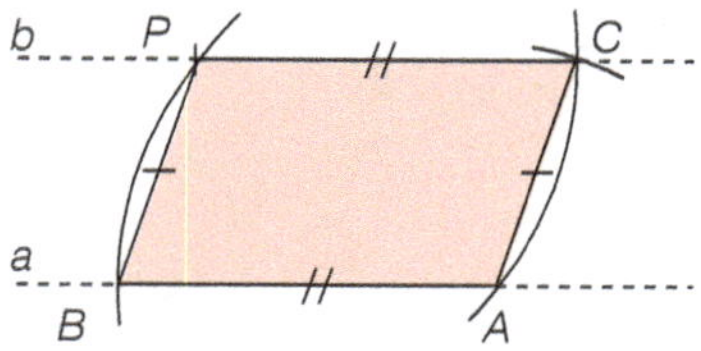

Para você construir:

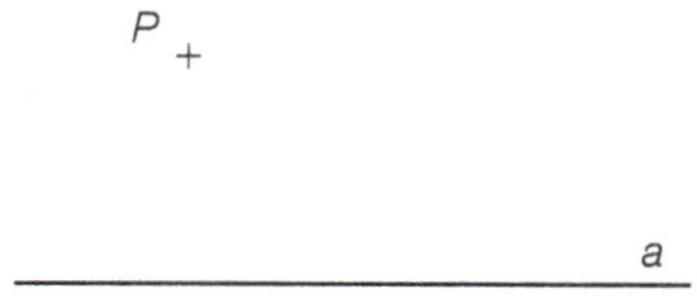

Construção de reta paralela a uma reta dada, com uma distância dada

• **Dados:** ______ *r*
d(*s*, *r*) = 1,8 cm

• **Construir:** *s* // *r*

Passos da construção:

1º) Escolha dois pontos quaisquer da reta *r* (*A* e *B*) e trace por eles retas perpendiculares à reta *r*.

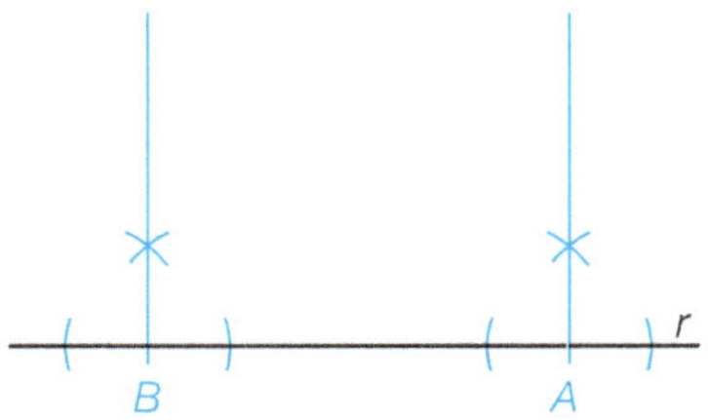

2º) Marque nas perpendiculares, sempre a partir da reta *r* (nos pontos *A* e *B*), os pontos *C* e *D*, com distância de 1,8 cm.

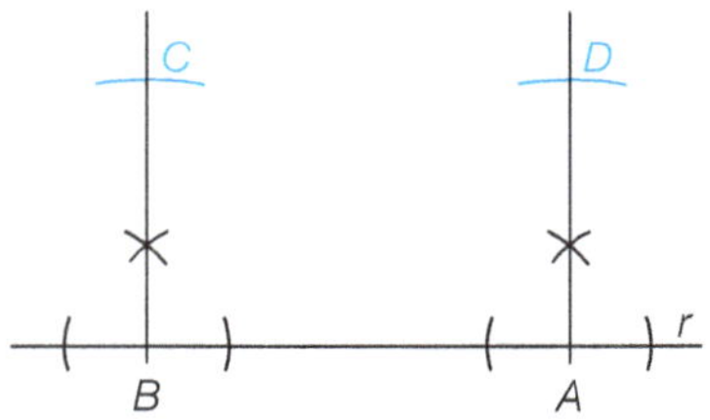

3º) Trace $\overleftrightarrow{CD} = s$, *s* // *r*.

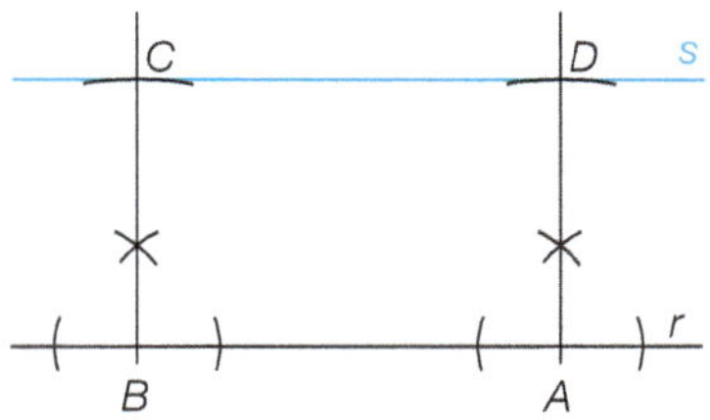

Justificativa:

Na figura ao lado, temos:

- lados opostos congruentes;
- ângulos congruentes.

A figura *ADCB* é um retângulo. Então, *s* // *r*.

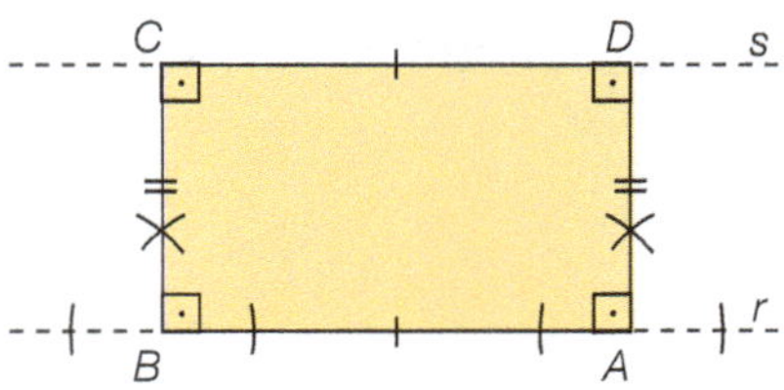

Para você construir:

r

Você em ação

1 Construa uma reta *b*, paralela à reta *c*, que passe pelo ponto *E*.

2 Construa somente uma reta *r*, paralela à reta *s* dada, com 18 mm de distância entre elas.

3 Construa duas retas, *y* e *z*, paralelas à reta *w*, tal que d(*y*, *w*) = d(*w*, *z*) = *d*.

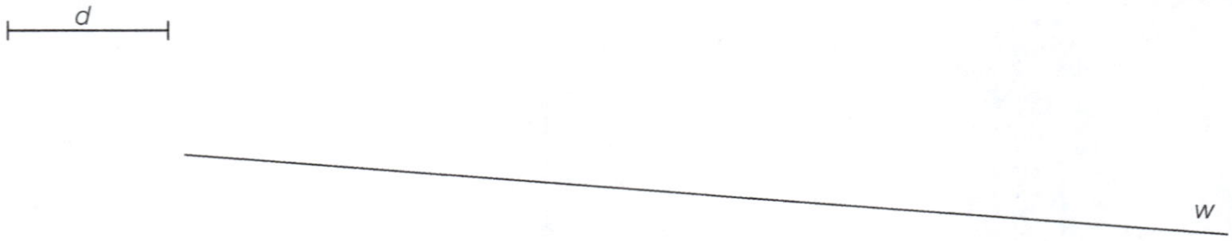

4 Construa as retas *t* e *u*, tal que *t* // *a* por *H*, e *u* // *d* por *S*.

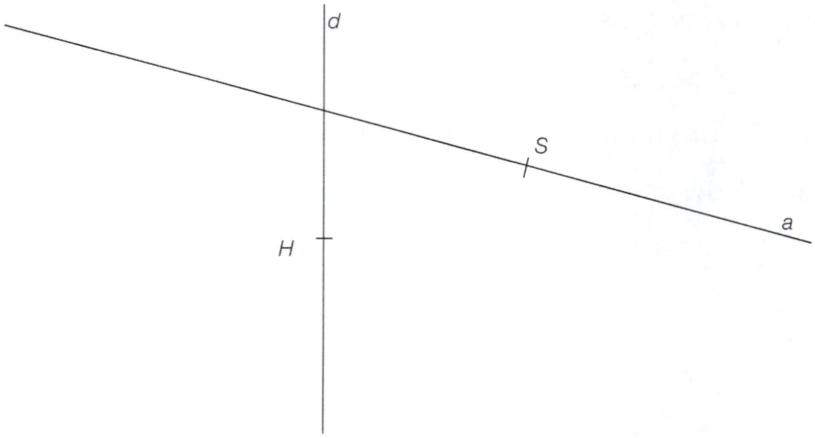

5 Construa as retas *f* e *h*, sendo *f* paralela a *c* pelo ponto *E*, e a reta *h*, perpendicular a *c* pelo ponto *D*. Depois, determine o ponto comum às retas *f* e *h*, nomeando-o *K*.

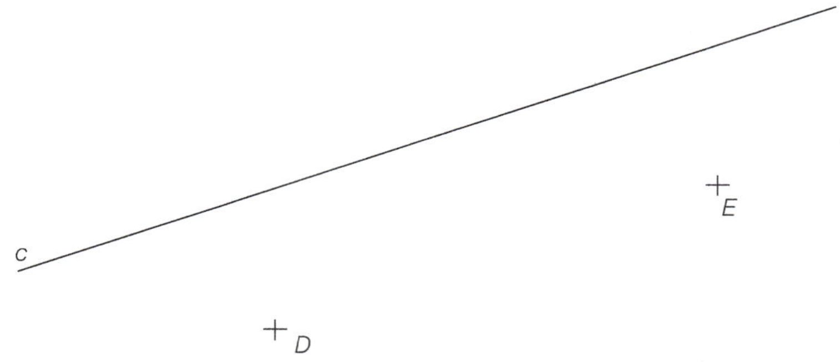

6 Construa uma reta *c*, paralela à reta *r* por *P*. Em seguida, uma reta *a*, paralela à reta *s*, a uma distância de 2 cm. Depois, determine o ponto *K*, comum às retas *c* e *a*.

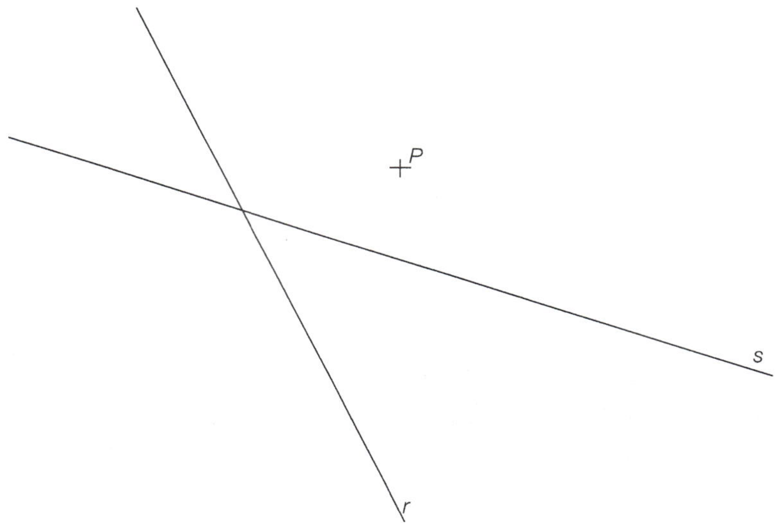

7 Determine um ponto *Y*, sabendo que:

d é a reta $\overleftrightarrow{MN}$

$x \perp d$ por T

$t \parallel x$ com distância r equivalente a:

|—— r ——|

$d \cap t = \{Y\}$

8 Construa as retas x e y e determine P, tal que $x \cap y = \{P\}$ e sabendo que $C \in x$, $x \parallel \overleftrightarrow{AB}$, $A \in y$, $y \perp \overline{CB}$.

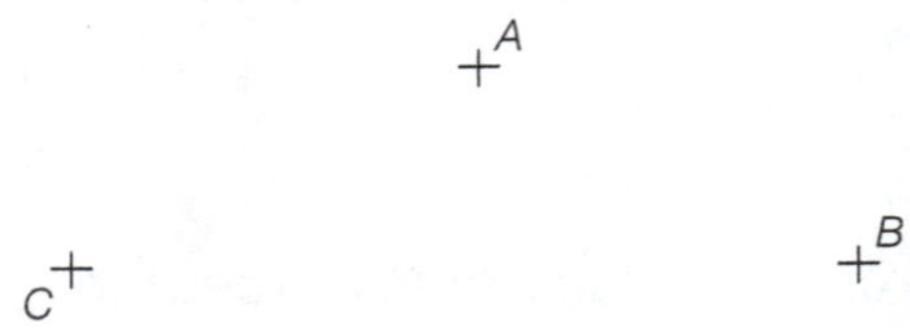

9 Determine os pontos E e R, interseções das retas a com h e r com a, respectivamente, sendo $r \parallel h$ com distância de 35 mm, $A \in a$ e $a \perp h$.

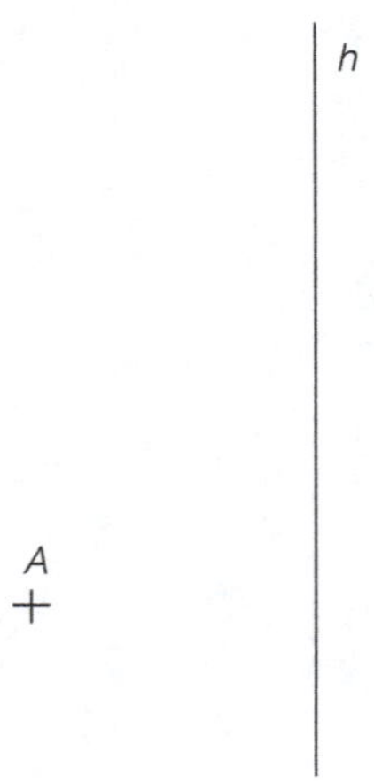

Quantos pontos E existem? .... E quantos pontos R? ....

Compreendendo ideias

Propriedades das perpendiculares e paralelas

Vamos descobrir quatro importantes propriedades da Geometria? Faça as experiências e, depois, enuncie as propriedades.

- Trace uma reta *y* paralela à reta *a*, pelo ponto *P*.

Quantas retas *y* podemos traçar? ....

1ª) Por um ponto não pertencente a uma reta, podemos traçar .... paralela a essa reta.

- Trace uma reta *y*, perpendicular à reta *a* pelo ponto *P*, e uma reta $n \perp a$ por *R*.

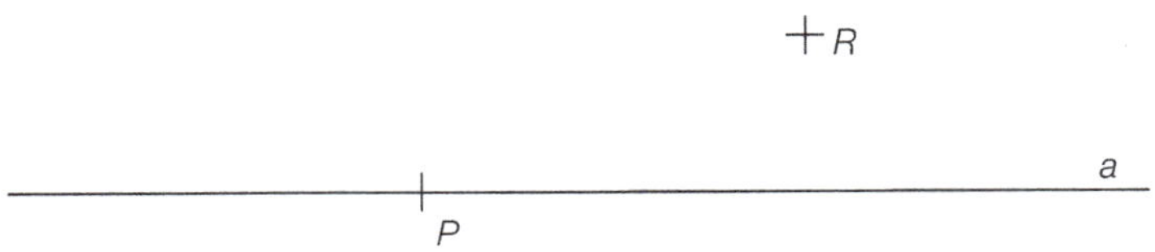

Quantas retas *y* foi possível traçar? ....

Quantas retas *n* existem? ....

2ª) Por um ponto qualquer de uma reta dada podemos traçar .... reta perpendicular a essa reta.

◆ Trace duas retas (x e y) perpendiculares à reta r.

r

Qual é a posição relativa de x e y? ....

Complete com símbolos: $\left.\begin{matrix} x \perp r \\ y \text{.......} r \end{matrix}\right\} \Rightarrow x \text{.......} y$

3ª) Duas retas distintas, ... a uma terceira reta, são .... entre si.

◆ Trace duas retas (x e y) paralelas à reta r.

r

Qual é a posição relativa de x e y? ....

Complete com símbolos: $\left.\begin{matrix} x \text{.......} r \\ y \text{.......} r \end{matrix}\right\} \Rightarrow x \text{.......} y$

4ª) Duas retas distintas, ... a uma terceira reta, são .... entre si.

Você em ação

1 Torne as sentenças verdadeiras, completando-as com os símbolos abaixo.

$//$ $\perp$ $//$ $\perp$ $//$ $\in$ $\Rightarrow$ $\perp$

$//$ $//$ $\notin$ $\perp$ $\perp$ $//$ $\Rightarrow$

a) Se x $\square$ y e k $\square$ y, então x $\square$ k.

b) P $\square$ m e m $\square$ a $\square$ $m \perp a$ por P.

c) Se a $\square$ c e c $\square$ b, então a $\square$ b.

d) Existe só uma reta r tal que r $\square$ s por K, K $\square$ s.

e) f $\square$ h e g $\square$ h $\square$ f $\square$ g.

2 Dados os pontos A e B e a reta a, construa as retas w e y, sabendo que $B \in w$, $w // a$; $A \in y$, $y // a$.

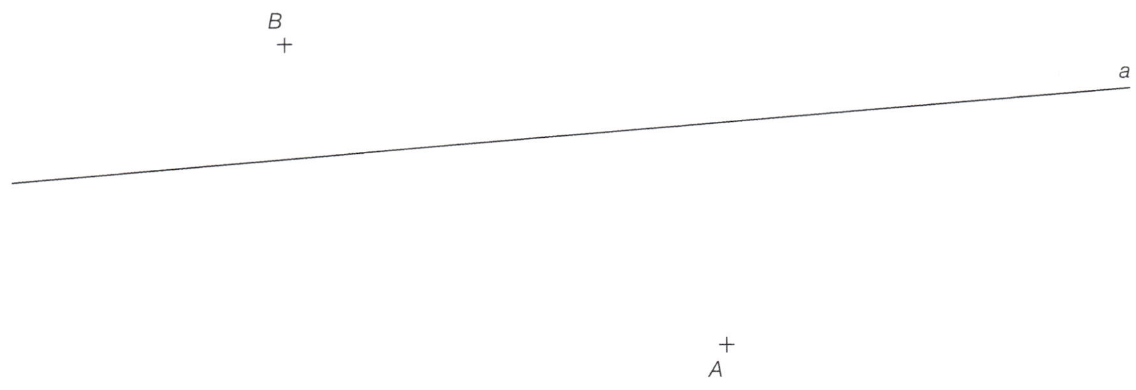

a) Quantas retas w foi possível traçar? ....

b) Quantas retas y foi possível traçar? ....

c) Qual é a posição relativa de w e y? ....

3 Construa as retas *m* e *n*, sabendo que: *m* passa por *A* e é perpendicular à reta *r*; *n* passa por *B* e é paralela à reta *r*.

a) Quantas retas *m* foi possível traçar? ....

b) Quantas retas *n* foi possível traçar? ....

c) Qual é a posição relativa de *m* e *n*? ....

4 Sabendo que as retas *a* e *b* são paralelas entre si, construa por *A* uma reta $r \perp a$ e por *B* uma reta $s \perp b$.

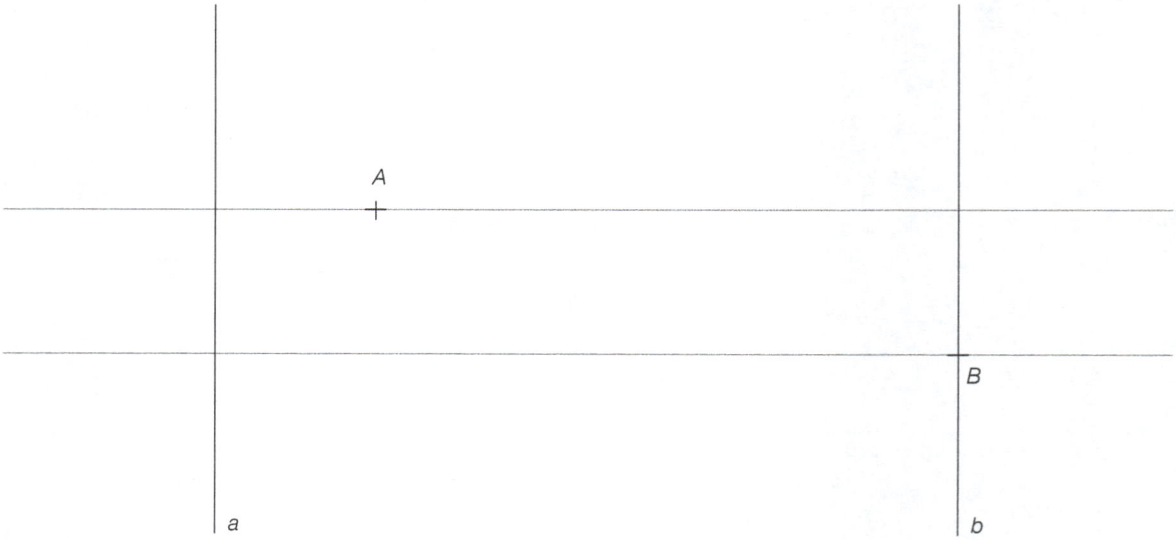

a) Quantas retas *r* foi possível traçar? ....

b) Quantas retas *s* foi possível traçar? ....

c) Qual é a posição relativa de: *r* e *b*? ....

s e *a*? ....

r e s? ....

5 Construa uma reta *b*, paralela à reta *c*, com distância de 17 mm, sendo $c \parallel a$ pelo ponto *K*. Depois, determine *G*, de modo que $\{G\} = a \cap b$.

Quantos pontos *G* existem? ....

6 Construa uma reta $x \parallel y$ com 2 cm de distância; uma reta $k \parallel x$, tal que $P \in k$; e uma reta $z \perp k$ por *P*.

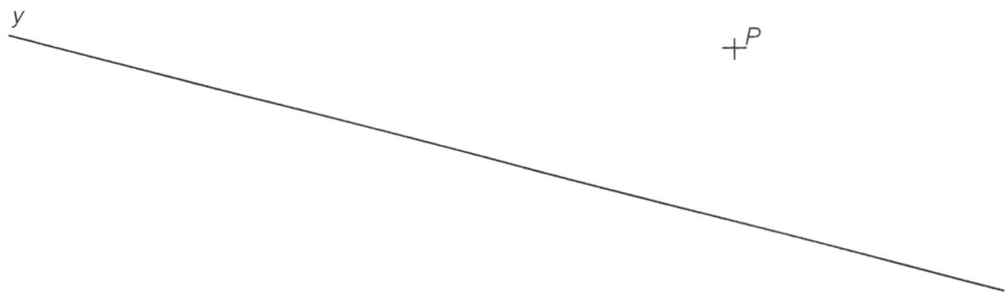

a) Quantas retas *x* foi possível traçar? ....

b) Quantas retas *k* foi possível traçar? ....

c) Quantas retas *z* foi possível traçar? ....

d) Qual é a posição relativa de: *x* e *z*? ....

y e *z*? ....

x e *k*? ....

7 Construa a reta *x*, perpendicular ao segmento *AB* pelo ponto *P*, sem prolongar $\overline{AB}$ e sem ultrapassar os limites do espaço disponível. Justifique a construção.

8 Desenhe as retas *x*, *y* e *z*, sendo $y \parallel x$, $z \parallel y$, $x = \overleftrightarrow{AC}$, $B \in y$, $D \in z$. Utilize somente construções de retas perpendiculares.

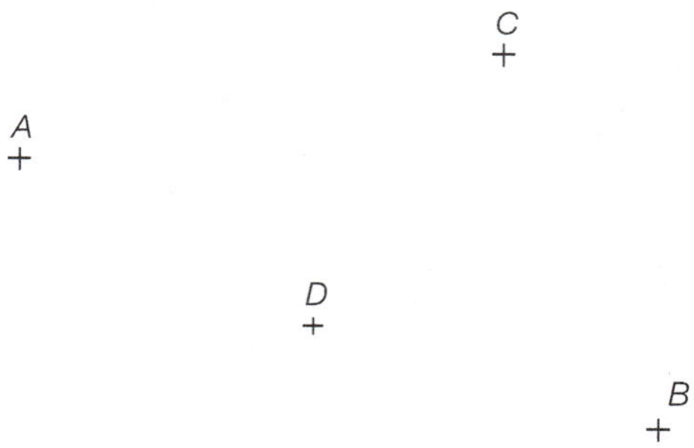

Explique os passos para a construção e registre suas conclusões.

Olhando ao redor

1 Observe atentamente as figuras a seguir. Depois, responda se as retas *r* são paralelas em cada caso.

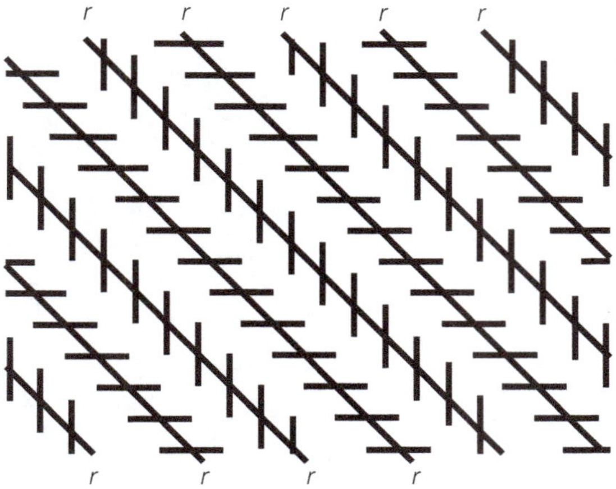

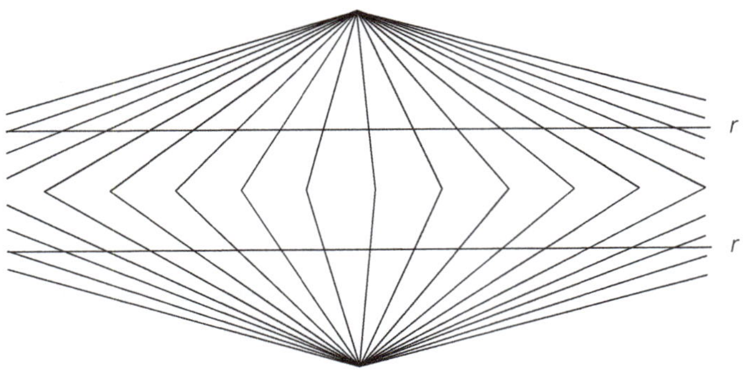

2 Esta figura é uma representação do bairro de Vila Clementino, na cidade de São Paulo. Podemos associar as ruas a retas e indicar a posição entre duas ruas como paralela ou perpendicular, por exemplo. Observe-a para responder às questões a seguir.

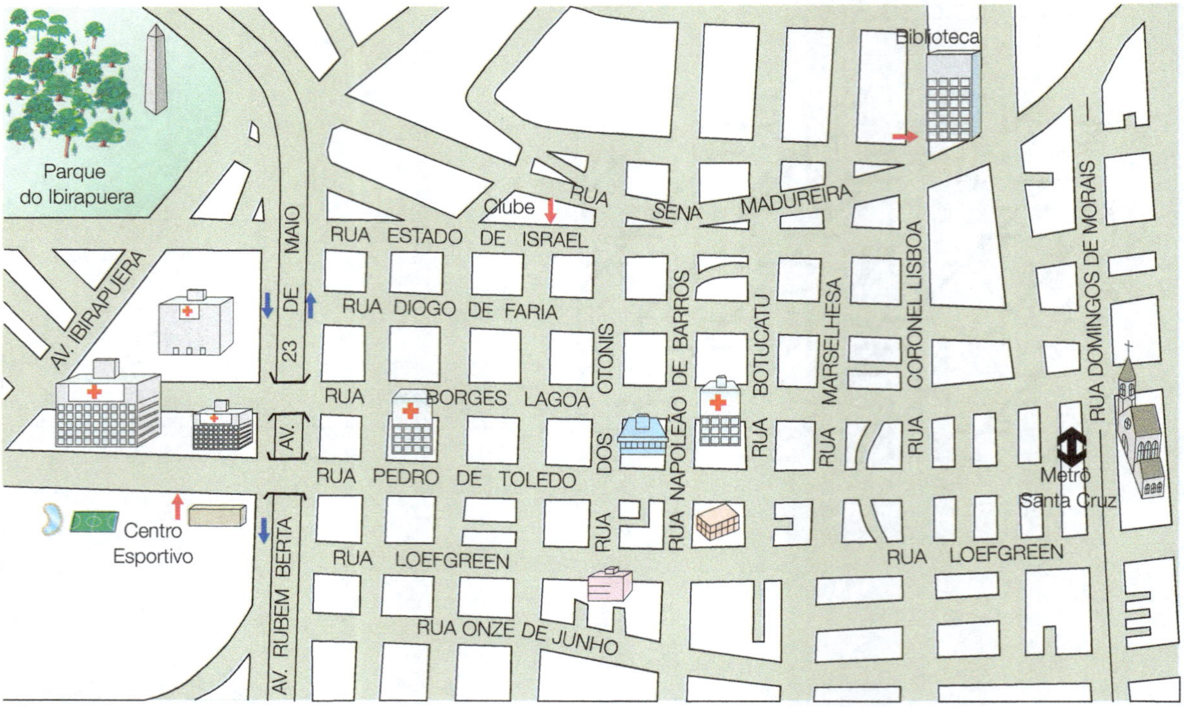

a) Complete as lacunas com os termos **perpendicular** ou **paralela**.

Se a rua Borges Lagoa é .... à rua dos Otonis e esta é .... à rua Diogo de Faria, então a rua Diogo de Faria é .... à rua Borges Lagoa.

Se a rua Pedro de Toledo é .... à rua Borges Lagoa e a rua Estado de Israel é .... à rua Borges Lagoa, então a rua Pedro de Toledo é .... à rua Estado de Israel.

b) Transitando somente por ruas paralelas ou perpendiculares entre si, indique um caminho que você pode fazer para ir

- da Biblioteca ao Centro Esportivo:

....

....

- da estação Santa Cruz do Metrô ao Parque do Ibirapuera:

....

....

3 As pinturas e tabuleiros encontrados em escavações no vale do rio Nilo comprovam que o **jogo de damas** já era conhecido no Egito, no tempo dos faraós.

Apreciado pelos gregos e romanos, chegou à Idade Média como um jogo da aristocracia. O seu nome, usado até hoje, deve-se à grande popularidade que o jogo tinha entre as damas da corte francesa.

Vamos montar um jogo de damas?

Tabuleiro e pedras:

- Desenhe o tabuleiro na página 36, construindo um quadrado *ABCD*. O lado *AB* já foi dado. Faça nessa construção retas paralelas e perpendiculares distantes 1,4 cm umas das outras, para formar 64 quadradinhos.
- Pinte os quadrados de preto, alternando-os com os brancos.
- Providencie 12 pedras claras e 12 pedras escuras (use círculos de cartão ou tampinhas de garrafa).

Regras do jogo:

INÍCIO

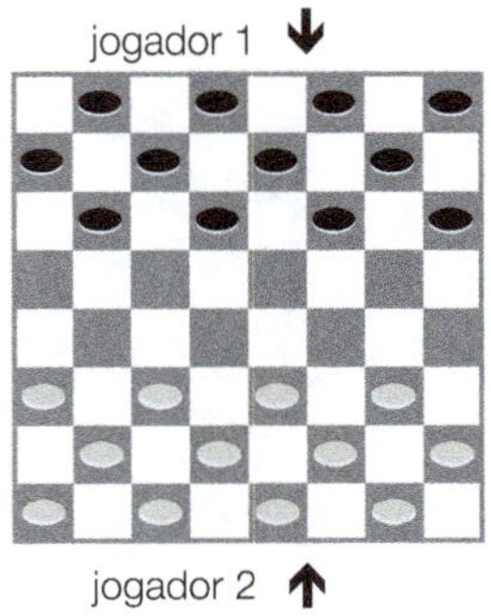

Posições iniciais das pedras e dos jogadores.

MOVIMENTOS

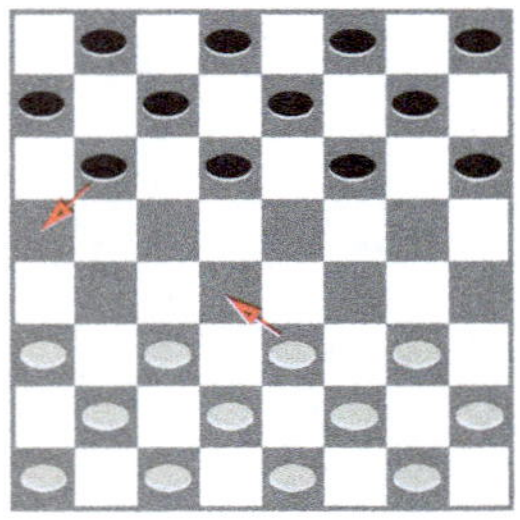

A pedra só pode andar para a frente, em diagonal, uma casa de cada vez.

O jogador só movimenta uma pedra em cada lance.

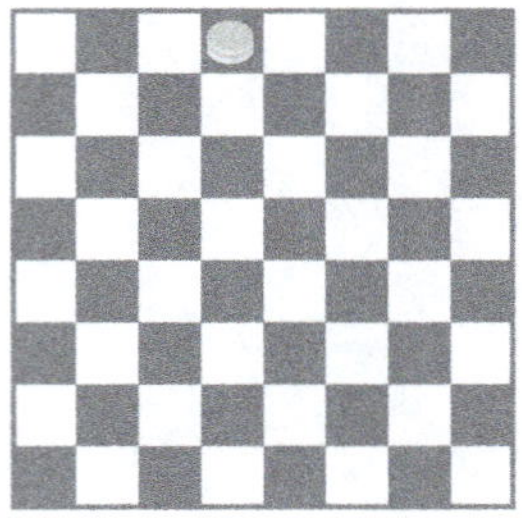

A pedra que chegar à última fileira do lado oposto ao seu será coroada dama, recebendo sobre si outra pedra da mesma cor.

TOMADAS

Tomada simples

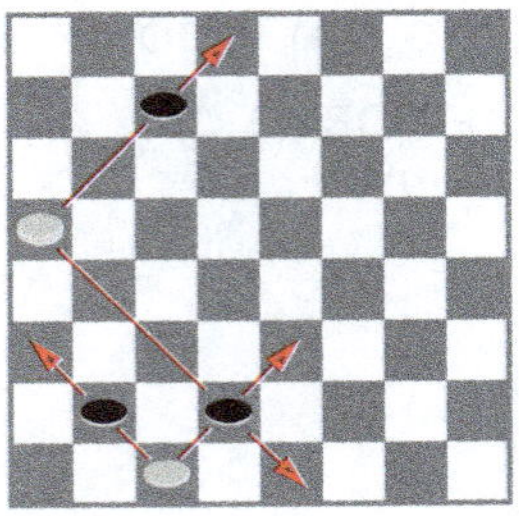

Uma pedra comum só pode tomar uma pedra vizinha. Uma dama só pode ser capturada por outra dama.

A dama toma as pedras da mesma diagonal que ela a qualquer distância, mas não pode pular pedras de sua própria cor.

Tomada em cadeia

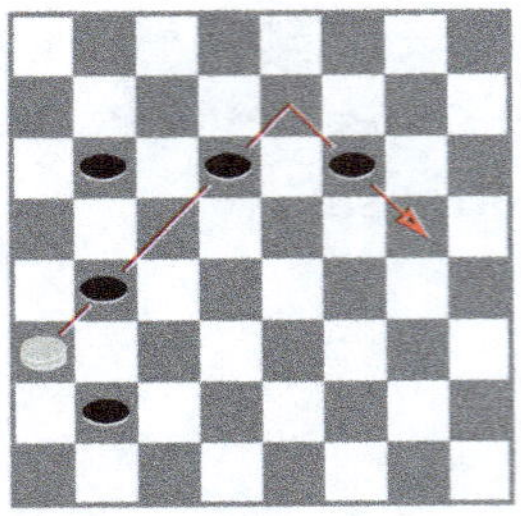

Captura de mais de uma pedra no mesmo lance.

As tomadas são obrigatórias, ou a pedra que deveria ter capturado pode ser retirada do jogo pelo adversário.

FINAL

Vence a partida quem capturar todas as pedras adversárias ou as deixar sem movimento possível.

Nota: O tamanho oficial do tabuleiro de damas é 40 cm × 40 cm.

D

C

A

B

4 **Há momentos em que você está muito alegre e outros em que está triste, não é? Para representar essas mudanças de humor, comuns em todas as pessoas, propomos que você faça um quadro no qual essas duas expressões se alternam. Como?**

a) Escolha duas fotografias suas, uma em que você esteja sorrindo e outra em que esteja sério.

b) Tire cópias coloridas dessas fotografias. Se necessário, amplie-as, de modo a evidenciar o seu rosto. É importante que essas fotografias tenham o mesmo formato e o mesmo tamanho.

Thinkstock/Getty Images

Thinkstock/Getty Images

c) No verso das figuras, trace linhas paralelas com distância de 1 cm e numere cada tira identificando a figura **A** e a **B**. Uma das figuras terá tiras 1A, 2A, 3A, 4A, ..., e a outra, 1B, 2B, 3B, 4B, ...

d) Recorte as figuras pelas linhas e coloque as tiras sobre a mesa, formando as imagens corretas para facilitar o trabalho.

e) Prepare o suporte: um retângulo com altura igual à das fotografias mais 3 cm de margem e com comprimento igual à soma dos comprimentos das fotografias mais 3 cm para margem e o suficiente para deixar 1 mm entre as tiras.

Trace com lápis uma linha guia de base bem discreta, para orientar a colagem das tiras.

f) Cole as tiras, orientando-se pela linha guia, na ordem: 1A, 1B, 2A, 2B, 3A, 3B, e assim por diante, deixando 1 mm de espaço entre elas. (Dica: passe pouca cola e só nas bordas das tiras.)

g) Depois que o papel estiver bem seco, apague a linha guia, se estiver aparecendo, e dobre-o nos intervalos entre as tiras, fazendo uma dobra para a frente e outra para trás, como uma sanfona. (Dica: vinque o papel com régua antes de dobrar.)

h) Para dar acabamento, cole o trabalho sobre um papel mais reforçado e, na frente, coloque uma "moldura" recortada em papel liso, ou seja, sem estampas.

A colagem vai ficar divertida com a variação da expressão, se olhada pelo lado direito ou esquerdo. Então você só terá motivo para sorrir...

5 O **tangram** é um quebra-cabeça chinês de origem milenar.

Segundo a lenda, uma peça de jade (pedra preciosa de cor verde, uma das mais apreciadas no Oriente), de formato quadrado, deveria ser entregue ao imperador da China. O mensageiro que levava a pedra do imperador deixou-a cair, quebrando-a em sete pedaços. Na tentativa de montá-la novamente, criou diferentes formas.

Assim surgiu o tangram, um jogo que diverte e desenvolve a criatividade.

Acompanhe esta explicação e construa o seu tangram com régua e compasso. É conveniente usar papel encorpado, do tipo cartão.

1º) Trace $\overline{AB}$ com 10 cm. Por A e por B, construa perpendiculares a $\overline{AB}$.

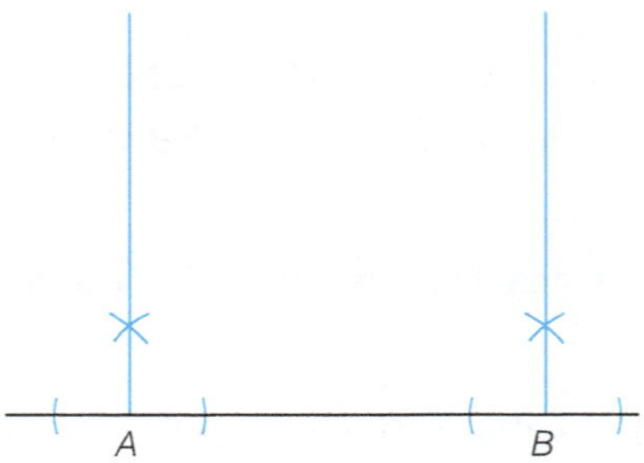

2º) Marque m($\overline{AB}$) em cada uma das perpendiculares, determinando C e D. Trace $\overline{DC}$.

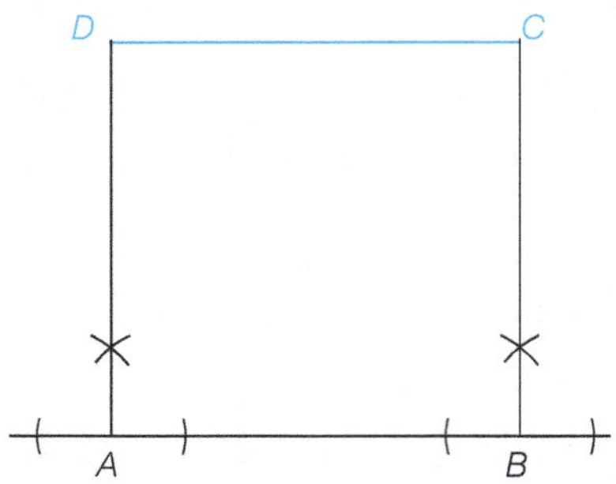

3º) Trace a diagonal $\overline{AC}$ e trace $\overline{DE}$ (metade da diagonal $\overline{DB}$).

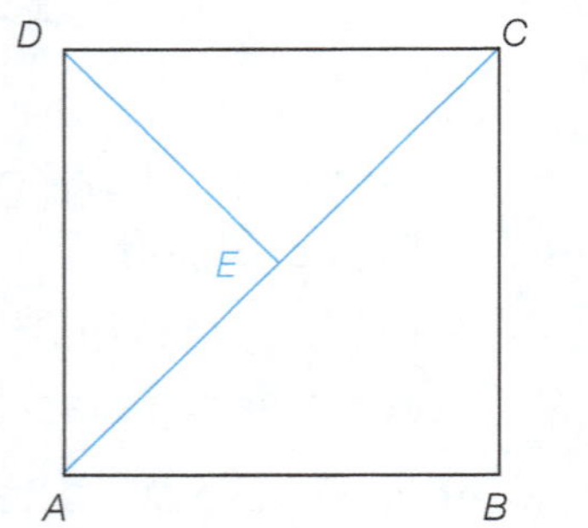

4º) Determine os pontos médios de $\overline{AB}$ (F) e $\overline{BC}$ (G). Trace $\overline{FG}$.

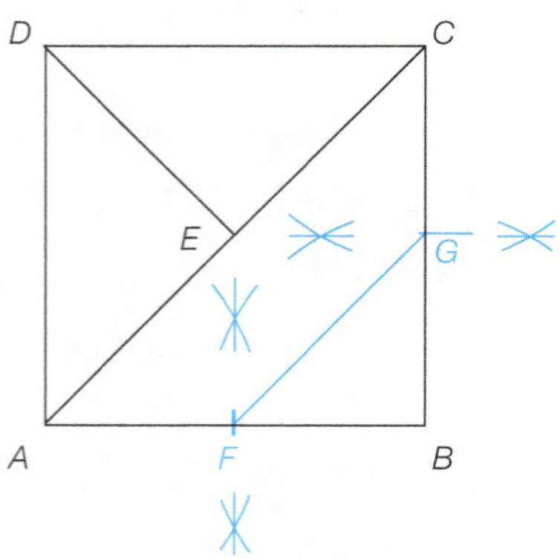

5º) Determine H em $\overline{FG}$ traçando mais uma parte da diagonal $\overline{DB}$.

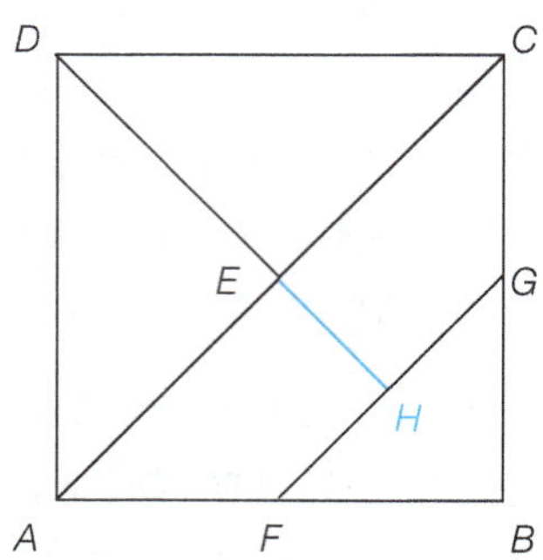

6º) Com centro em E e raio $\overline{EH}$, trace arcos que determinem I e J em $\overline{AC}$. Trace $\overline{FI}$ e $\overline{HJ}$.

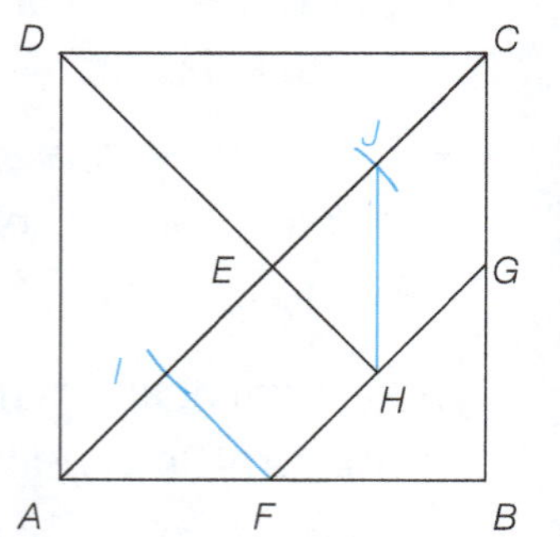

7º) O tangram está pronto.

As sete peças são as seguintes:

- dois triângulos grandes ($\triangle AED$ e $\triangle DEC$);
- um triângulo médio ($\triangle BGF$);
- dois triângulos pequenos ($\triangle AFI$ e $\triangle HJE$);
- um quadrado ($EIFH$);
- um paralelogramo ($JHGC$).

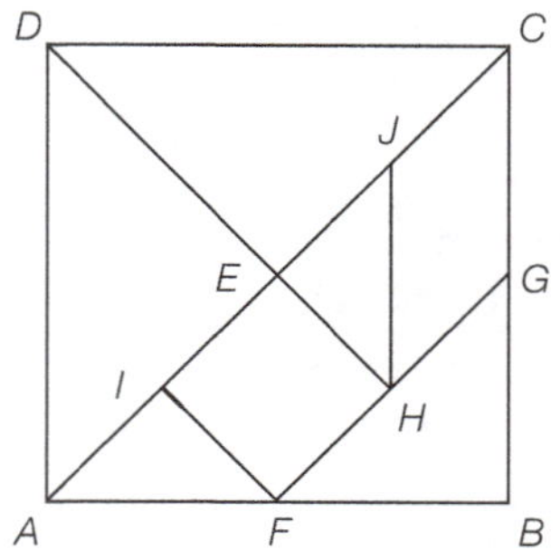

Separe as sete peças cortando-as pelas linhas.

O desafio do tangram é formar figuras colocando algumas ou todas as peças lado a lado, sem sobreposição.

Você pode formar figuras humanas, animais, letras, números, plantas, objetos, etc. Experimente.

Exemplos:

Menino

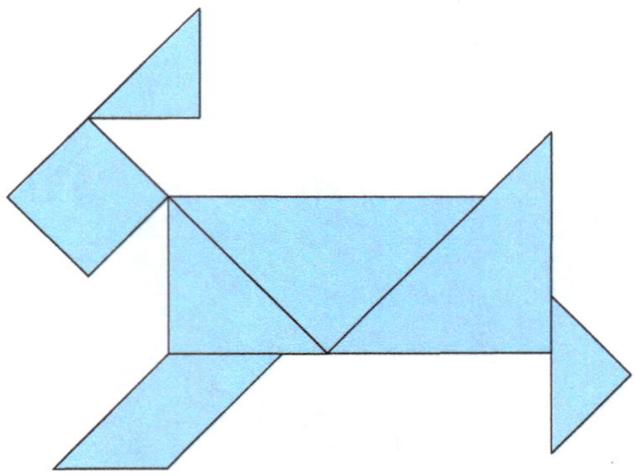

Cachorro

Gato

CAPÍTULO 3

Circunferência e círculo

É comum encontrarmos na natureza e em produções humanas imagens que lembram circunferências e círculos.

Na arte, essas figuras estão entre as preferidas por sua dinâmica e seus efeitos visuais e também porque sugerem um universo de simbolismos, como a ideia de perfeição, de ciclo completo, de unidade e diversidade.

Neste capítulo você vai conhecer características das circunferências e dos círculos.

Katrien1/Shutterstock

Pepe Schettino/Acervo particular

Sonho tropical, Beatriz Milhazes, 2017.

Compreendendo ideias

A circunferência

◆ Faça o que se pede a seguir.

a) Meça, em centímetro, as distâncias entre os pontos:

d(*O*, *P*) = ...

d(*O*, *C*) = ...

d(*O*, *A*) = ...

d(*O*, *B*) = ...

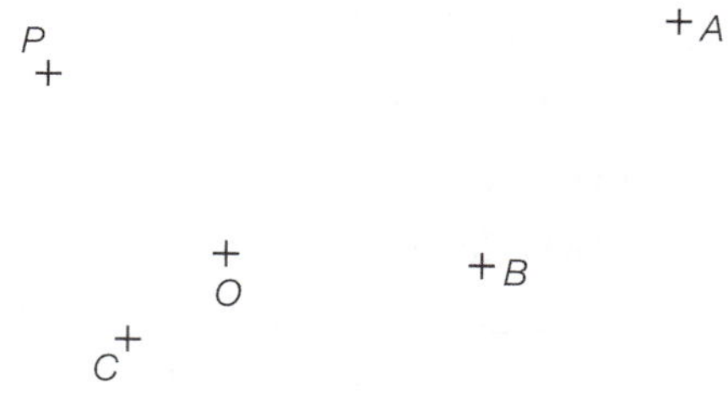

Existem pontos que estão à mesma distância (são equidistantes) do ponto *O*? ....

Quais são? ....

b) Agora, coloque a ponta-seca do compasso em *O* e, com abertura igual à medida de $\overline{OP}$, gire-o até completar a volta. Que tipo de linha você obteve? ....

O ponto *B* pertence a essa linha? ....

Escolha um ponto *M* dessa linha e meça sua distância até o ponto *O*. O que você observa? ....

Há outros pontos da linha que também são equidistantes do ponto *O*? ....

Quais? ....

A linha formada pelos pontos equidistantes do ponto *O* é a circunferência, cujo centro é, portanto, o ponto *O*.

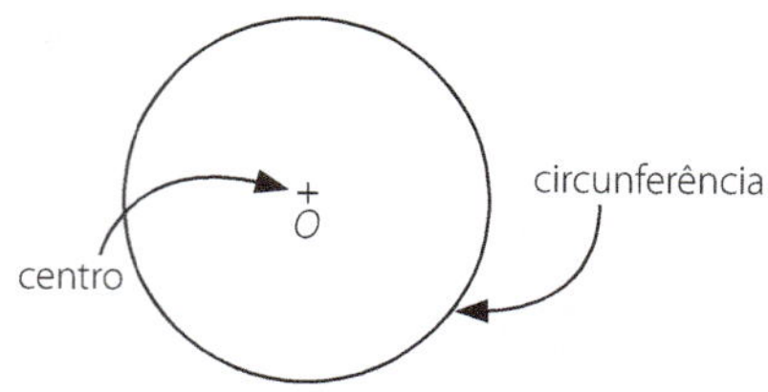

Note que o ponto *C* está na região interna à circunferência e o ponto *A* está na região externa à circunferência.

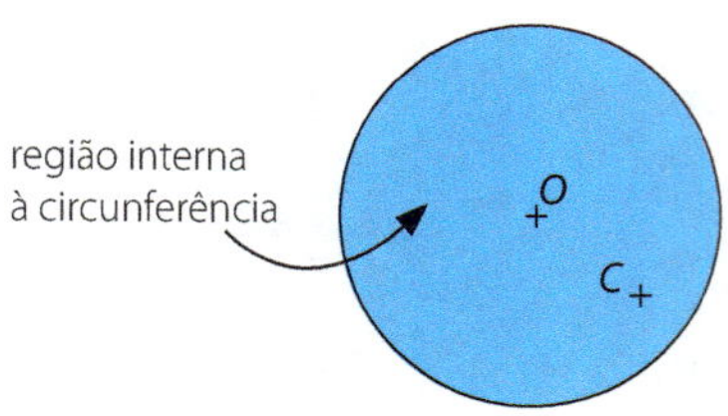

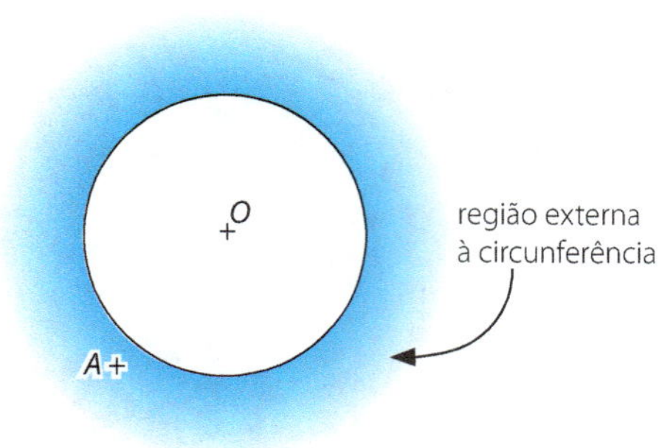

◆ Agora complete:

Circunferência é uma linha .... cujos pontos são .... de um ponto interno a ela, chamado ....

Para indicar a circunferência abaixo, dizemos: circunferência de centro *O* com raio *r* de medida igual a 2,5 cm.

Ou, simbolicamente, assim:

⊗ (*O*, *r* = 2,5 cm)

O símbolo ⊗ significa circunferência.

Dizemos que uma figura é um lugar geométrico quando todos os seus pontos e somente eles possuem uma propriedade em comum. Assim, a circunferência é um lugar geométrico, pois todos os seus pontos são equidistantes de um ponto conhecido (centro).

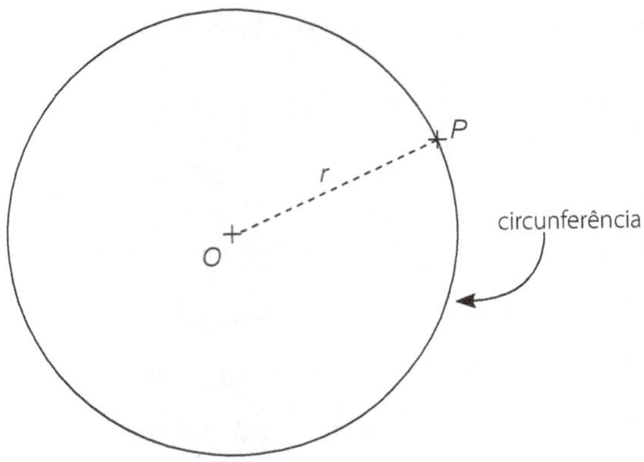

Elementos e propriedades da circunferência

Olhe bem para esta imagem. Por um efeito de ilusão de óptica, tem-se a impressão de que a roda está girando; percebeu?

Nela, a circunferência é sugerida por vários de seus pontos, pelos raios correspondentes a eles e pelo centro.

Vamos saber um pouco mais sobre esses elementos?

Centro

Como já mencionado, o **centro** da circunferência é o ponto interno a ela equidistante de todos os seus pontos. Ele é usado como referência para desenhá-la, para indicá-la e para definir seu tamanho.

Raio

Todo segmento de reta com uma extremidade no centro da circunferência e outra em um ponto qualquer da circunferência é chamado de **raio**.

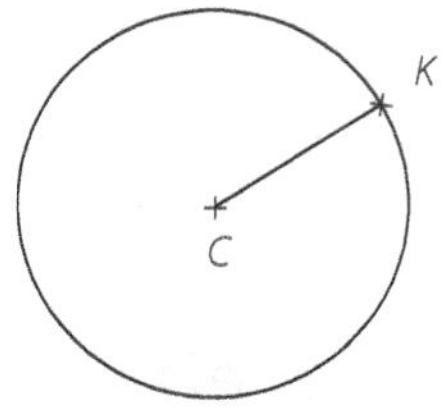

◆ Com base na figura, responda:

Quantos pontos existem na $\otimes$ (C, CK)? ....

E quantos raios é possível traçar? ....

Se você comparar as medidas de todos os raios dessa circunferência, o que você pode dizer sobre elas? ....

Agora, complete duas importantes propriedades das circunferências.

1ª) Uma circunferência tem .... raios.

2ª) Todos os raios de uma circunferência são ....

A medida do raio de uma circunferência determina o seu tamanho.

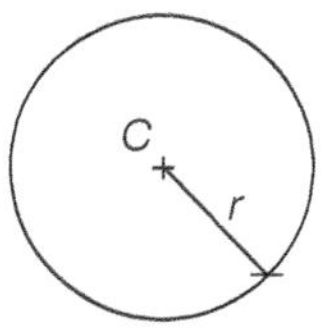

$r = 1{,}0$ cm

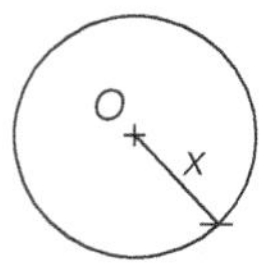

$x = 0{,}8$ cm

$\otimes$ (C, r) é maior do que $\otimes$ (O, x), pois $r > x$.

As circunferências são congruentes quando têm raios de mesma medida.

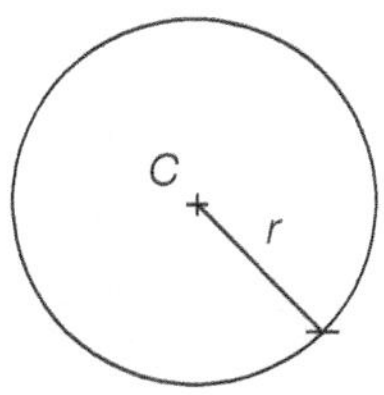

$r = 1{,}2$ cm

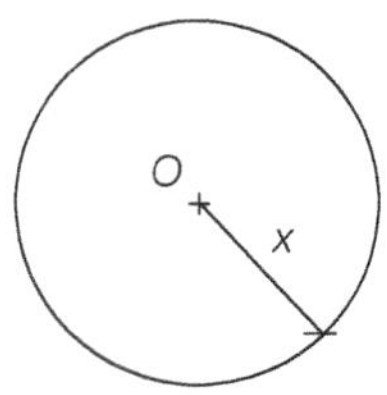

$x = 1{,}2$ cm

$\otimes (C, r) \cong \otimes (O, x)$

Corda

Corda é todo segmento de reta de extremidades em dois pontos distintos da circunferência.

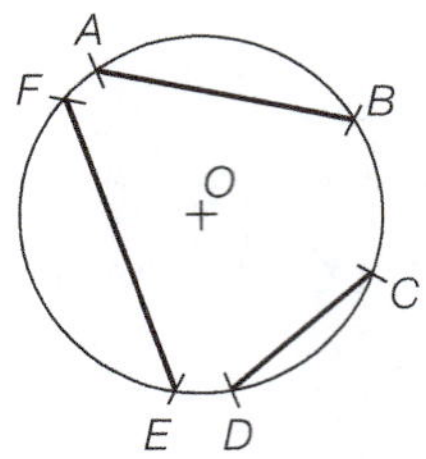

Exemplos de corda: $\overline{AB}$, $\overline{CD}$, $\overline{EF}$.

Diâmetro

Diâmetro é toda corda que passa pelo centro da circunferência. É a maior corda da circunferência.

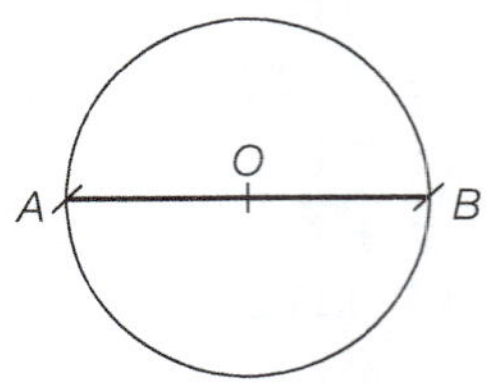

Exemplo de diâmetro: $\overline{AB}$.

◆ Dada a circunferência de centro *O* e raio *x*, trace três diâmetros quaisquer, meça-os e indique suas medidas. Depois, meça os raios que cada um dos diâmetros determina.

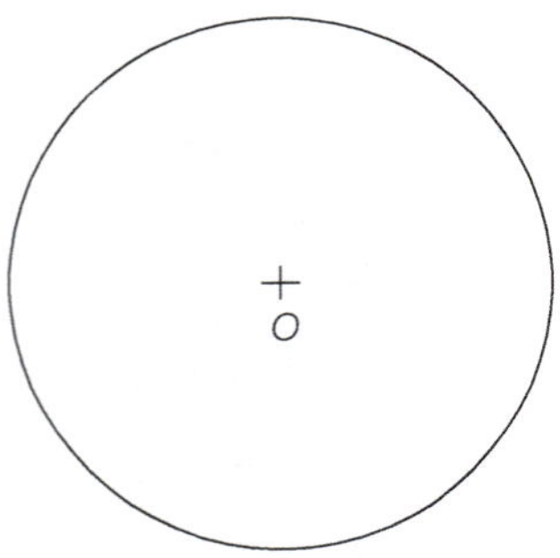

Diâmetro: ....

Diâmetro: ....

Diâmetro: ....

Raios: ....

É possível traçar outros diâmetros? .... Quantos? ....

Como são as medidas de todos os diâmetros dessa circunferência? ....

Compare as medidas dos raios com as dos diâmetros. Qual é a relação entre elas? ....

....

Complete mais três propriedades das circunferências.

3ª) Uma circunferência tem .... diâmetros.

4ª) Todos os diâmetros de uma circunferência são ....

5ª) A medida do diâmetro é o .... da medida do raio.

Arco

Arco é uma parte da circunferência limitada por dois pontos distintos pertencentes à circunferência.

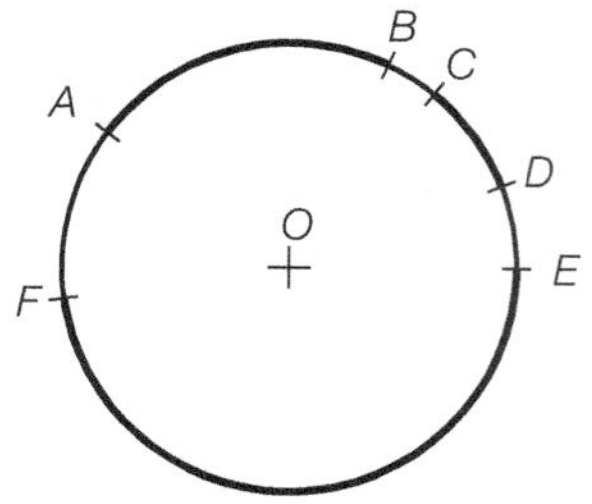

Indica-se: $\widehat{AB}$, $\widehat{CD}$, $\widehat{EF}$.
Lê-se: arco *AB*, arco *CD*, arco *EF*.

Observe a figura abaixo.

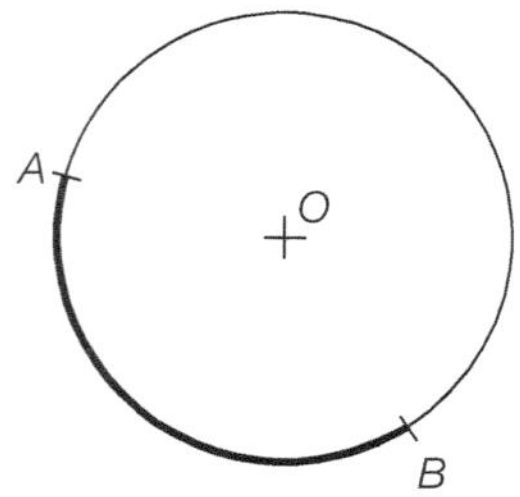

Nela existem dois arcos *AB*.

Para identificar a qual dos arcos nos referimos, podemos considerar outros dois pontos, *C* e *D*, como mostrado nas figuras a seguir.

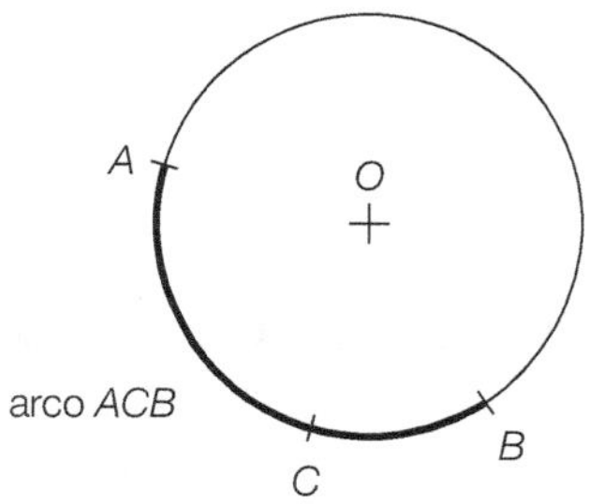

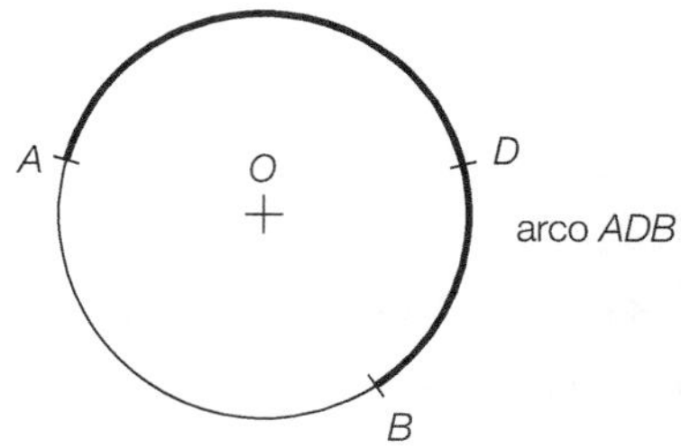

Semicircunferência

Semicircunferência é um arco que corresponde à metade da circunferência. Suas extremidades são também extremidades de um dos diâmetros da circunferência.

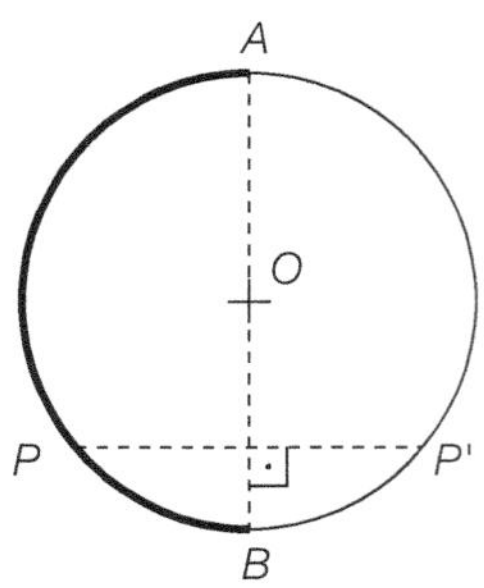

$\widehat{AB}$ é semicircunferência.
$\overline{AB}$ é diâmetro.

- Esse diâmetro é um dos .... da circunferência porque cada ponto de uma .... tem o seu simétrico na outra.

Construindo imagens

Construção de circunferência de centro e raio conhecidos

• **Dados:** ponto *C*; raio $r = 1,5$ cm   • **Construir:** $\otimes$ (*C*, *r*)

Passos da construção:

1º) Abra o compasso com a medida $r = 1,5$ cm.

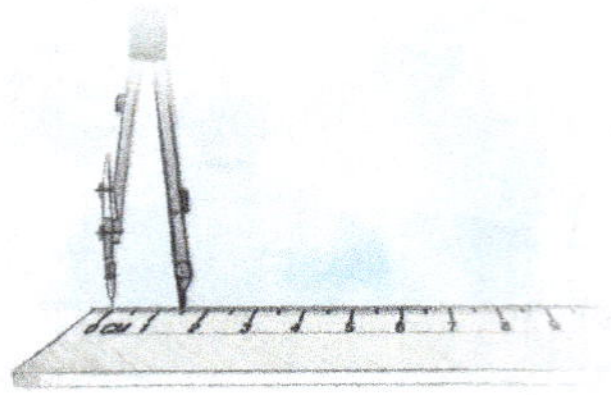

2º) Fixe a ponta-seca do compasso em *C*, segure-o pelo cabeçote e gire-o, no sentido horário, até desenhar uma volta completa.

3º) Esta é a $\otimes$ (*C*, *r*).

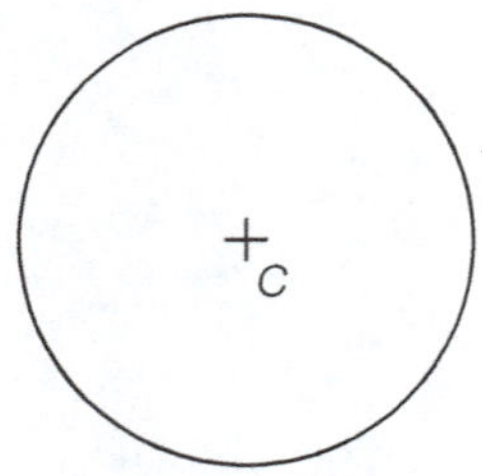

Para você construir:

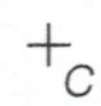

Construção de circunferência, sendo conhecidos o centro e um de seus pontos

• **Dados:** centro *C* e ponto *P*   • **Construir:** $\otimes$ (*C*, *CP*)

Passos da construção:

1º) Fixe a ponta-seca do compasso em *C*. Abra-o até que a ponta da grafite chegue ao ponto *P*.

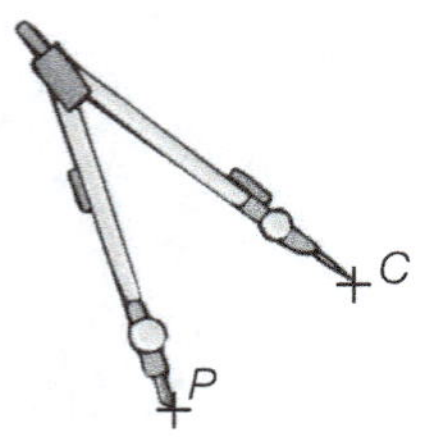

2º) Gire o compasso, no sentido horário, até desenhar uma volta completa. Esta é a circunferência desejada.

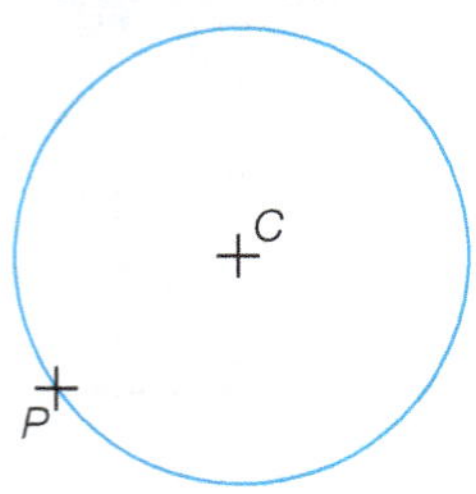

Para você construir:

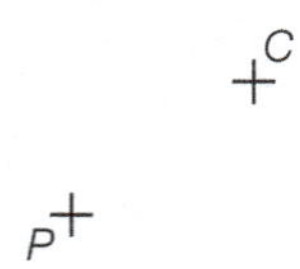

Construção de circunferência, dados o raio e dois de seus pontos

• **Dados:** pontos *A* e *B* $\overline{\quad r \quad}$ • **Construir:** ⊗ (*O*, *r*) que passe por *A* e *B*

Passos da construção:

1º) Com centro em *A*, trace um arco de raio *r* e, com centro em *B*, trace arcos de raio *r*, determinando os pontos O_1 e O_2.

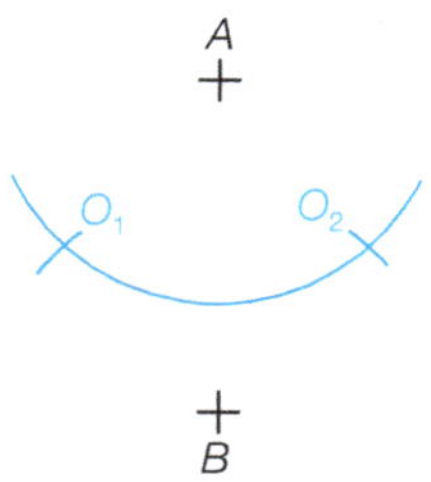

2º) Trace as circunferências com raio *r* e com centros em O_1 e O_2.
Há, portanto, duas respostas.

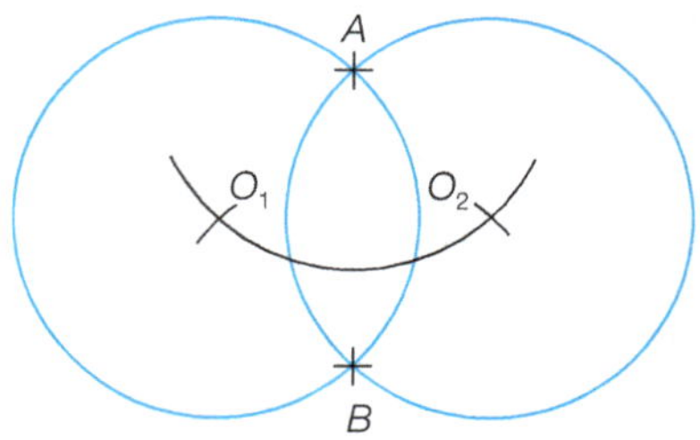

Para você construir:

Você em ação

1 Identifique e nomeie os elementos da circunferência, completando a legenda.

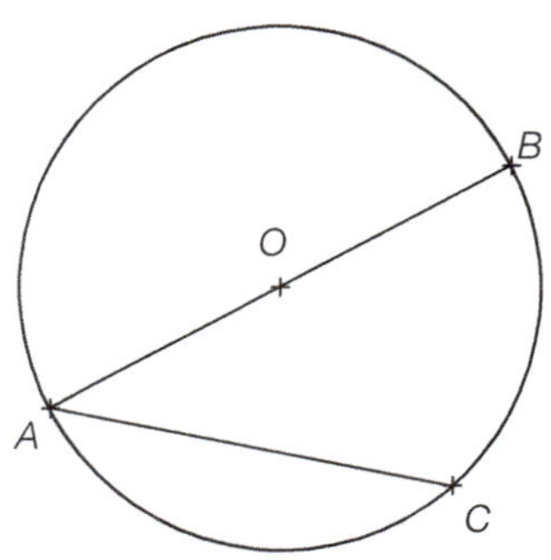

O: ....

A: ....

$\overline{OB}$: ....

$\overline{AB}$: ....

$\overline{AC}$: ....

$\overset{\frown}{AC}$: ....

$\overset{\frown}{AB}$: ....

2 **Indique simbolicamente as circunferências a seguir.**

a)

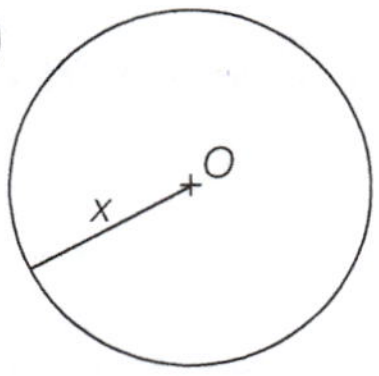

b)

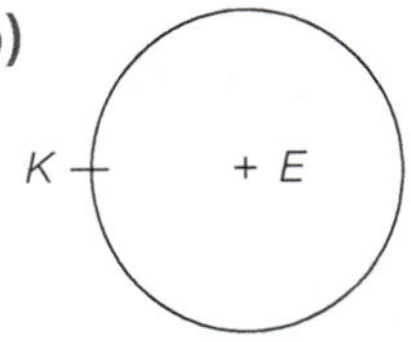

c)

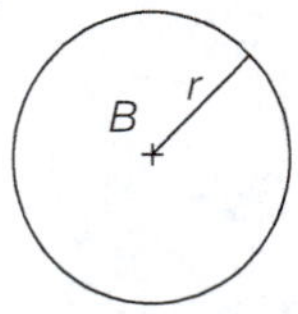

d)

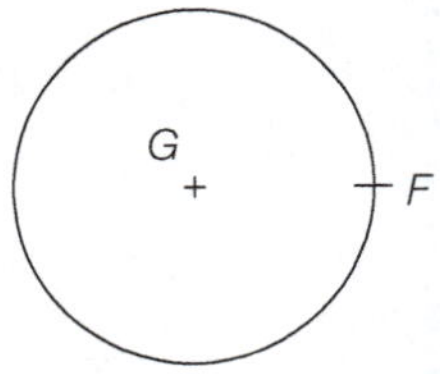

....

Agora, meça os raios dessas circunferências e indique as que são congruentes, se houver.

a) $x = 1{,}2$ cm

c) ....

b) ....

d) ....

As circunferências congruentes são: ....

3 **De acordo com a figura, indique o que é pedido.**

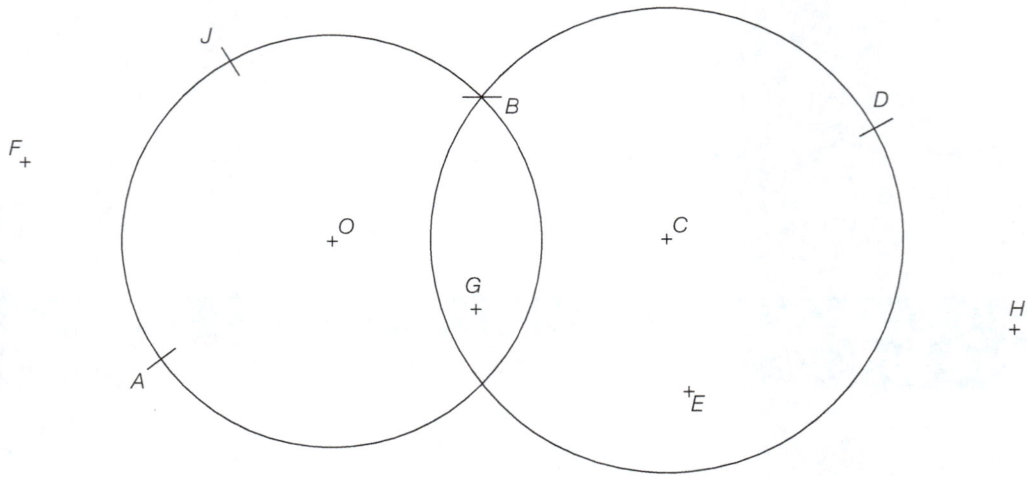

a) Pontos da ⊗ (*O*, *OA*): ....

b) Pontos que pertencem à região interna à ⊗ (*O*, *OA*): ....

c) Pontos que pertencem à região externa à ⊗ (*O*, *OA*): ....

d) Pontos da ⊗ (*C*, *CD*): ....

e) Pontos que pertencem à região interna à ⊗ (*C*, *CD*): ....

f) Pontos que pertencem à região externa à ⊗ (*C*, *CD*): ....

Com base no que você identificou nos itens anteriores, complete:

Um ponto pertence à	quando sua distância ao centro é
circunferência	....
região interna à circunferência	....
região externa à circunferência	....

4 Meça, em centímetro, o raio das circunferências e ordene-as da menor para a maior.

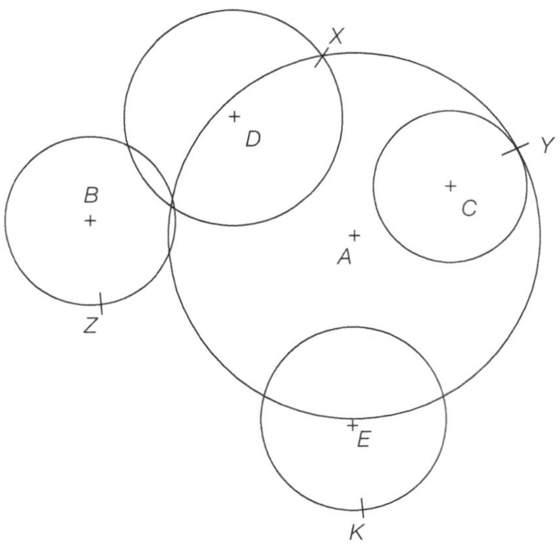

m($\overline{BZ}$) = 1,1 cm

....

....

....

....

1ª) ⊗ (*C*, *CY*)

2ª) ....

3ª) ....

4ª) ....

5ª) ....

5 Trace na circunferência dada o que se pede em cada item.

a) centro *C*

b) raio $\overline{CP}$

c) diâmetro $\overline{XY}$

d) corda $\overline{RS}$

e) arco $\overset{\frown}{RS}$

f) semicircunferência $\overset{\frown}{PYK}$

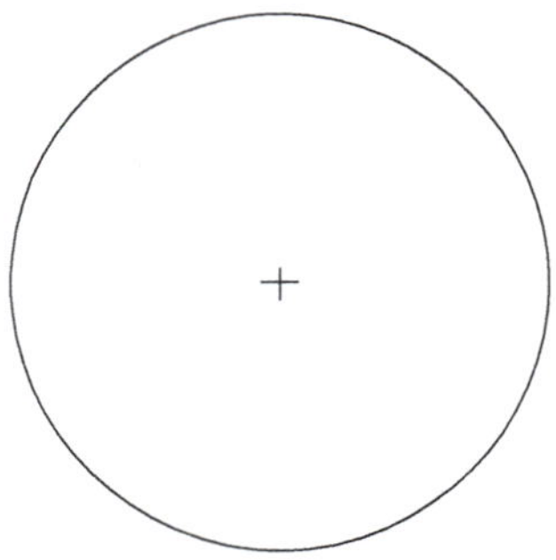

6 Construa as circunferências.

a) ⊗ (O, OP)

c) ⊗ (R, m) ├── m ──┤

b) ⊗ (A, x), $x = 2{,}1$ cm

d) ⊗ (E, r), $r = 25$ mm

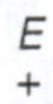

7 Construa as circunferências, dados dois de seus pontos.

a) ⊗ (O, x), $x = 2$ cm

b) ⊗ (C, r) ├── r ──┤

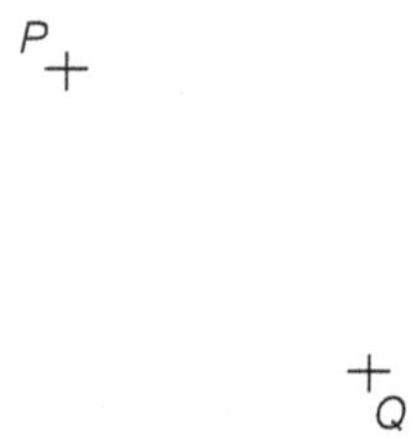

8 Construa uma circunferência cujo centro *O* pertença à reta *x* dada, sabendo que seu raio mede 2 cm e *A* é um de seus pontos.

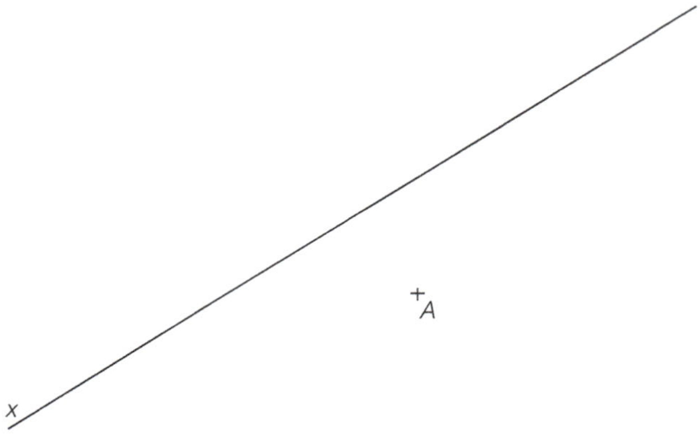

9 Determine os pontos *A* comuns às circunferências com raio de medida 2,3 cm e centros nos pontos *O* e *C*, tal que $O \in r$ e $C \in s$. Sabendo que o ponto *P*, interseção das retas *r* e *s* dadas, pertence a todas as circunferências pedidas e é distinto do ponto *A*.

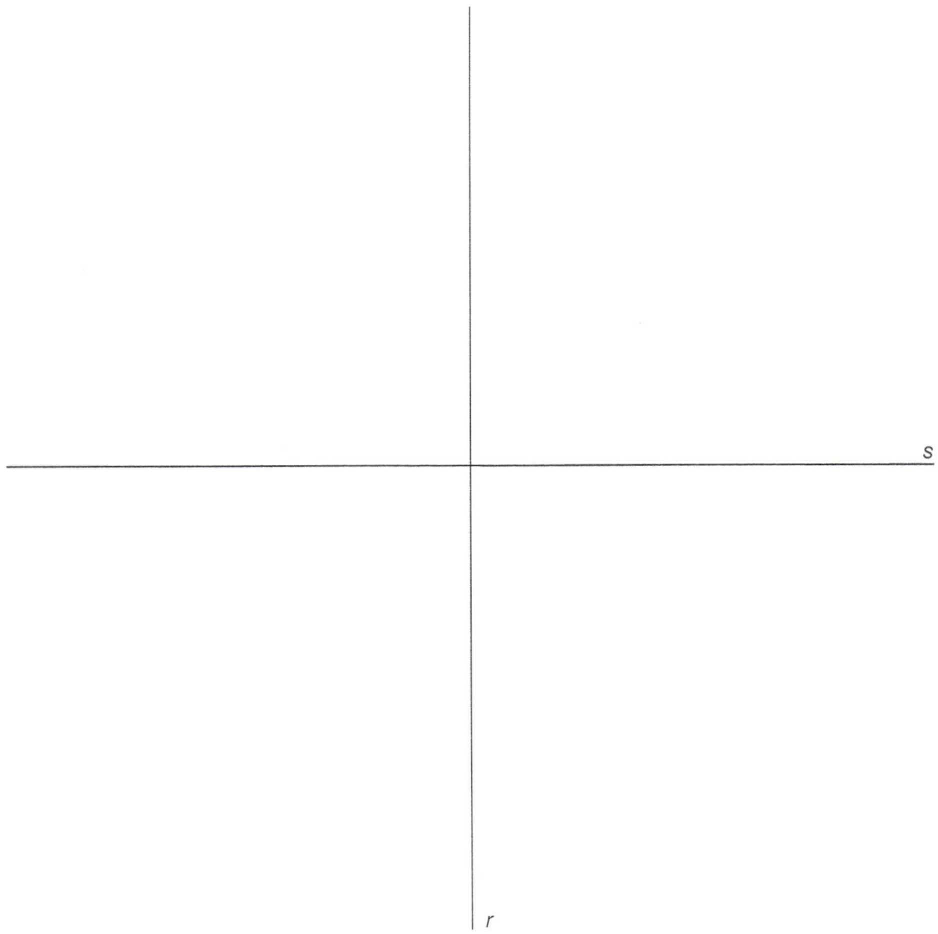

10 Construa as circunferências cujos centros são os pontos *B*, *C*, *D* e *E*, com raios de medida *r*, tal que *A*, *B*, *C*, *D* e *E* sejam colineares. Dados: $m(\overline{AB}) = 3$ cm, $m(\overline{AC}) = 6$ cm, $m(\overline{AD}) = 9$ cm.

11 É possível desenhar flores com precisão geométrica.
Use os centros O_1, O_2, O_3, O_4, O_5 e O_6 e trace os arcos com raio de medida OO_1.

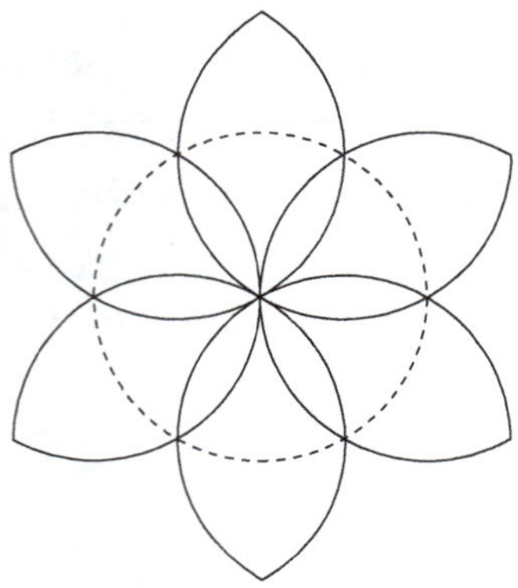

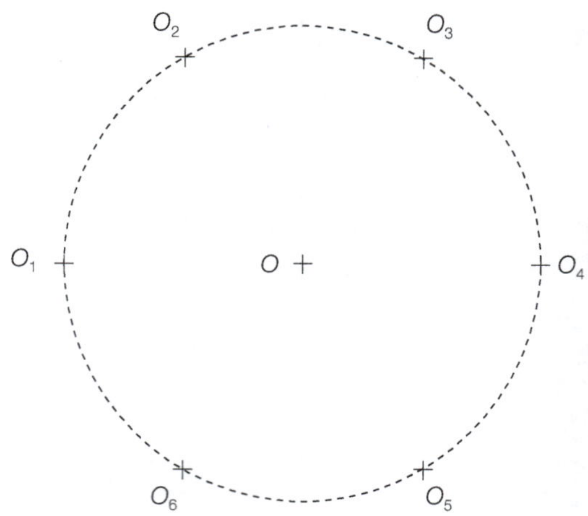

Compreendendo ideias

Outras propriedades da circunferência

Continuando o estudo da circunferência, vamos aprender mais algumas de suas propriedades.

◆ Na circunferência (O, r) dada:

- marque dois pontos A e B e desenhe a corda $\overline{AB}$;
- trace a reta m, mediatriz da corda, e determine seu ponto médio M;
- nomeie de C e D os pontos comuns entre a circunferência e a mediatriz.

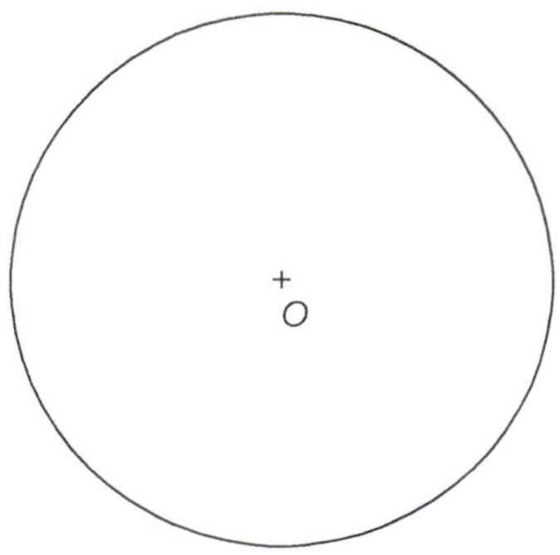

◆ Agora, analise a figura e responda:

- O centro O pertence à reta mediatriz? ....

  Então $\overline{CD}$ é um .... da circunferência.

- Verifique as medidas de $\overset{\frown}{AC}$ e $\overset{\frown}{CB}$. Elas são iguais ou diferentes? ....

  Então, C é ponto médio de $\overset{\frown}{ACB}$.

- Compare as medidas de $\overset{\frown}{AD}$ e $\overset{\frown}{BD}$. Elas são iguais ou diferentes? ....

  Então, D é .... de $\overset{\frown}{ADB}$.

- Com base nessas observações, além das cinco propriedades descritas anteriormente, podemos enunciar mais duas:

6ª) A reta mediatriz de uma corda passa pelo .... da circunferência.

7ª) A reta mediatriz de uma corda passa pelos .... dos arcos determinados por essa corda.

◆ Considere uma circunferência e três de seus pontos: *P*, *R* e *S*. Desenhe as retas mediatrizes das cordas $\overline{PR}$ e $\overline{RS}$.

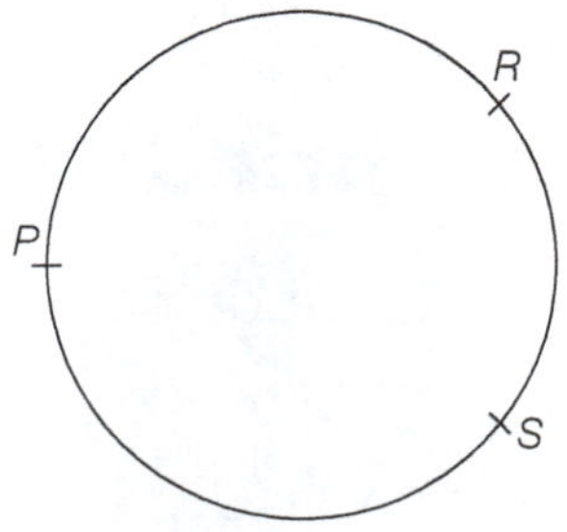

- As duas mediatrizes que você construiu se cruzaram em quantos pontos? ....
- Verifique as distâncias desse ponto a *P*, *R* e *S*. Elas são iguais ou diferentes? ....
  Por essa razão, você pode concluir que esse ponto é o .... da circunferência.
- É possível traçar outra circunferência que passe por *P*, *R* e *S*? ....
  Daí resultam outras duas propriedades:

8ª) As retas mediatrizes de duas cordas (não paralelas) determinam o .... de uma circunferência.

9ª) Por três pontos não colineares podemos traçar uma única ....

Construindo imagens

Construção de uma circunferência por três pontos não colineares

• **Dados:** *H*, *F* e *G* • **Construir:** ⊗ (*O*, *OF*), com *F*, *G* e *H* ∈ ⊗ (*O*, *OF*)

Passos da construção:

1º) Construa m_1 e m_2, mediatrizes das cordas $\overline{HF}$ e $\overline{FG}$. Depois, determine *O* na interseção de m_1 com m_2.

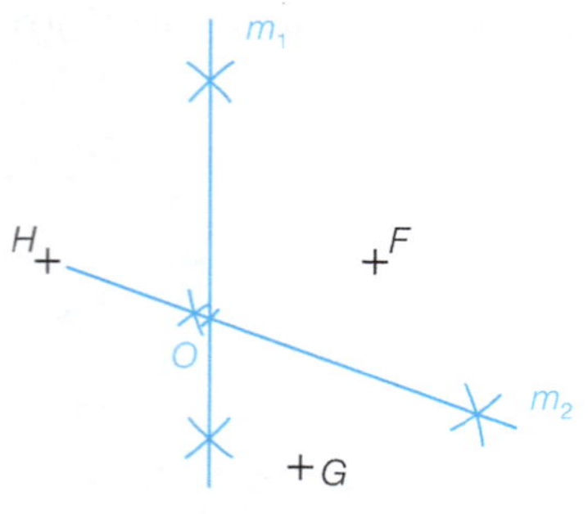

2º) Trace a circunferência de centro em *O*, com raio *OF*. Essa circunferência passa pelos pontos *F*, *G* e *H*.

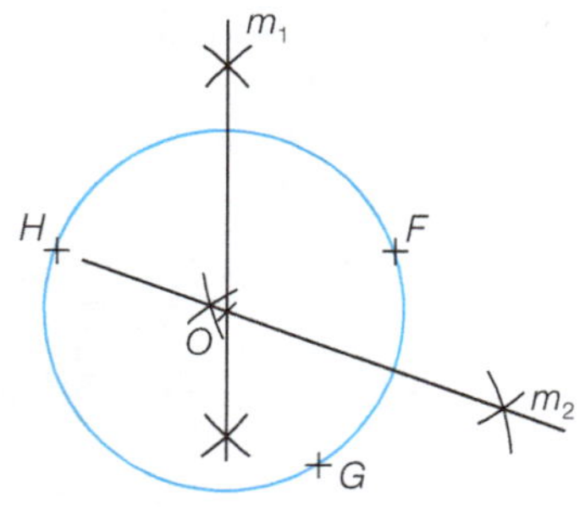

Para você construir:

Compreendendo ideias

Posições relativas de uma reta com uma circunferência

Uma reta e uma circunferência podem ocupar diferentes posições relativas no plano.

Reta exterior a uma circunferência

Uma reta é **exterior** a uma circunferência quando não há ponto comum entre elas.

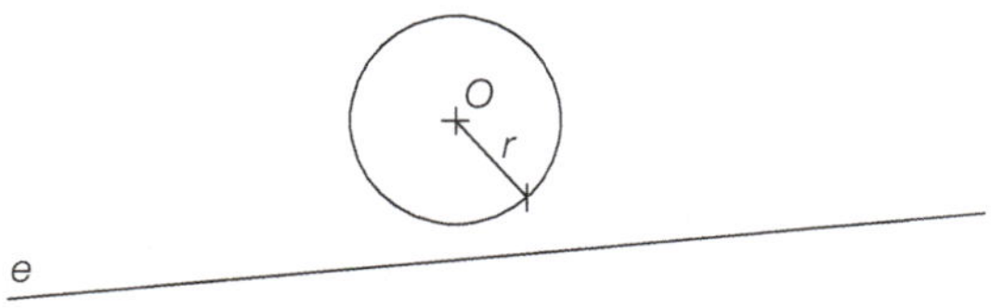

$$\otimes(O, r) \cap e = \varnothing$$

O horizonte e o contorno do Sol estão afastados.

Reta secante a uma circunferência

Uma reta é **secante** a uma circunferência quando há dois pontos comuns entre elas.

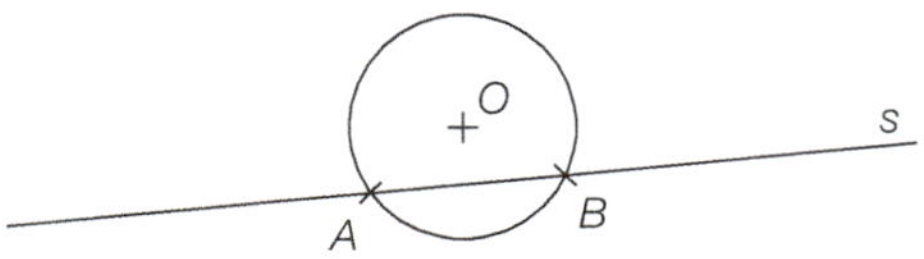

$$\otimes(O, OA) \cap s = \{A, B\}$$

Toda reta secante é suporte de uma corda.
Na figura, a reta s é suporte da corda $\overline{AB}$.

O contorno do Sol "corta" o horizonte.

Reta tangente a uma circunferência

Uma reta é **tangente** a uma circunferência quando há apenas um ponto comum entre elas. Esse ponto é chamado de **ponto de tangência**.

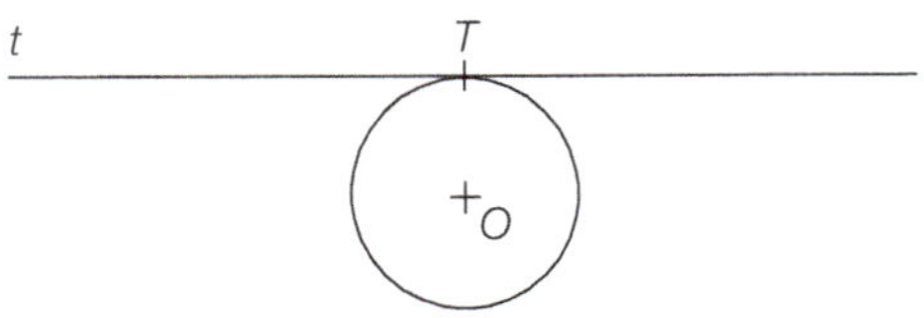

$$\otimes(O, OT) \cap t = \{T\}$$

T é ponto de tangência.

O contorno do Sol "toca" no horizonte.

◆ A reta t e a circunferência são tangentes no ponto T. Trace pelo centro O uma reta n perpendicular à reta t.

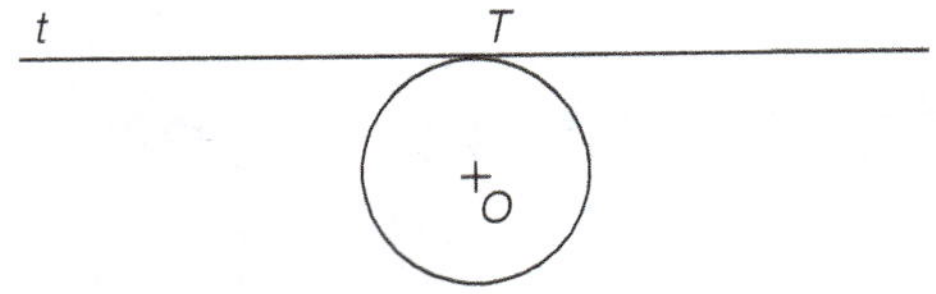

A reta n, chamada de **reta normal**, é suporte do raio OT perpendicular à reta tangente t. Essa condição determina mais uma propriedade da circunferência:

10ª) Uma reta tangente a uma circunferência é .... ao raio que tem por extremidade o ponto de ....

Construindo imagens

Construção de reta tangente a uma circunferência dado o ponto de tangência

- **Dados:** ⊗ (O, OT)
- **Construir:** t tangente à ⊗ (O, OT), sendo T o ponto de tangência.

Passos da construção:

1º) Trace o raio $\overline{OT}$ e sua reta suporte n (reta normal).

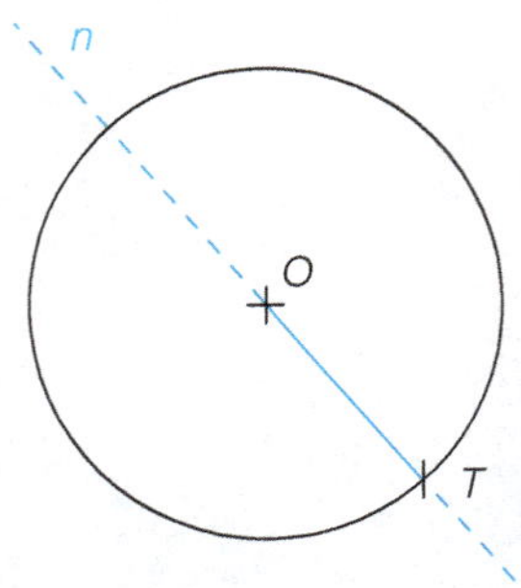

2º) Construa uma reta perpendicular à reta normal pelo ponto T.
A reta t é tangente à circunferência e T é ponto de tangência.

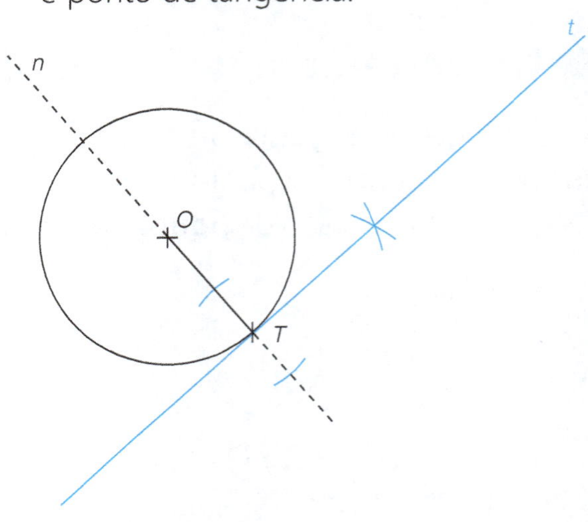

Para você construir:

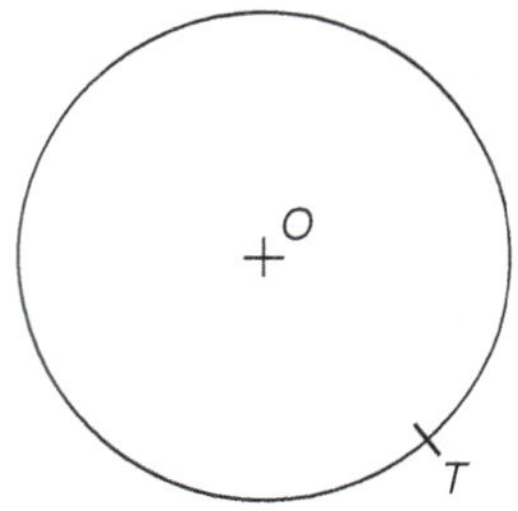

Construção de circunferência tangente a uma reta

- **Dados:** $OT = 12$ mm
- **Construir:** $\otimes (O, OT)$ tangente à reta t, sendo T o ponto de tangência.

Passos da construção:

1º) Construa a reta normal $n \perp t$ por T.

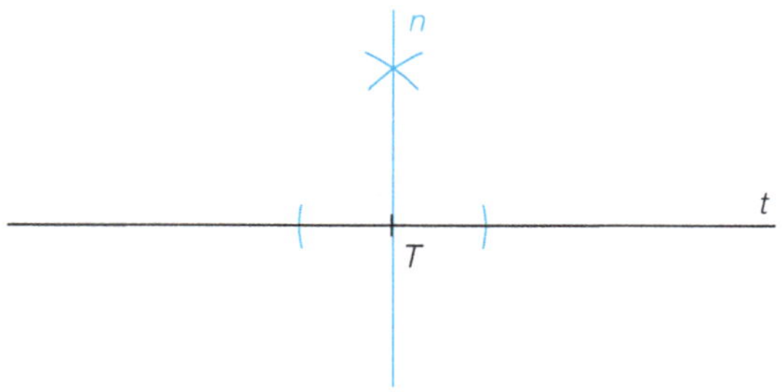

2º) Trace um arco de centro em T com raio 12 mm, determinando O_1 e O_2 em n.

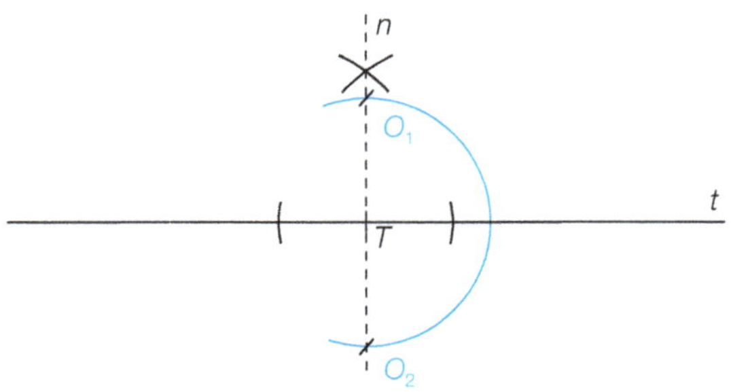

3º) Construa as circunferências de centros O_1 e O_2, com raio O_1T. Elas são tangentes à reta t, e T é o ponto de tangência.

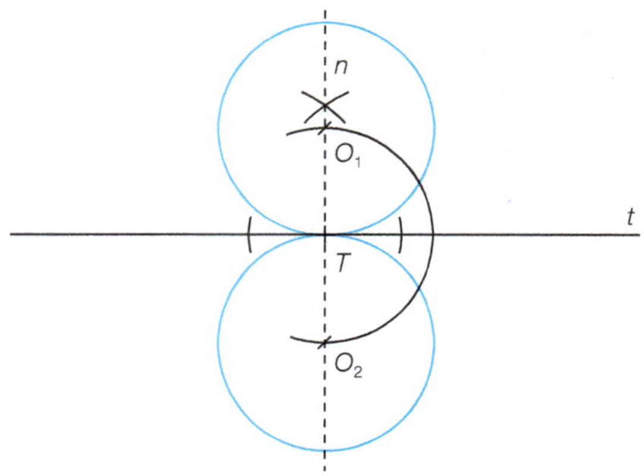

Para você construir:

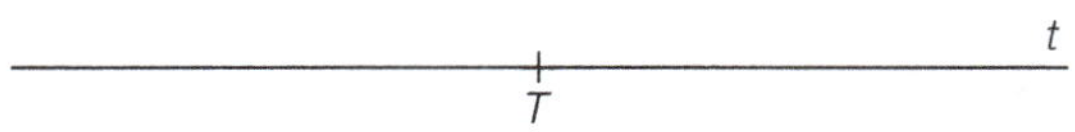

Usando tecnologia

Construção de uma circunferência tangente a uma reta, dado o ponto de tangência

Nesta seção, você vai construir uma circunferência tangente a uma reta utilizando o *software* de Geometria dinâmica GeoGebra, que pode ser encontrado no endereço <https://www.geogebra.org/>. Para isso, é necessário relembrar que uma reta tangente a uma circunferência é perpendicular à reta suporte do raio, no ponto de tangência.

Passos da construção:

1º) Construa uma reta utilizando a ferramenta . Com o botão direito do *mouse*, esconda os pontos *A* e *B*, desmarcando o item "Exibir objeto". Com a ferramenta , marque o ponto *C*, pertencente à reta. Este será o ponto de tangência. Agora, com a ferramenta , clique em *C* e em outro ponto qualquer da reta e construa uma circunferência de centro *C* e raio qualquer. (Dica: não faça uma circunferência muito grande.) Utilizando a ferramenta , selecione a circunferência e a reta, e obtenha os pontos de interseção entre elas.

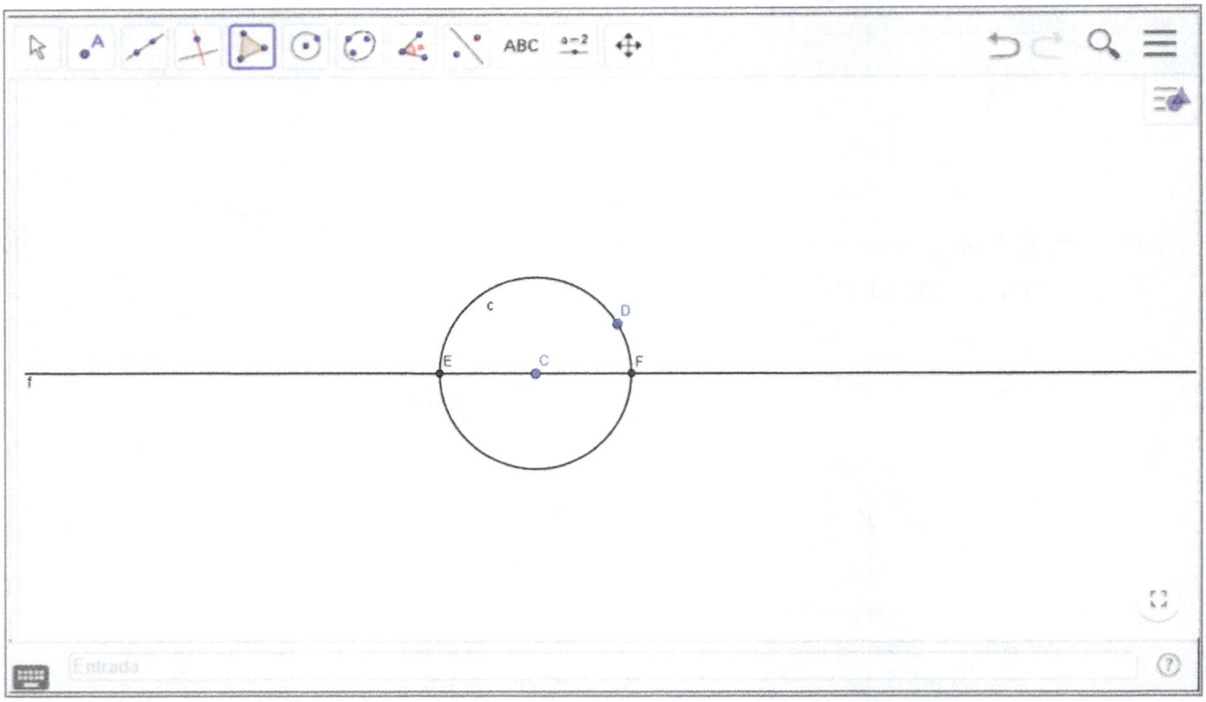

2º) Com a ferramenta , selecione os pontos *E* e *F* (pontos de interseção da circunferência e da reta) e construa uma circunferência de centro *E* e raio $\overline{EF}$. Utilizando a mesma ferramenta, construa agora uma circunferência de centro *F* e raio $\overline{EF}$.

Com a ferramenta , selecione as duas circunferências, obtenha os pontos de interseção e trace a reta que passa por esses pontos, utilizando a ferramenta 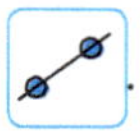.

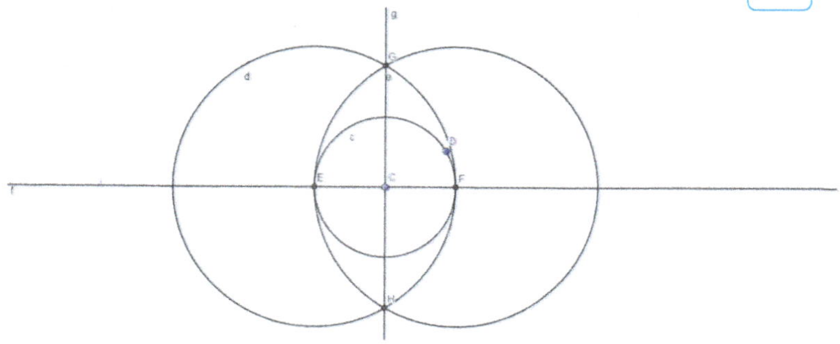

3º) Para obter a circunferência tangente à reta *EF*, no ponto *C*, escolha um ponto qualquer na reta *GH* e trace a circunferência cujo centro é o ponto *C* e o raio é a distância entre esse ponto e o ponto de tangência. Para tanto, utilize a ferramenta  e marque o ponto *I*, pertencente à reta *GH*. Agora, use a ferramenta  e construa uma circunferência de centro *I* e raio *CI*.

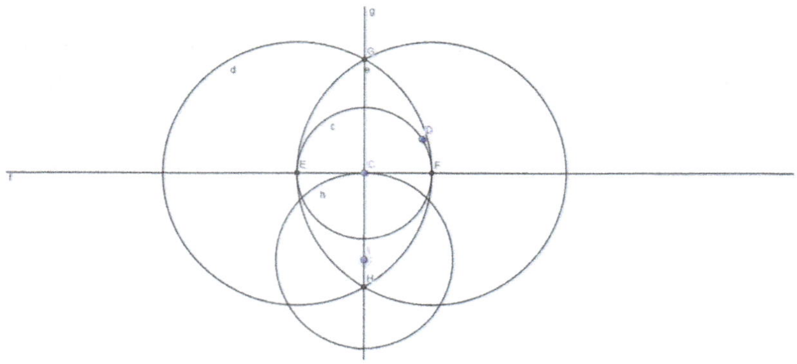

Usando a ferramenta , você pode esconder todas as construções auxiliares feitas nos passos anteriores, deixando apenas a reta, o ponto de tangência e a circunferência tangente.

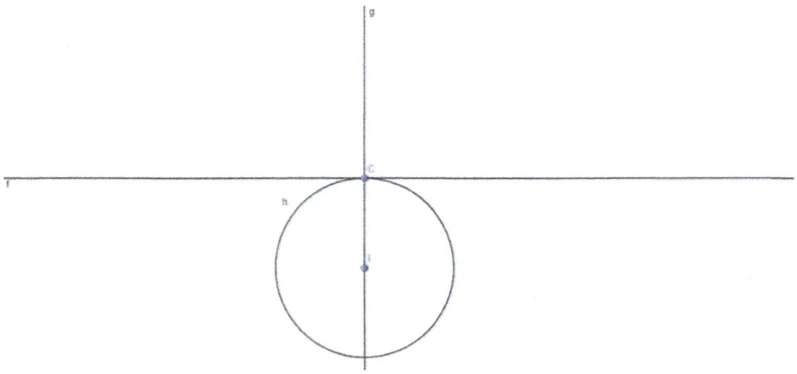

Para você construir:

Construa, em um *software* de Geometria dinâmica, uma circunferência tangente a uma reta, seguindo os passos indicados nesta seção.

Você em ação

1 Determine o centro *O* da circunferência dada.

2 Construa uma circunferência de centro *C* e raio de medida 2 cm, dada sua corda $\overline{MN}$.

3 Construa um diâmetro na circunferência dada e dê sua medida.

4 Construa uma circunferência de centro *O* que passe pelos pontos *A*, *B* e *C* dados.

5 Construa uma circunferência com centro no ponto *O* dado, de modo que:

a) a reta *x* seja exterior a ela.

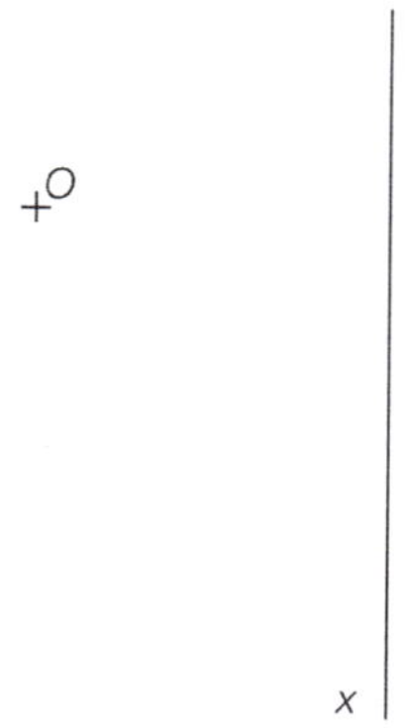

b) a reta *t* seja tangente a ela.

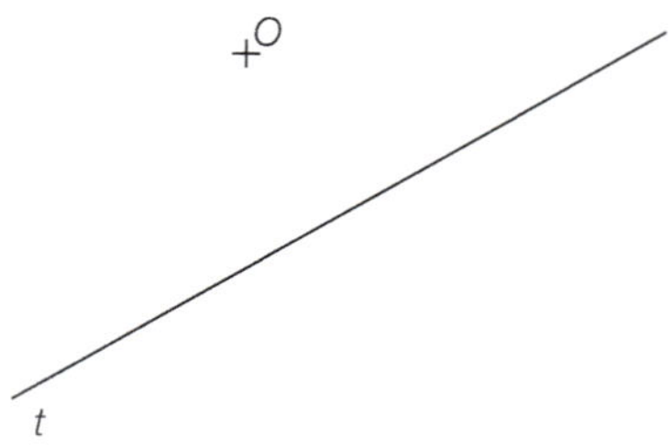

c) a reta *y* seja secante a ela.

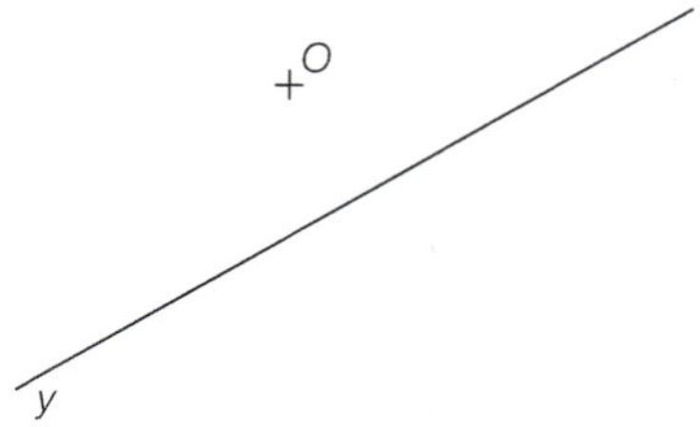

6 Observe a figura abaixo.

a) Dê:

- a reta suporte da corda $\overline{ED}$: ....
- a reta tangente à ⊗ (*C*, *CH*): ....
- as retas tangentes à ⊗ (*O*, *OA*): .... e ....
- a reta secante à ⊗ (*C*, *CH*): ....
- as retas secantes à ⊗ (*O*, *OA*): .... e ....

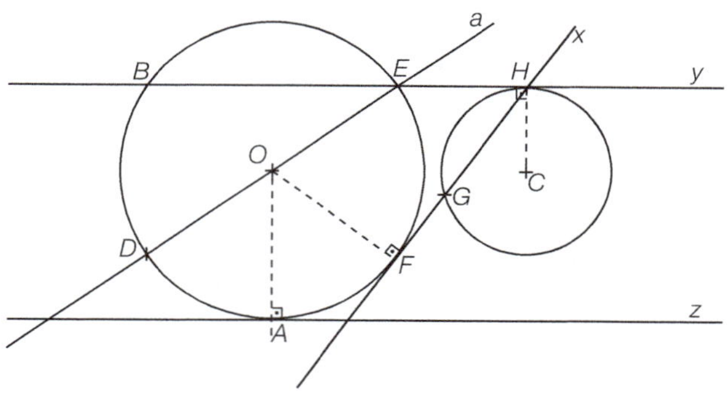

- a corda cujo suporte é a reta *x*: ....

b) Agora, responda:

- Qual é a posição relativa entre a reta *y* e as duas circunferências?

....

- Quais são os pontos de tangência da figura? Justifique sua resposta.

....

....

- Quais são as cordas determinadas pelas retas secantes?

....

....

7 Construa uma reta *s*, secante à circunferência dada, tal que nela seja determinada uma corda $\overline{AB}$ de medida 29 mm.

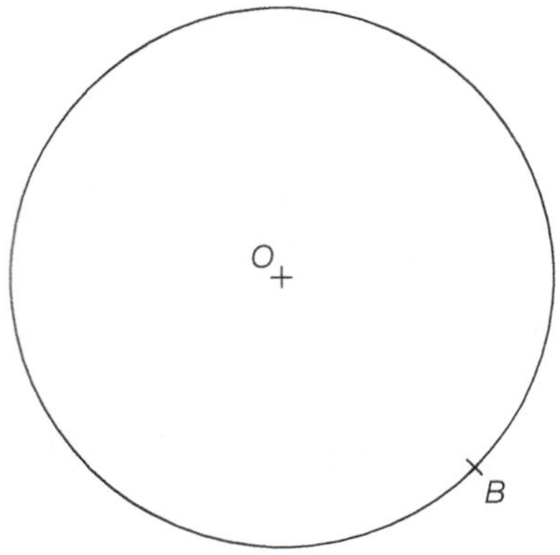

8 Desenhe uma reta *t*, tangente à circunferência dada, sabendo que ela é paralela à reta *y*, também dada.

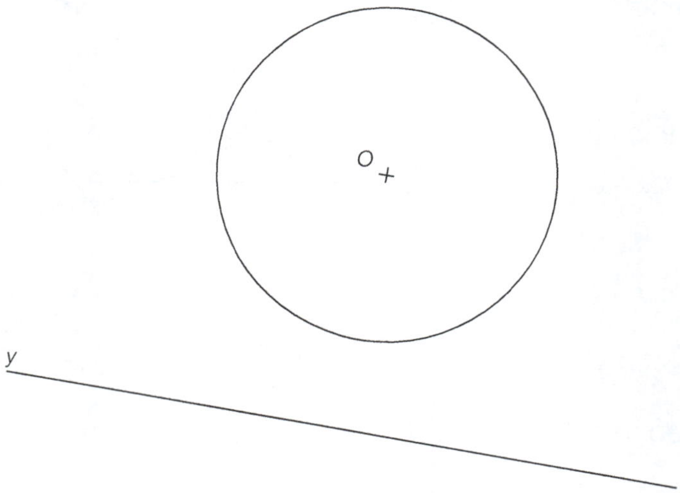

9 Assinale a alternativa **falsa**.

a) Se uma reta é secante a uma circunferência, então a distância do centro da circunferência à reta é menor do que a medida do raio.

b) Se uma reta é externa a uma circunferência, a distância do centro da circunferência a qualquer ponto da reta é maior do que a medida do raio.

c) Se uma reta é tangente a uma circunferência, a distância do ponto de tangência ao centro da circunferência é igual à metade da medida do diâmetro.

d) Se uma reta é tangente a uma circunferência, a distância entre o centro da circunferência e o ponto de tangência é igual à medida do diâmetro.

10. Construa uma circunferência de centro O e raio de medida 25 mm, da qual é dado o ponto A. Sabendo que a corda $\overline{AB} \subset s$; s é secante à circunferência; $\overline{AB}$ mede 42 mm.

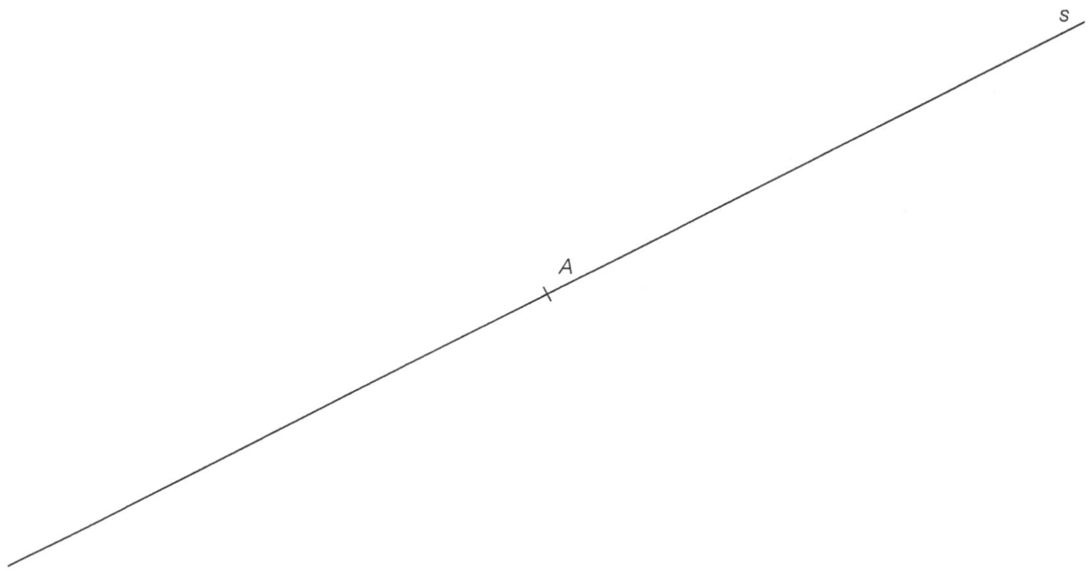

Compreendendo ideias

Posições relativas entre circunferências

As circunferências podem ocupar diferentes posições no plano.

Circunferências disjuntas

Circunferências disjuntas não têm ponto comum. Podem ser externas ou internas.

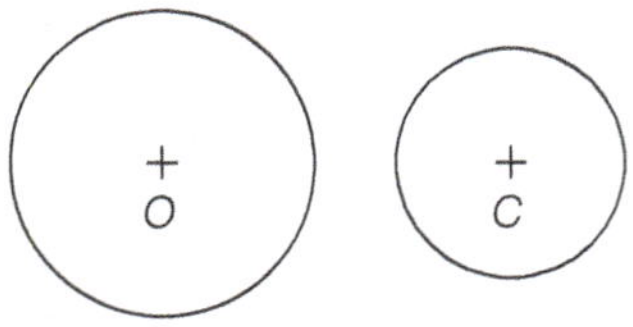

Disjuntas externas

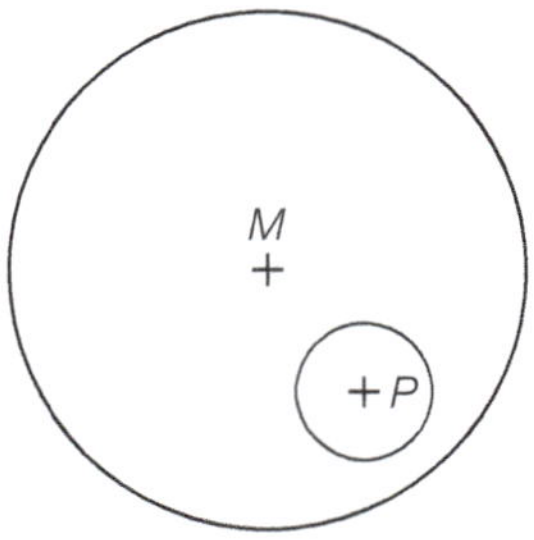

Disjuntas internas

Circunferências concêntricas

Circunferências concêntricas têm o mesmo centro.

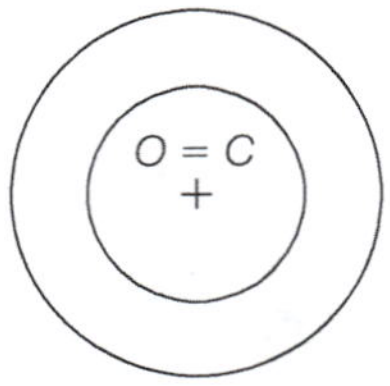

Circunferências tangentes

Circunferências tangentes têm apenas um ponto comum. Podem ser tangentes externas ou tangentes internas.

Tangentes externas

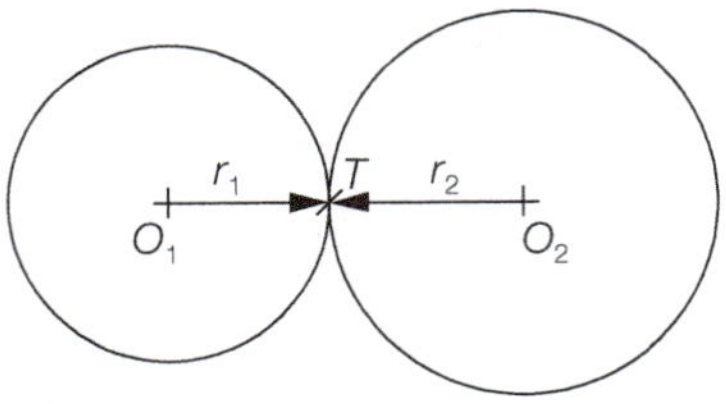

Observe que nas circunferências tangentes externas a distância entre os centros é igual à soma dos raios.

$$d(O_1, O_2) = r_1 + r_2$$

Tangentes internas

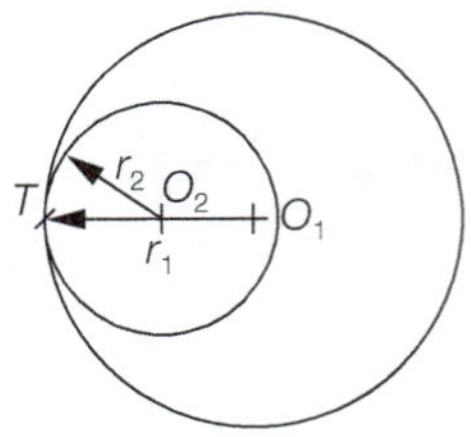

Note que nas circunferências tangentes internas a distância entre os centros é igual à diferença entre a medida do raio maior e a do raio menor.

$$d(O_1, O_2) = r_1 - r_2$$

- Analise os desenhos das circunferências tangentes. Há uma importante relação entre os centros e o ponto de tangência.

11ª) Nas circunferências tangentes, os centros e o ponto de tangência são ....

....

Circunferências secantes

Circunferências secantes têm dois pontos comuns.

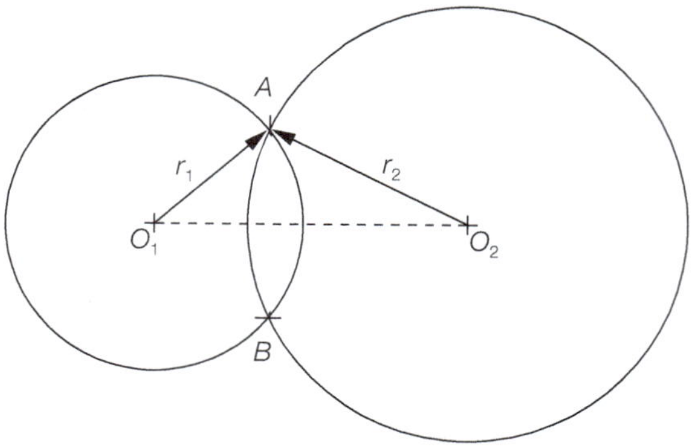

Observe que a distância entre os centros é menor que a soma das medidas dos raios.

$$d(O_1, O_2) < r_1 + r_2$$

Observe também que $\overline{AB}$ é uma corda comum às duas circunferências e $\overline{AB} \perp \overline{O_1O_2}$.

◆ Meça $\overline{AM}$ e $\overline{MB}$. Depois, complete o enunciado de mais uma propriedade.

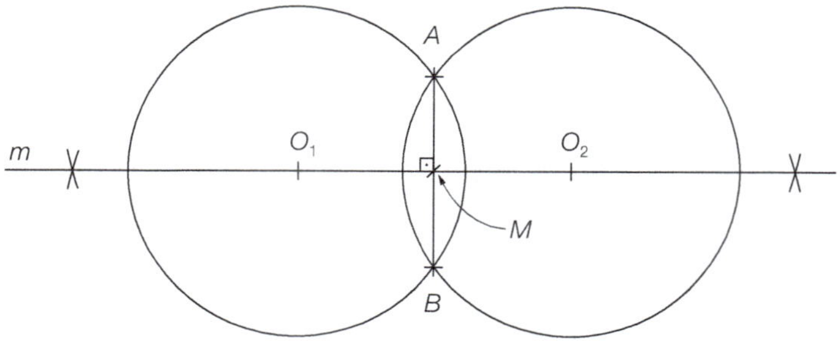

12ª) A reta determinada pelos centros das circunferências secantes é .... da corda comum.

Vale também que a reta suporte da reta comum das circunferências secantes é mediatriz do segmento de reta determinado pelos centros das circunferências.

Circunferências coincidentes

Circunferências coincidentes são as circunferências que têm todos os pontos em comum.

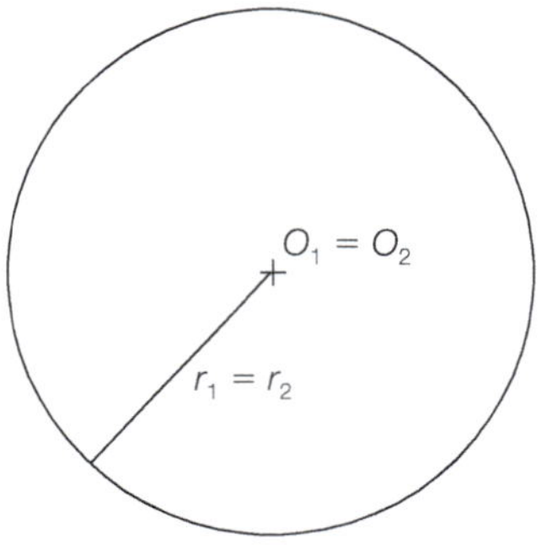

Os centros são coincidentes.
Os raios são congruentes.
As circunferências são concêntricas.

Você em ação

1 Em cada item, escreva as posições relativas entre as circunferências de centros nos pontos descritos.

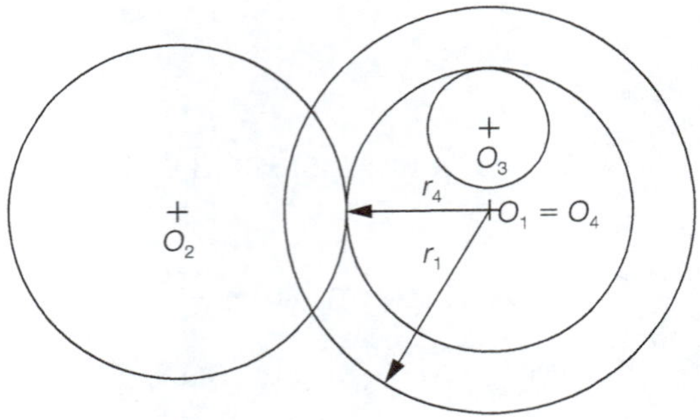

a) O_1 e O_2: ....

b) O_2 e O_3: ....

c) O_1 e O_4: ....

d) O_1 e O_3: ....

e) O_3 e O_4: ....

f) O_2 e O_4: ....

2 Analise as afirmações e, de acordo com a figura, classifique-as em **V** (verdadeiras) ou **F** (falsas).

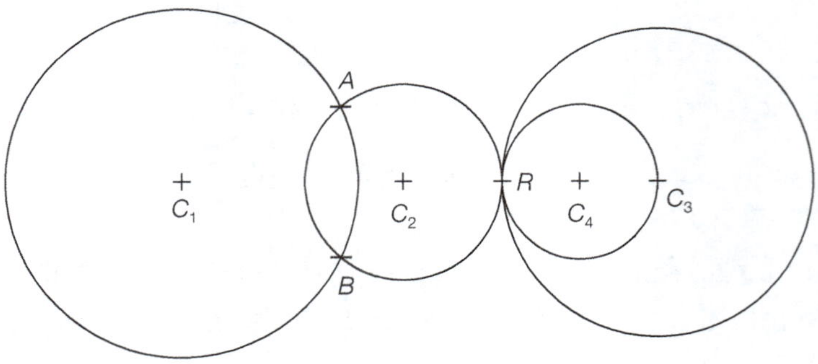

a) $\otimes (C_1, C_1A) \cap \otimes (C_2, C_2A) = \{A, B\}$ ....

b) $\otimes (C_4, C_4R) \cap \otimes (C_3, C_3R) = \{R, C_3\}$ ....

c) $\otimes (C_2, C_2B) \cap \otimes (C_3, C_3R) = \{R\}$ ....

d) $\otimes (C_2, C_2A) \cap \otimes (C_4, C_4R) = \varnothing$ ....

e) $\otimes (C_1, C_1B) \cap \otimes (C_3, C_3R) = \{\ \}$ ....

3 Desenhe as circunferências (*A*, 1,5 cm) e (*B*, 1,2 cm) para cada caso e classifique-as de acordo com suas posições relativas.

a)

A + *B* +

....

c)

B +
A +

....

b)

B + *A* +

....

d)

A = *B*
+

....

4 Em cada caso, determine o número de pontos comuns entre as circunferências de raios *x* e *y* e indique a posição relativa dessas circunferências, sabendo que a distância entre seus centros é *d*.

x (cm)	*y* (cm)	*d* (cm)	Pontos comuns	Posição relativa das circunferências
5	3	2	....	....
8	6	10	....	....
7	4	11	....	....
13	8	4	....	....
12	12	0	....	....
15	12	3	....	....
3	8	0	....	....

5 Construa um eixo de simetria em cada figura abaixo.

a)

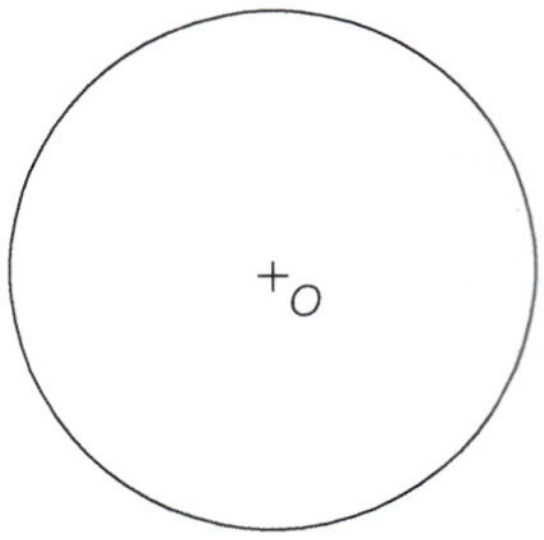

b)

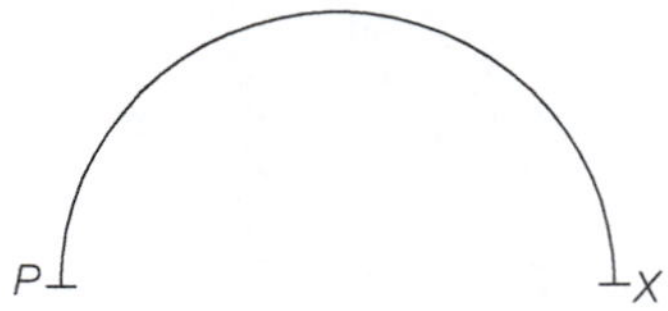

c)

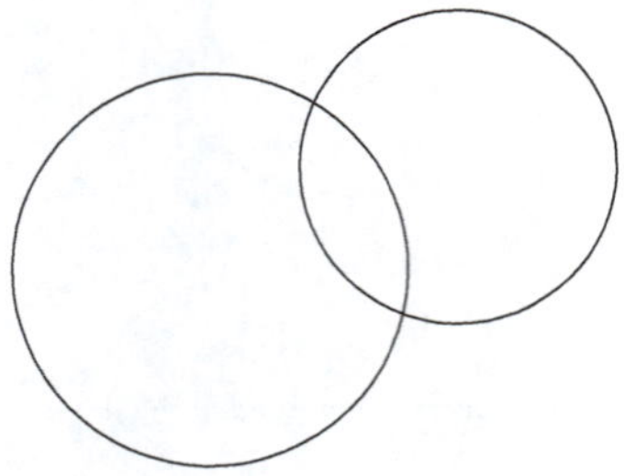

6 Construa a figura simétrica das figuras dadas, sendo a reta *e* seu eixo de simetria.

a)

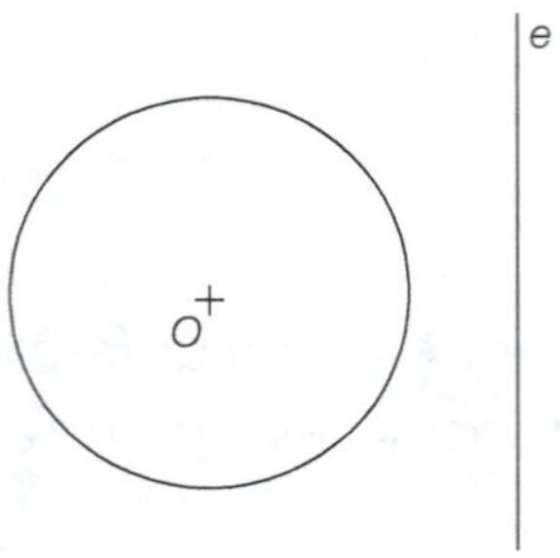

b)

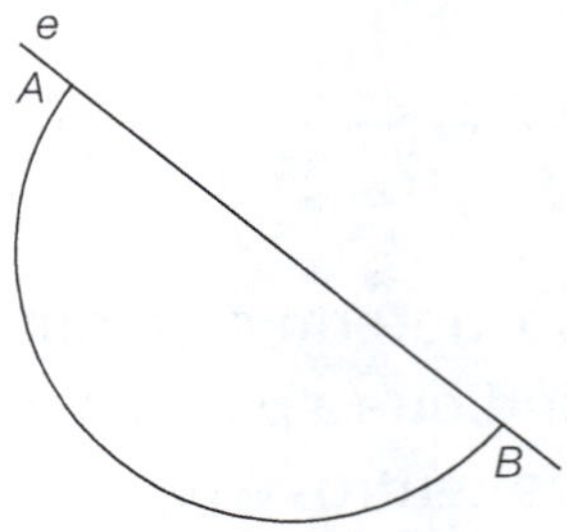

7 Dados a circunferência de centro *O* e raio *r* e os pontos *A*, *B* e *C*, desenhe as circunferências de acordo com a posição relativa indicada em cada item.

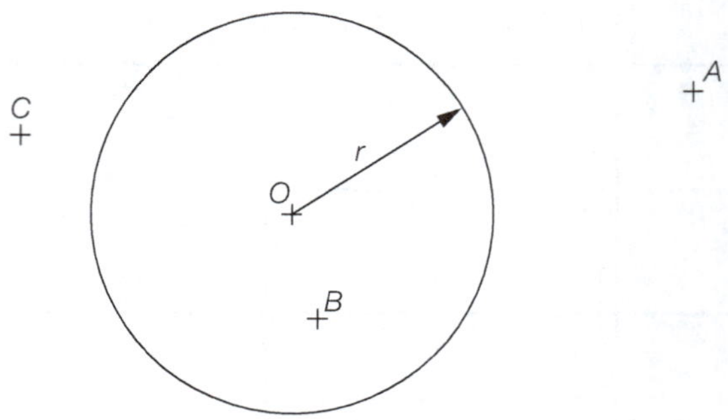

a) Disjunta externa de centro *A*.

b) Disjunta interna de centro *B*.

c) Concêntrica de raio 15 mm.

d) Secante de centro *C*.

8 Desenhe a circunferência de centro *O*, secante à circunferência de centro *C* dada, sendo *A* um dos pontos comuns. Em seguida, desenhe a $\otimes$ (*P*, *x*), concêntrica com a circunferência dada, tal que ela seja tangente externa à circunferência de centro *O*.

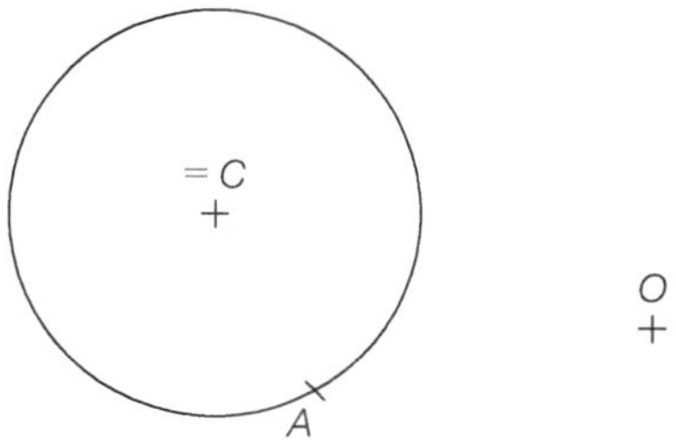

9 Construa duas circunferências tangentes internas, tal que uma tenha centro em *A* e raio de medida *AB* e que $\overline{AB}$ seja um diâmetro da outra.

10 Construa uma circunferência com raio de medida 2,2 cm, tangente à circunferência dada, sendo *T* o ponto de tangência.

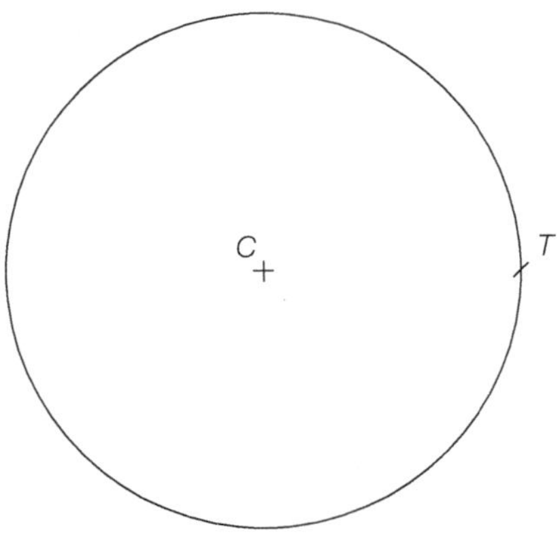

11 Construa duas circunferências secantes com raios de medidas 2 cm e 3 cm, cuja corda comum $\overline{PS}$ é conhecida.

12 Sendo *K* e *W* os pontos comuns de duas circunferências secantes, desenhe a circunferência de centro *O*, tal que a distância entre os centros *O* e *C* seja de 3,5 cm.

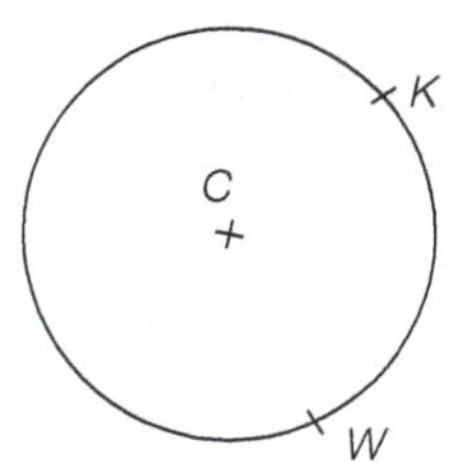

Compreendendo ideias

De olho na mídia

Um imenso círculo de gelo

Fenômenos inesperados e curiosos da natureza nos surpreendem, como o círculo de gelo que se formou da noite para o dia no rio Presumpscot, na cidade de Westbrook, no Maine, nos EUA, por obra do frio intenso na região. Trata-se de uma formação de mais ou menos 90 metros de diâmetro que gira sozinha, e seu formato circular perfeito é atribuído ao derretimento das bordas e ao impacto causado pelo contato com as margens do rio pelo movimento.

Tina Radel /City of Westbrook/AP Photo/Glow Images

Fonte de pesquisa: <http://correiodolago.com.br/noticia/voce-viu-o-imenso-circulo-de-gelo-que-se-materializou-em-um-rio-nos-eua/86021/>. Acesso em: mar. 2019.

O círculo

A circunferência limita uma região do plano. Chamamos de **círculo** o conjunto formado pelos pontos da circunferência e pelos pontos da região limitada por ela.

circunferência

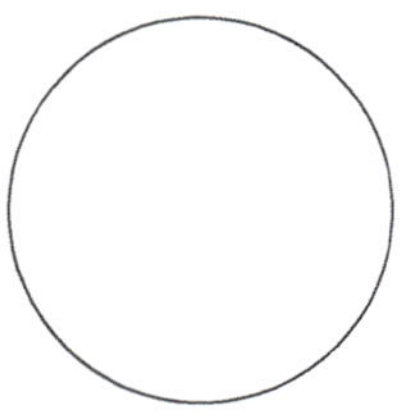

círculo

O centro, o raio, a corda e o diâmetro do círculo são os mesmos da circunferência que o determinou.

Regiões do círculo

Segmento circular é a região limitada por uma corda e pelo arco determinado por ela.

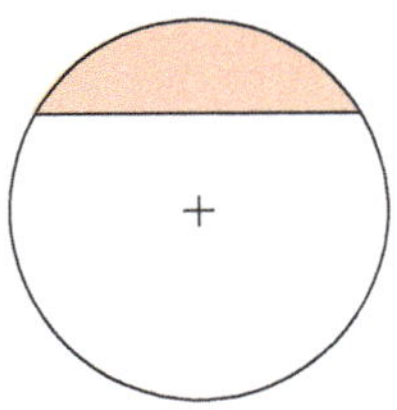

Semicírculo é a região limitada por um diâmetro e pela semicircunferência correspondente.

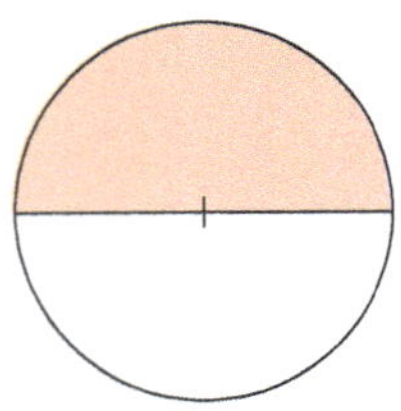

Faixa circular é a região compreendida entre duas cordas paralelas.

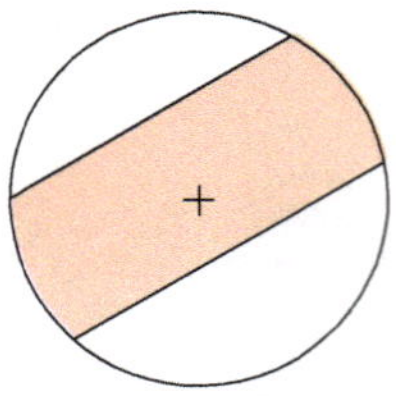

Setor circular é a região limitada por um arco e pelos raios que o compreendem.

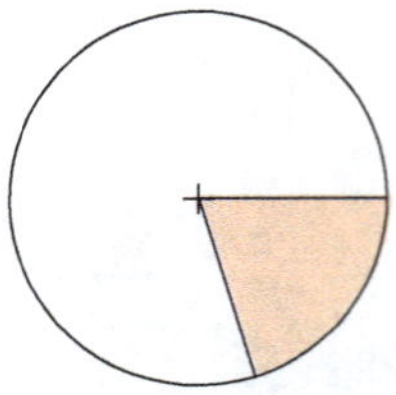

Coroa circular é a região compreendida entre duas circunferências concêntricas.

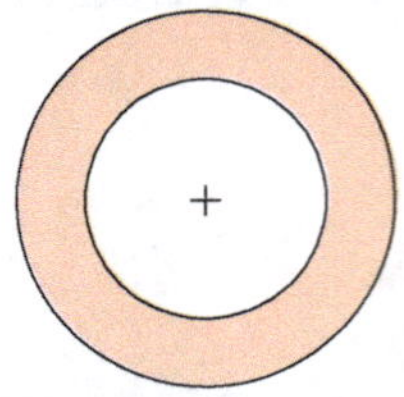

Trapézio circular é a região constituída dos pontos comuns a uma coroa e a um setor circular.

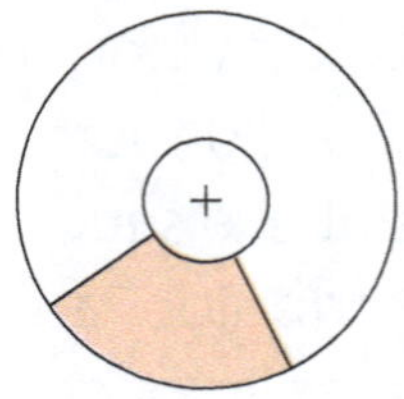

Você em ação

1 Relacione cada figura com seu nome.

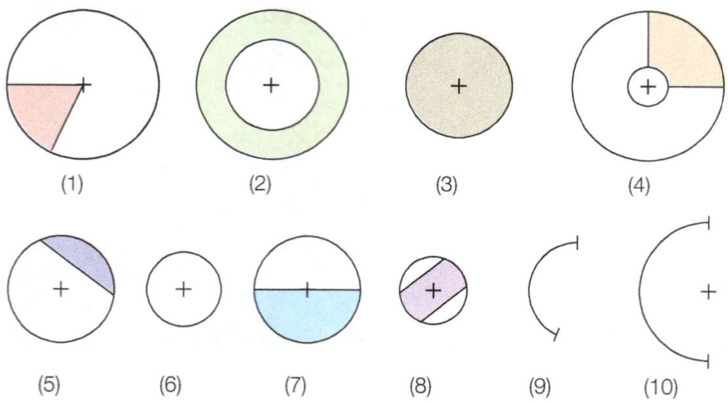

(........) setor circular
(........) círculo
(........) segmento circular
(........) semicírculo
(........) coroa circular
(........) faixa circular
(........) trapézio circular
(........) semicircunferência
(........) circunferência
(........) arco de circunferência

2 Dados o círculo de centro *O* e vários pontos, indique os pontos que pertencem:

a) ao círculo: ....

b) à circunferência: ....

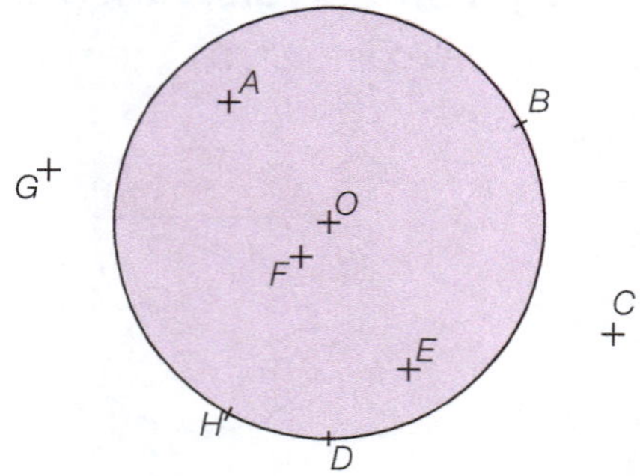

3 Construa uma coroa circular determinada por duas circunferências cuja diferença entre as medidas dos raios é de 1,7 cm, sendo dada a menor delas.

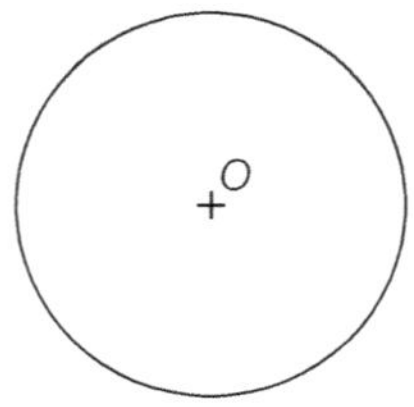

4 Construa a coroa e o setor circulares cuja interseção forma o trapézio circular dado.

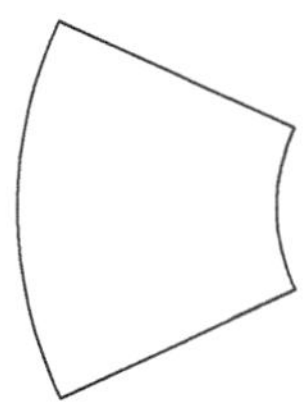

5 Construa o segmento circular contido no círculo de centro *O*, limitado pela corda $\overline{AB}$ dada.

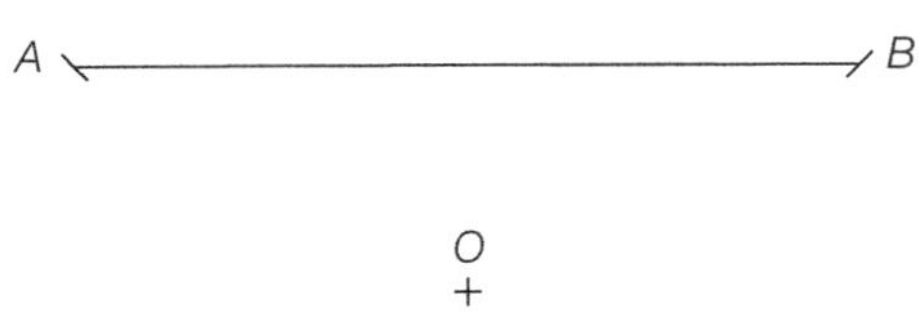

6. Construa um trapézio circular inscrito na coroa circular determinada pelos círculos de centro em *O* e de raios de medidas 1,5 cm e 3,0 cm, sabendo que a medida do ângulo central correspondente é 90°.

7. Construa dois segmentos circulares determinados pelas cordas $\overline{AB} \cong \overline{BC}$ do círculo de centro *O* e raio de medida 3,1 cm, tal que os pontos *D* e *E* pertençam a esses segmentos circulares.

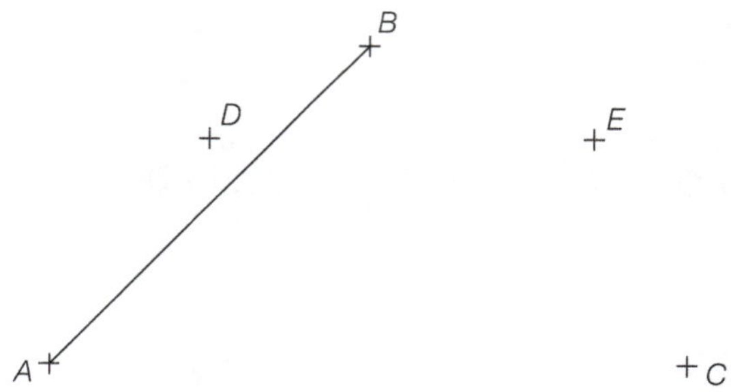

8 Construa uma faixa circular limitada pelas cordas $\overline{RS}$ e $\overline{TU}$, dados os pontos *R*, *S* e *U*.

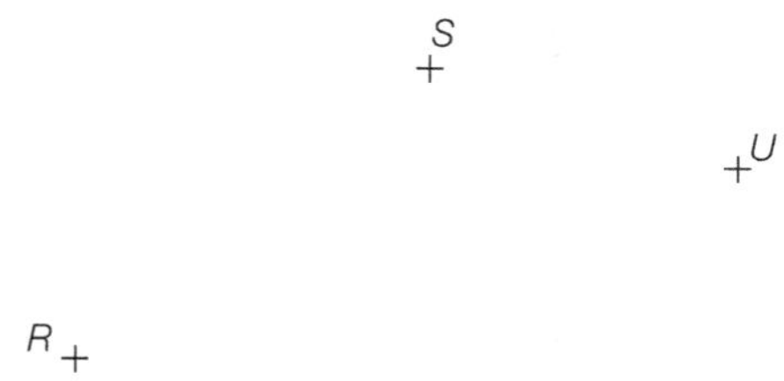

9 As cordas $\overline{AB}$ e $\overline{CD}$ são equidistantes do centro *O* de um círculo de raio 33 mm. Elas limitam uma faixa circular desse círculo. Desenhe-a.

Olhando ao redor

1. Uma das pinturas da série "Brincadeiras de criança", de Ivan Cruz, representa a vontade do artista de que as crianças voltem a brincar coletivamente.

Acervo Ivan Cruz/www.ivancruz.com.br

Várias brincadeiras II, Ivan Cruz, 2006.

Segundo o artista: "é tudo nascido do sonho, da saudade e da vontade de fazer com que todos voltem a brincar e as crianças de hoje aprendam o verdadeiro espírito dessa arte que está sendo deixada de lado".

a) Observe essa imagem e aponte as brincadeiras que utilizam objetos ou movimentos que lembram uma circunferência.

....

....

....

b) Agora é a sua vez de brincar.

Comece desenhando um alvo, que é formado por seis circunferências de mesmo centro. Você pode traçá-lo no chão, usando como compasso uma corda presa a um bastão em uma extremidade e a um giz de cera na outra. Com o bastão fixo no centro, varie o tamanho da corda conforme as medidas do raio das circunferências: 15 cm, 45 cm, 75 cm, 105 cm, 135 cm e 165 cm.

Estúdio Felix Reiners/Arquivo da editora

Prepare pequenos saquinhos de areia, em cores diferentes, para cada equipe. Estabeleçam as regras quanto:

- à distância de onde serão atirados os saquinhos;
- ao valor de pontos para cada faixa acertada (por exemplo: 5, 10, 15, 20, 30 e 50, contando de fora para dentro).

Estúdio Felix Reiners/Arquivo da editora

Que tal você e os colegas promoverem um evento especial para apresentar essas brincadeiras tradicionais para as crianças de sua escola?

2 **Olhe com atenção e responda qual é maior, comparando:**

a) os círculos do centro nas duas figuras.

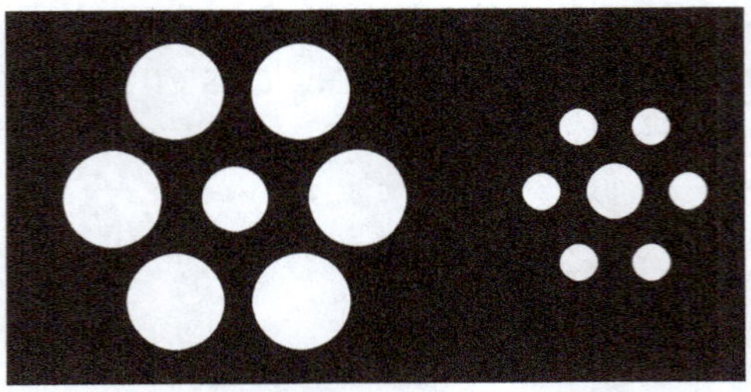

b) a circunferência de fora, da esquerda, e a circunferência de dentro, da direita.

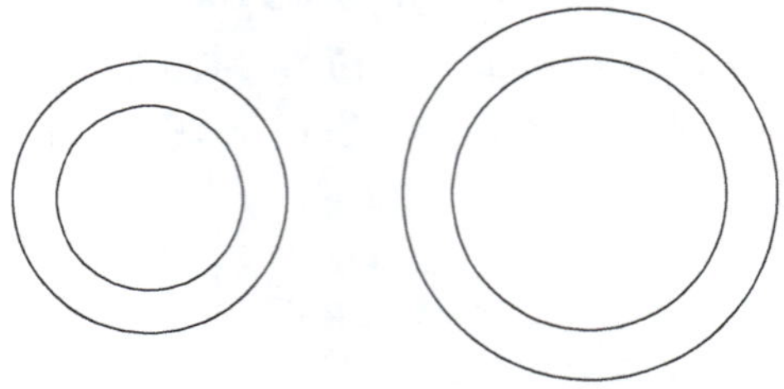

Agora, meça os raios dos dois círculos e das duas circunferências. A que conclusão você chega? ....

Trata-se de uma ilusão de óptica: percepção distorcida do que se vê, por influência de outros elementos. Nem tudo é o que parece ser!

- Veja outra experiência interessante envolvendo ilusão de óptica, agora com circunferências e círculos. Fixe os olhos nos círculos pretos e note que as circunferências concêntricas parecem movimentar-se.

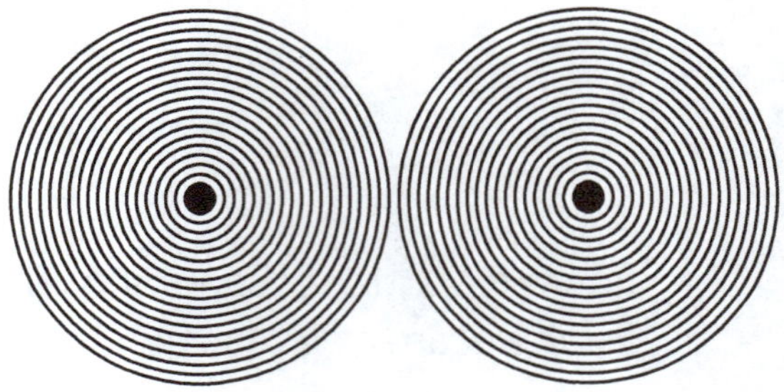

- Agora, encontre os discos que, sobrepostos, formam o primeiro disco abaixo. As partes representadas em branco são transparentes.

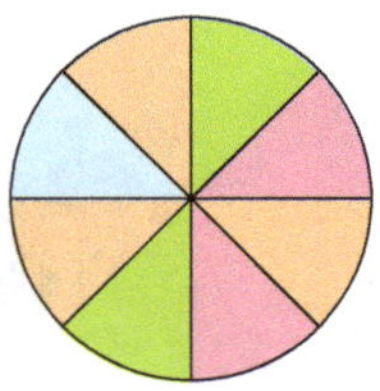

3 **O símbolo olímpico é formado por cinco arcos entrelaçados, que representam os cinco continentes e a união entre os povos.**

Desenhá-lo é fácil: basta saber construir circunferências. Veja como se faz.

1º) Determine os centros, trace a reta x e nela marque os pontos O_1, O_3 e O_5 distantes 5 cm entre si. Em seguida, com raio de medida 3,2 cm, faça arcos de centros em O_1 e O_3 para achar O_2 e em O_3 e O_5 para achar O_4.

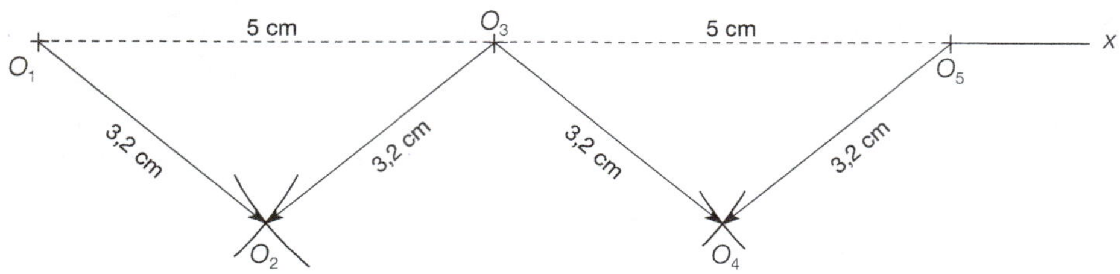

2º) Com centro em cada um dos pontos O, trace as circunferências com raios $r_1 = 1{,}8$ cm e $r_2 = 2{,}1$ cm. Apagando as linhas nos cruzamentos, os arcos ficam entrelaçados, conforme mostra a figura. Todo arco passa ora por cima, ora por baixo de outro. Observe.

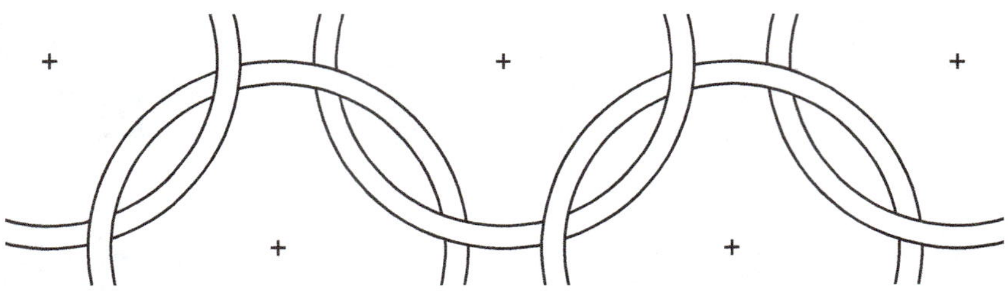

3º) Desenhe abaixo o símbolo olímpico.

4º) Pinte os arcos para representar os continentes. O arco de centro O_1 de azul (Europa); o de centro O_2 de amarelo (Ásia); o de centro O_3 de preto (África); o de centro O_4 de verde (Oceania) e o de centro O_5 de vermelho (América).

4 Água, um bem vital para usar com sabedoria – Segundo a Agência Nacional de Águas (ANA), a irrigação é responsável por 67% do consumo da água no Brasil. O sistema de irrigação por pivôs centrais consiste em uma área circular projetada para receber uma estrutura suspensa. No centro dessa estrutura, está ligada uma tubulação do tamanho do raio da região circular. Essa tubulação gira em torno da estrutura central, irrigando toda a plantação.

muratart/Shutterstock

Observe nas imagens de áreas irrigadas as formas geométricas e as relações de posição que você conheceu neste capítulo. Identifique-as.

Holger Weitzel/imageBROKER/Fotoarena

David Zimmerman/Getty Images

Robert Alexander/Getty Images

Promovision/Shutterstock

Raylton Alves/Agência Nacional de Águas (ANA)

5 **Pedalando pela História** – A bicicleta foi o primeiro veículo movido pelo ser humano. Você conhece sua história?

Em 1490, Leonardo da Vinci desenhou o seguinte veículo de duas rodas:

Granger/Other Images - Brasil

Desenho atribuído a Leonardo da Vinci.

Ac Pallaske/F1 Online/Glow Images ervo Ivan Cruz

Reprodução em madeira da bicicleta concebida por Da Vinci.

Trezentos anos depois, surgiu o celerífero, que só andava em linha reta, idealizado pelo conde francês Mède de Sivrac.

Alinari Archives, Florence/Other Images

Celerífero.

Em 1816, o barão Von Drais, da Alemanha, criou a draisina, com guidão e selim, tornando o veículo dirigível.

DIOMEDIA/Museu da Ciência, Londres, Inglaterra.

Draisina.

Pouco depois, o ferreiro escocês McMillan adaptou dois pedais ligados por uma barra de ferro ao eixo da roda traseira, fazendo com que ela avançasse ao ser pedalada. Isso proporcionou mais estabilidade à bicicleta e mais segurança ao ciclista.

Em 1861, o francês Ernest Michaux construiu o velocípede, com pedais na roda dianteira. O velocípede é considerado a primeira bicicleta moderna.

Velocípede.

Em 1868, foi criado o biciclo, com roda dianteira muito maior que a traseira. Apesar de apreciado porque conseguia boa velocidade, capotava facilmente. Observe a altura do selim em relação ao chão.

Biciclo.

Marque no desenho o lugar exato dos pedais do biciclo.

Mais umas pedaladas depois, em 1888, o escocês Dunlop inventou o primeiro pneu, que trouxe mais conforto para o ciclista. Por fim, em 1927, o italiano Tullio Campagnolo inventou o câmbio de velocidade. Desde então, a bicicleta foi aperfeiçoada, adaptada para diferentes funções, ganhou materiais mais leves e resistentes; hoje pode até ser dobrada.

As bicicletas continuam a ser muito valorizadas, quer como meio de transporte, porque são ágeis e não poluem o ar, quer pelos benefícios que o exercício físico de pedalar proporciona ao organismo, ou ainda para lazer.

E você, que tal andar mais de bicicleta?

CAPÍTULO 4

Operações com segmentos

O Desenho Geométrico não é aplicado apenas em campos das Ciências Exatas. Observe a figura abaixo: ela mostra o uso de elementos do Desenho Geométrico e da Geometria para determinar a inclinação das vértebras de um paciente para possível diagnóstico de hérnia de disco. Este é um caso em que o Desenho Geométrico foi aplicado às Ciências da Saúde. Muitas outras áreas do conhecimento e da atividade humana utilizam as construções geométricas.

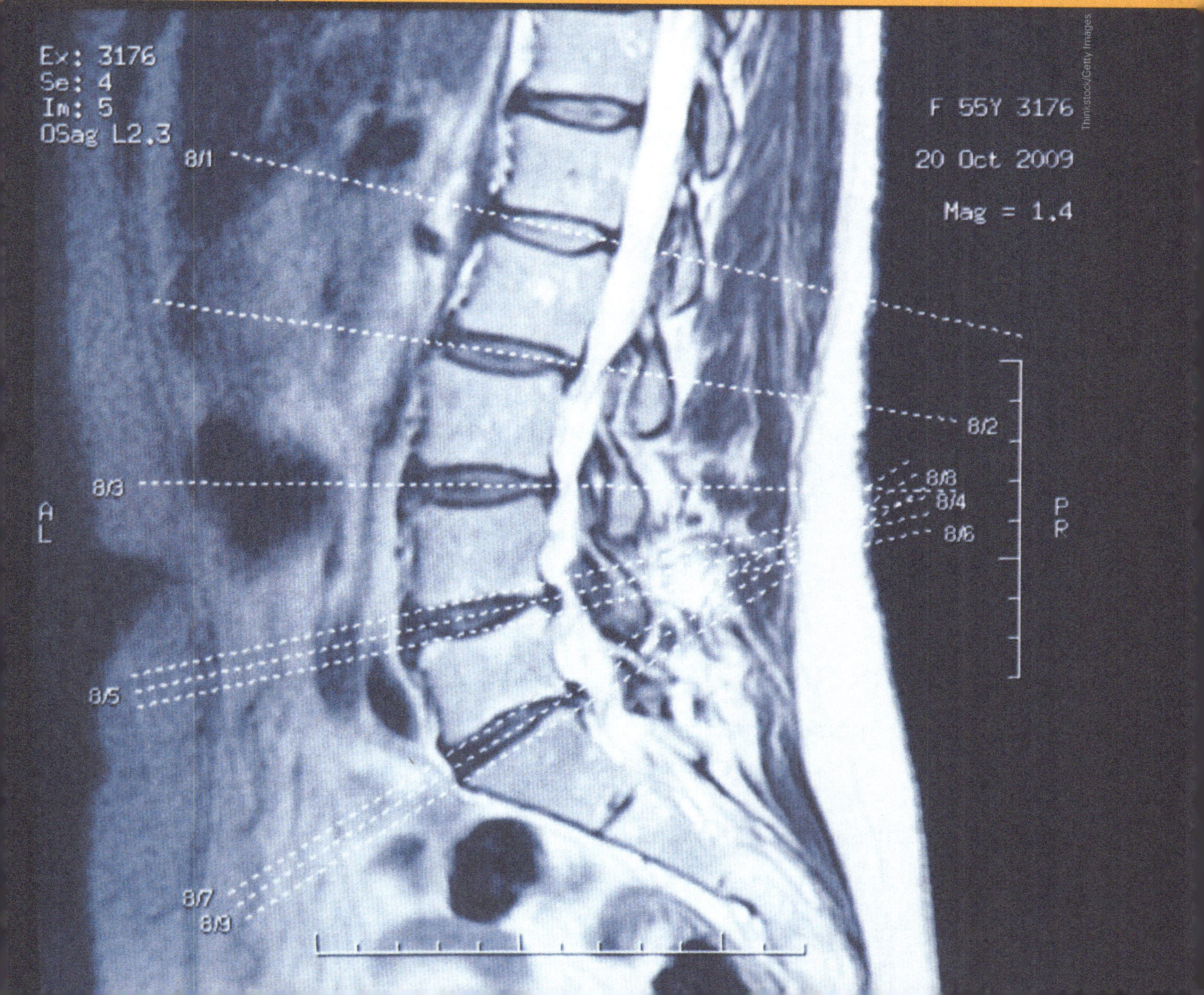

Thinkstock/Getty Images

Compreendendo ideias

Lembrando conceitos

Antes de realizar operações gráficas com segmentos de reta, vamos recordar alguns conceitos.

Segmento de reta é um subconjunto de uma reta limitado por dois de seus pontos.

$\overline{AB} \subset r$

(Lê-se: O segmento *AB* está contido na reta *r*.)

A reta *r* é chamada de **reta suporte** de $\overline{AB}$.

Dois ou mais segmentos contidos em uma mesma reta suporte são chamados de **segmentos colineares**.

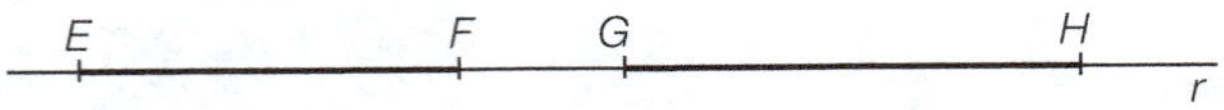

$$\left.\begin{matrix}\overline{EF} \subset r \\ \overline{GH} \subset r\end{matrix}\right\} \Rightarrow \overline{EF} \text{ e } \overline{GH} \text{ são colineares.}$$

Segmentos consecutivos são aqueles que têm uma extremidade comum.

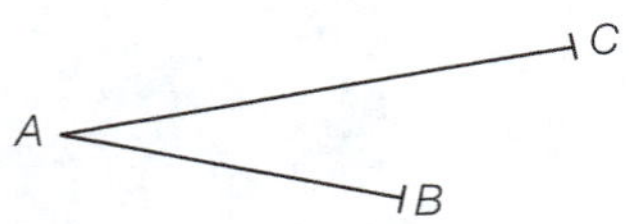

$\overline{AB}$ e $\overline{AC}$ são consecutivos.

A é a extremidade comum.

Segmentos congruentes são aqueles que têm medidas iguais.

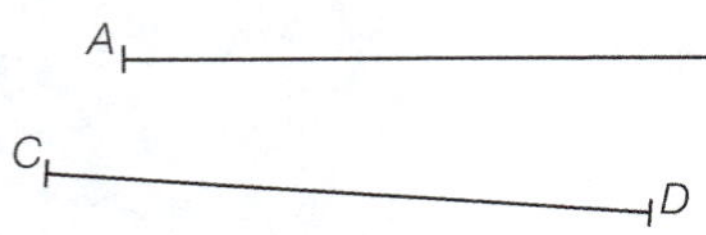

$$m(\overline{AB}) = m(\overline{CD}) \Rightarrow \overline{AB} \cong \overline{CD}$$

Operações gráficas

Efetuar uma **operação gráfica** é fazer construções com o auxílio dos instrumentos de desenho, de acordo com as regras matemáticas.

São quatro as operações que podem ser realizadas com segmentos de reta: **adição**, **subtração**, **multiplicação** e **divisão** por números naturais.

A base dessas operações gráficas é o **transporte de segmentos**.

Construindo imagens

Transporte

Transporte de segmento para uma reta ou construção de segmento congruente a um segmento dado

• **Dado:** 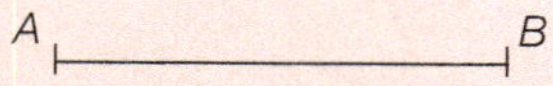

• **Construir:** $\overline{CD}$, sendo $m(\overline{CD}) = m(\overline{AB})$

Passos da construção:

1º) Trace uma reta *r* qualquer e marque nela um ponto *C*.

2º) Abra o compasso na medida de $\overline{AB}$ dada e, com centro em *C*, trace um arco que corte a reta *r* em *D*. Assim, $\overline{CD} \cong \overline{AB}$.

Para você construir:

Adição

Construção de segmento cuja medida é igual à soma das medidas de dois segmentos dados

• **Dados:** 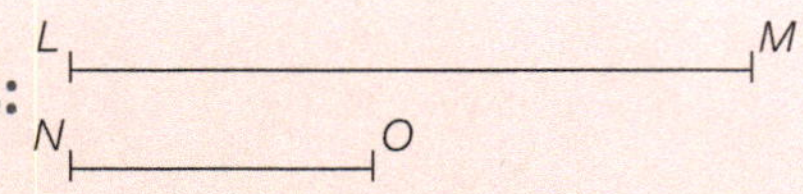

• **Construir:** $\overline{RS}$, sendo $m(\overline{RS}) =$
$= m(\overline{LM}) + m(\overline{NO})$

Passos da construção:

1º) Trace uma reta suporte *r* e transporte para ela um dos segmentos dados $(\overline{LM})$.

2º) Transporte o outro segmento $(\overline{NO})$ também para a reta *r*, de modo que os segmentos sejam consecutivos ($M = N$) e que um não esteja contido no outro $(\overline{NO} \not\subset \overline{LM})$.

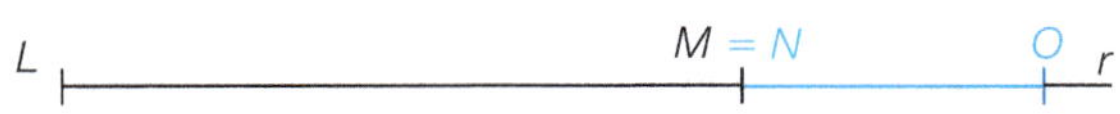

3º) A medida de $\overline{RS}$ é a soma das medidas de $\overline{LM}$ e $\overline{NO}$.

Para você construir:

Subtração

Construção de segmento cuja medida é igual à diferença entre as medidas de dois segmentos dados

- **Dados:** 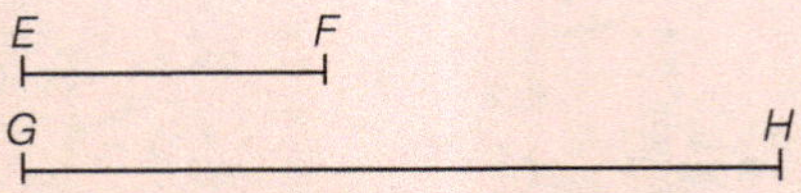

- **Construir:** $\overline{PQ}$, sendo $m(\overline{PQ}) = m(\overline{GH}) - m(\overline{EF})$

Passos da construção:

1º) Trace uma reta suporte *r* e transporte para ela o maior dos segmentos dados ($\overline{GH}$).

2º) Transporte para a mesma reta *r* o segmento menor ($\overline{EF}$), de modo que seja consecutivo a $\overline{GH}$ e esteja contido no maior ($\overline{EF} \subset \overline{GH}$).

3º) A medida de $\overline{PQ}$ é a diferença entre as medidas de $\overline{GH}$ e $\overline{EF}$.

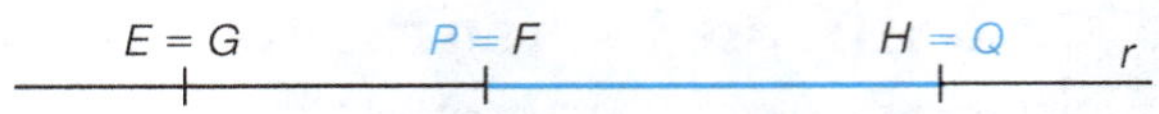

Para você construir:

Você em ação

1. Construa o segmento *JK* congruente ao segmento *TW* dado.

2. Construa um segmento *KL* de medida igual à medida do segmento *XY* dado que esteja contido na semirreta *AC* e que seja consecutivo a *AB*.

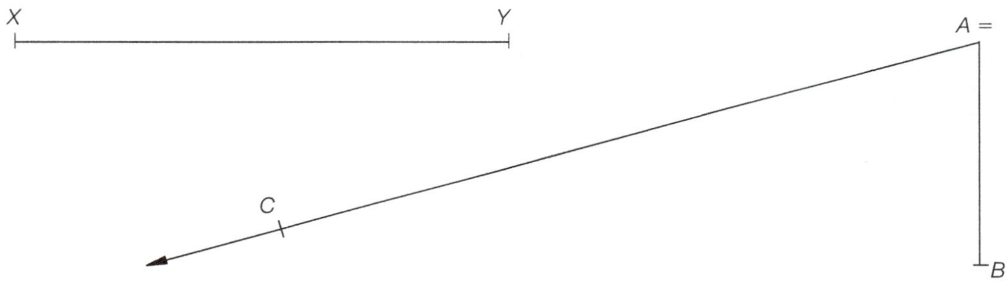

3. Construa os segmentos *AB* e *CD* de medidas 3 cm e 4,5 cm, respectivamente, tal que *B* = *C* e tal que ambos estejam contidos na reta *n* dada.

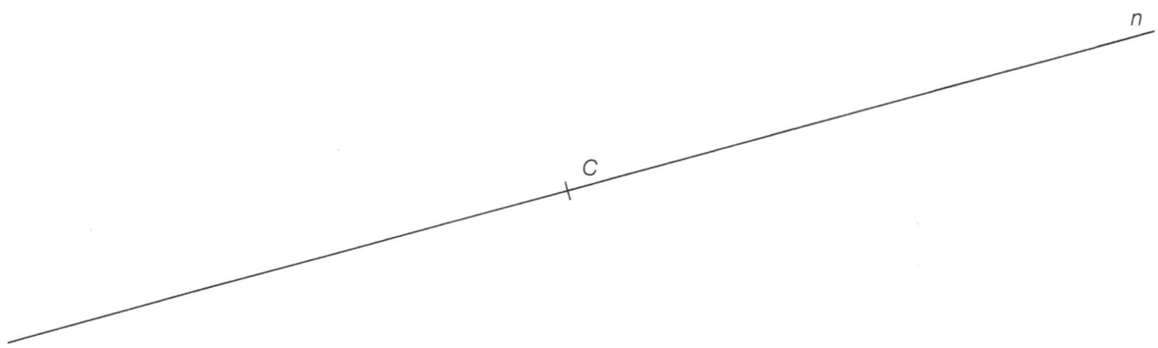

Qual é a posição relativa de $\overline{AB}$ e $\overline{CD}$? ....

4 Dados os segmentos *XY*, *MN* e *JL*, construa:

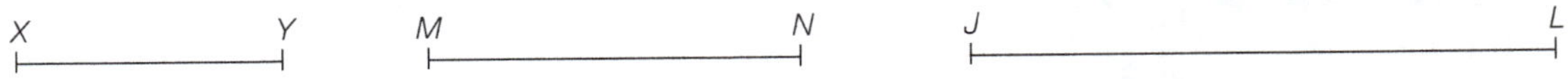

a) $\overline{PQ} \cong \overline{XY}$, tal que $\overline{PQ} \subset \overline{AB}$.

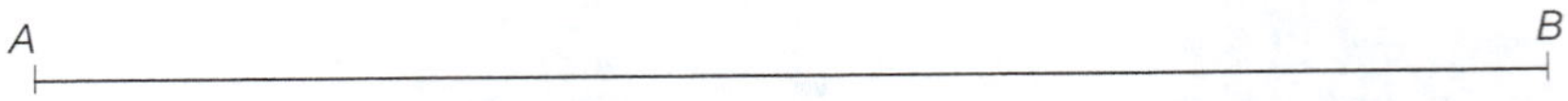

b) $\overline{DC} \cong \overline{MN}$, tal que $\overline{DC} \subset r$.

c) $\overline{EF} \cong \overline{JL}$, sendo $E = G$, $\overline{EF} \subset a$, $\overline{EF} \not\subset \overline{GH}$.

5 Construa um segmento *ZW* cuja medida seja a soma das medidas dos segmentos *AB* e *CD* dados.

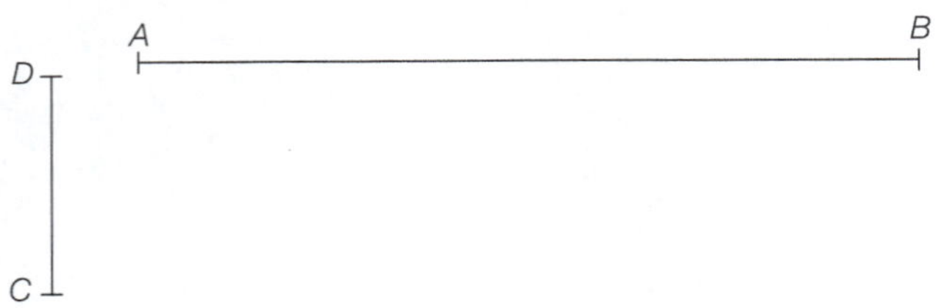

6 Dados $\overline{AB}$, $\overline{RS}$ e $\overline{GH}$, construa $\overline{XY}$, tal que $m(\overline{XY}) = m(\overline{AB}) + m(\overline{RS}) + m(\overline{GH})$.

7 Dados $\overline{CD}$ e $\overline{EF}$, construa $\overline{MN}$, tal que $m(\overline{MN}) = m(\overline{CD}) - m(\overline{EF})$.

8 Dados os segmentos *TU* e *XZ*:

a) construa graficamente o segmento *PR*, tal que $m(\overline{PR}) = m(\overline{TU}) + m(\overline{XZ})$, sendo $\overline{PR} \subset b$.

b

b) meça os segmentos acima e complete:

$m(\overline{TU}) =$ .... $m(\overline{XZ}) =$ .... $m(\overline{PR}) =$ ....

c) efetue a mesma operação aritmeticamente.

$m(\overline{TU}) + m(\overline{XZ}) = m(\overline{PR}) \Rightarrow$ .... + ... = ...

d) compare a medida do segmento *PR* obtido graficamente no item **b** com a medida obtida aritmeticamente no item **c**. O que você pode concluir?

....

9 Dados os segmentos *HI* e *JL*:

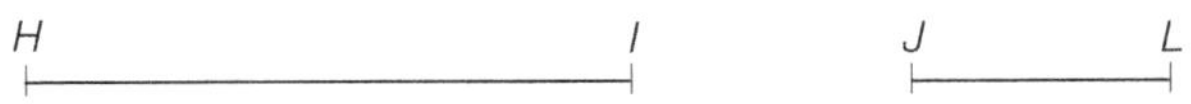

a) construa graficamente o segmento *MN*, tal que $m(\overline{MN}) = m(\overline{HI}) - m(\overline{JL})$, $\overline{MN} \subset b$.

b

b) meça os segmentos acima e complete:

$m(\overline{HI}) =$ .... $m(\overline{JL}) =$ .... $m(\overline{MN}) =$ ....

c) efetue a mesma operação aritmeticamente.

$m(\overline{HI}) - m(\overline{JL}) = m(\overline{MN}) \Rightarrow$ .... − .... = ...

d) compare a medida do segmento *MN* obtido graficamente no item **b** com a medida obtida aritmeticamente no item **c**. O que você pode concluir?

....

Construindo imagens

Multiplicação

Construção de um segmento cuja medida é igual à medida de um segmento dado multiplicada por um número natural *n*

• **Dados:** A ——— B $n = 3$

• **Construir:** $\overline{GH}$, tal que $m(\overline{GH}) = 3 \cdot m(\overline{AB})$

Passos da construção:

1º) Trace uma reta suporte r e transporte o segmento AB para ela.

2º) Transporte mais duas vezes para r o segmento AB, consecutivamente.

3º) A medida de $\overline{GH}$ é o produto da multiplicação da medida de $\overline{AB}$ por 3. A multiplicação é uma adição de parcelas iguais e, portanto, podemos dizer que:

$m(\overline{GH}) = m(\overline{AB}) + m(\overline{AB}) + m(\overline{AB})$.

Para você construir:

Divisão

Construção de um segmento cuja medida é o quociente da divisão de um segmento dado por um número natural *n*

• **Dados:** A ——— B $n = 3$

• **Construir:** $\overline{GH}$, tal que $m(\overline{GH}) = \dfrac{m(\overline{AB})}{3}$

Passos da construção:

1º) Trace por A uma reta r qualquer, distinta de $\overleftrightarrow{AB}$.

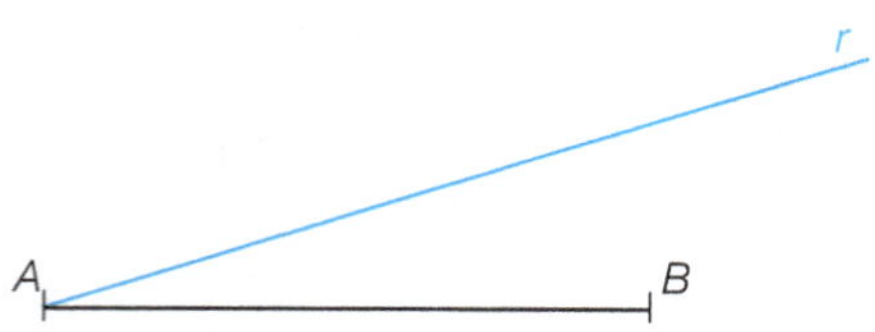

2º) Pela extremidade B, trace $r' \parallel r$.

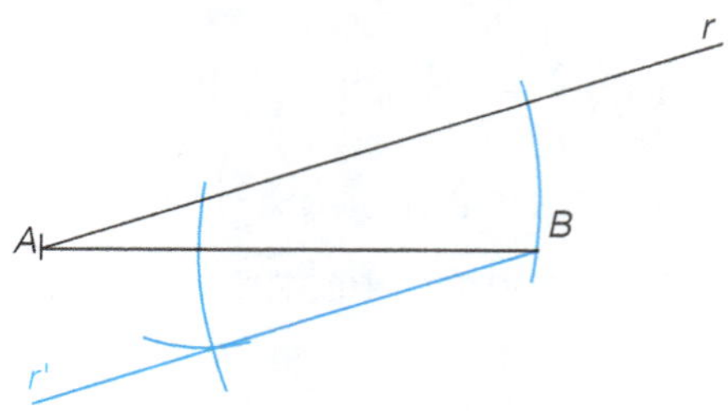

3º) Escolha uma unidade *u* qualquer e marque, com o auxílio do compasso, 3*u* sobre *r* a partir de *A* e 3*u* sobre *r'* a partir de *B*, determinando os pontos *C*, *D* e *E* em *r* e *F*, *G* e *H* em *r'*.

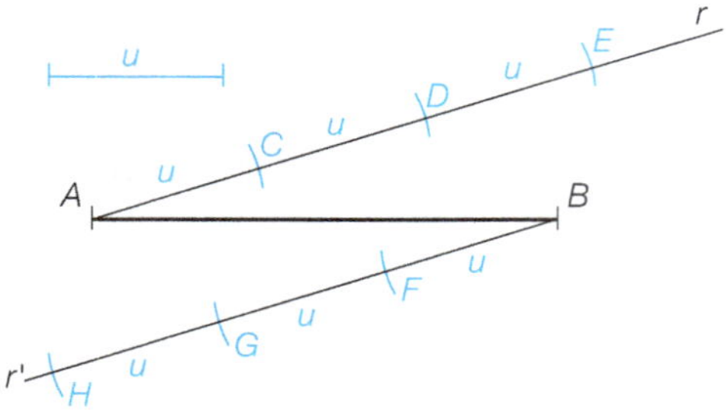

4º) Trace $\overline{AH}$, $\overline{AB}$, $\overline{DF}$ e $\overline{EB}$, determinando em $\overline{AB}$ os pontos *X* e *Y*.

A medida de $\overline{AX}$ é o quociente da divisão de $m(\overline{AB})$ por 3.

$$m(\overline{AX}) = m(\overline{XY}) = m(\overline{YB}) = \frac{m(\overline{AB})}{3}$$

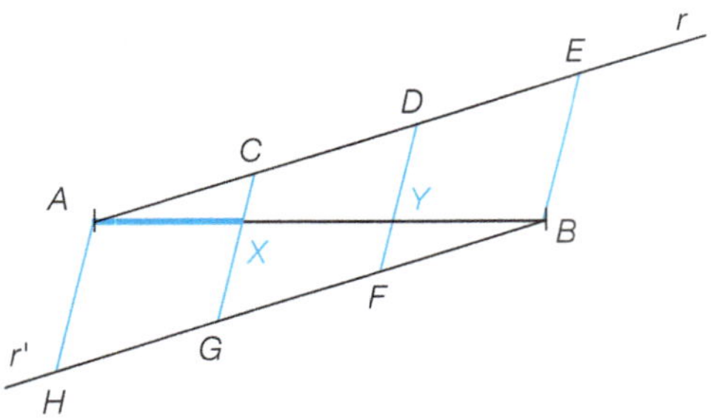

Justificativa:

Pelo Teorema de Tales (que será tratado no volume do 9º ano), um feixe de retas paralelas (*s*, *s'*, *s''*, ...), ao intersectar um feixe de retas transversais (*r*, *r'*, *r''*, ...), determina segmentos proporcionais.

Se os segmentos determinados em *r* e *r'* são congruentes (medida *u*), então os segmentos *r* e *r'* também o são (medida *a*).

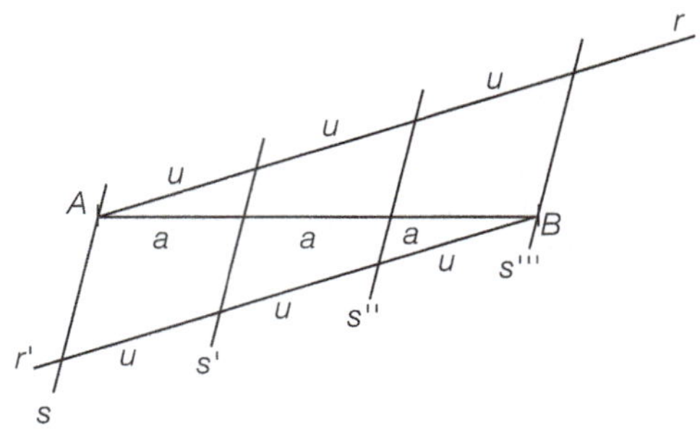

Para você construir:

Nota:

Na construção executada com o par de esquadros, traçamos somente a reta *r* e determinamos os pontos *C*, *D* e *E*. Depois traçamos $\overline{EB}$ e, pelos pontos *C* e *D*, traçamos paralelas a $\overline{EB}$, com os esquadros.

Os pontos *X* e *Y*, determinados por essas paralelas, dividem o segmento *AB* em três segmentos de mesma medida.

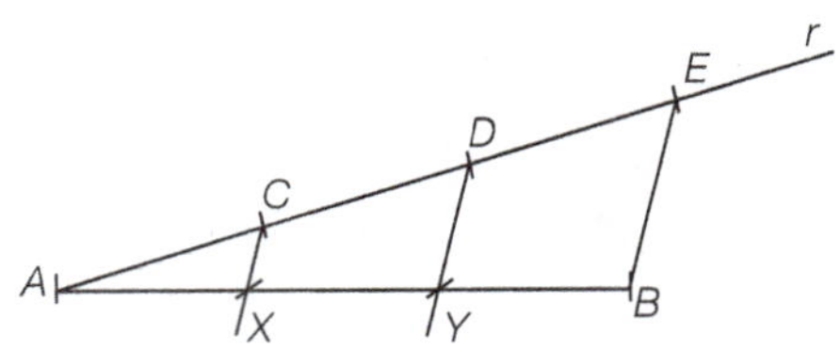

Construção de segmentos cujas medidas são frações da medida de um segmento dado

• **Dado:** $m(\overline{AB}) = 52$ mm • **Construir:** $\overline{MN}$ e $\overline{XY}$ $\left[MN = \frac{2 \cdot (AB)}{5} \text{ e } XY = \frac{6 \cdot (AB)}{5}\right]$

Passos da construção:

1º) Trace por *A* uma reta *r* qualquer e, por *B*, trace *r*' // *r*. Marque 5*u* (*u* = unidade arbitrária) em *r* e em *r*' a partir de *A* e *B*.

Ligue os pontos, dividindo $\overline{AB}$ por 5.

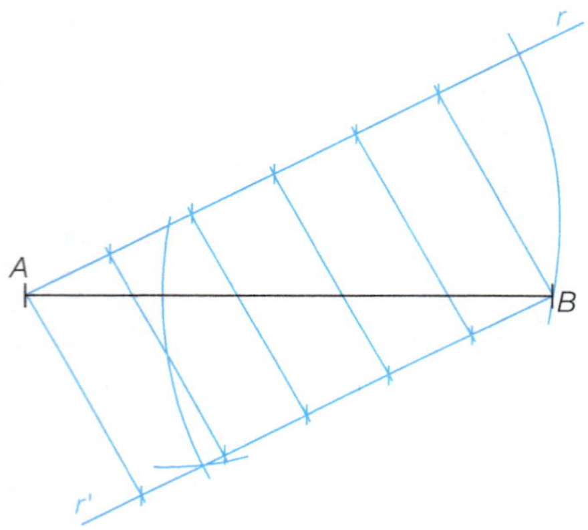

2º) Determine $\overline{MN}$ com medida igual a $\frac{2}{5}$ da medida de $\overline{AB}$, e $\overline{XY}$ com a medida de $\overline{AB}$ mais $\frac{1}{5}$ dessa medida.

$\left(\frac{5}{5} + \frac{1}{5} = \frac{6}{5}\right)$

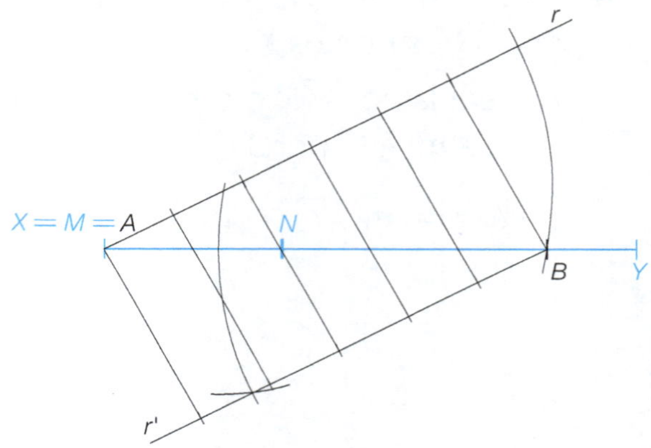

Para você construir:

Divisão de um segmento por potências de 2

Procedimento para construção:

As potências de 2 são: 2, 4, 8, 16, 32, ...

$$2^2 = 2 \cdot 2 = 4$$

$$2^3 = 2 \cdot 2 \cdot 2 = 4 \cdot 2 = 8$$

$$2^4 = 2 \cdot 2 \cdot 2 \cdot 2 = 4 \cdot 2 \cdot 2 = 8 \cdot 2 = 16$$

Podemos dividir um segmento em 2, 4, 8, 16, ... partes por meio da construção de mediatrizes:

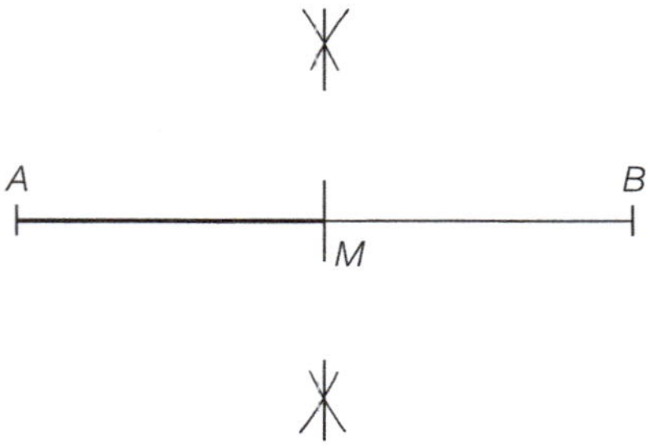

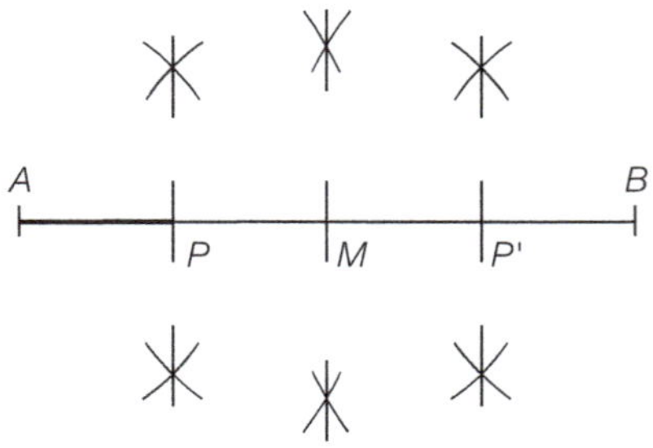

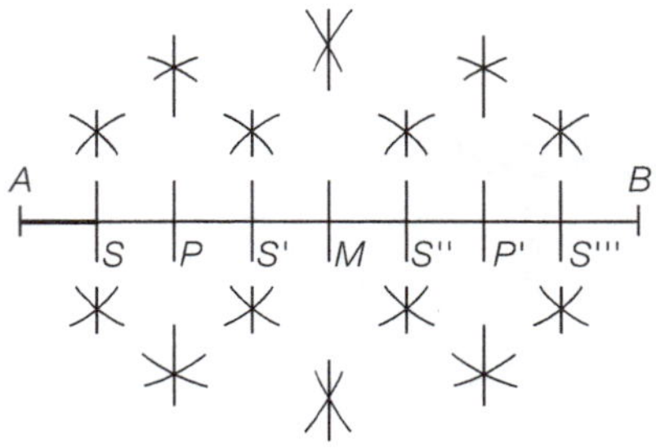

$m(\overline{AM}) = \dfrac{m(\overline{AB})}{2}$ $\quad$ $m(\overline{AP}) = \dfrac{m(\overline{AB})}{4}$ $\quad$ $m(\overline{AS}) = \dfrac{m(\overline{AB})}{8}$

Para você construir:

Divisão por 2

Divisão por 4

Divisão por 8

Você em ação

1 Construa o segmento *AB* contido na reta *a*, de modo que a sua medida seja o dobro da medida do segmento *TE* dado.

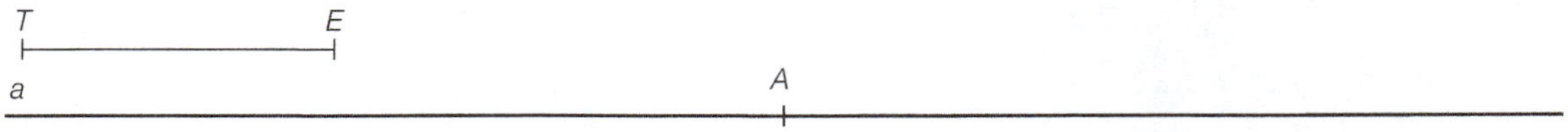

2 Dado o segmento *AB*:

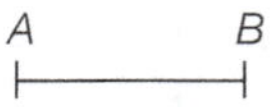

a) construa graficamente o segmento *XY*, tal que $m(\overline{XY}) = 6 \cdot m(\overline{AB})$.

____

b) meça os segmentos e complete:

$m(\overline{AB}) =$ .... $m(\overline{XY}) =$ ....

c) efetue a mesma operação aritmeticamente.

$m(\overline{AB}) \cdot 6 = m(\overline{XY}) \Rightarrow$ .... = ...

d) compare a medida do segmento *XY* obtido graficamente no item **a** com o obtido aritmeticamente no item **c**. O que você pode concluir?

....

3 Sabendo que $\overline{OA'} \subset \overrightarrow{OA}$, $\overline{OB'} \subset \overrightarrow{OB}$, e $\overline{OC'} \subset \overrightarrow{OC}$, construa a figura de vértices em *A'*, *B'* e *C'*, tal que as medidas de $\overline{OA'}$, $\overline{OB'}$ e $\overline{OC'}$ sejam o triplo das medidas de $\overline{OA}$, $\overline{OB}$ e $\overline{OC}$ dados.

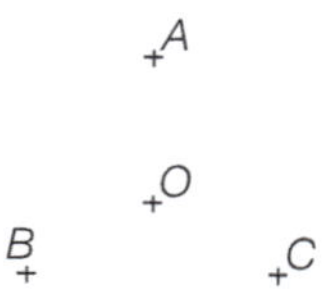

Qual é a figura obtida? ....

4 **Dado o segmento AB:**

a) efetue graficamente a divisão $AP = \frac{AB}{4}$:

- por mediatrizes.

- por outro processo.

b) meça os segmentos em cada processo e complete:

- por mediatrizes

$m(\overline{AB}) =$ ....

$m(\overline{AP}) =$ ....

- por outro processo

$m(\overline{AB}) =$ ....

$m(\overline{AP}) =$ ....

c) efetue a operação aritmética.

$m(\overline{AB}) \div 4 = m(\overline{AP}) \Rightarrow$ .... $=$ ....

d) compare os resultados das três operações. O que você conclui?

....

....

....

5 **Efetue a operação gráfica $\frac{NQ}{6}$ e determine:**

a) $\overline{AB}$, sendo $m(\overline{AB}) = \frac{2}{6} \cdot m(\overline{NQ})$;

b) $\overline{CD}$, sendo $m(\overline{CD}) = \frac{4}{6} \cdot m(\overline{NQ})$;

c) $\overline{EF}$, sendo $m(\overline{EF}) = \frac{5}{6} \cdot m(\overline{NQ})$.

6 Divida o segmento *VY* por 7 e construa:

a) $\overline{KZ} \subset \overline{VY}$, sendo $KZ = \dfrac{4 \cdot VY}{7}$;

b) $\overline{AB} \subset r$, sendo $AB = \dfrac{9 \cdot VY}{7}$;

c) $\overline{RS} \not\subset \overline{VY}$, sendo $R = Y$ e $RS = \dfrac{3 \cdot KZ}{4}$.

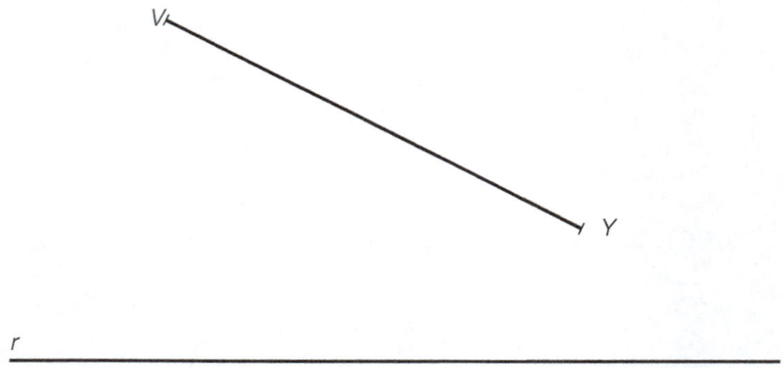

7 Construa a figura de vértices nos pontos *AXKY*, fazendo $\overline{AX}$, $\overline{AB}$, $m(\overline{AX}) = \dfrac{m(\overline{AB})}{3}$, $\overline{AY} \subset \overline{AD}$ e $m(\overline{AY}) = \dfrac{m(\overline{AD})}{2}$.

O ponto *K* é a interseção da perpendicular (*r*) a $\overline{AB}$ por *X* com a mediatriz (*m*) de $\overline{AD}$.

a) Qual figura é *AXKY*? ....

b) Qual figura é *ABCD*? ....

Olhando ao redor

1 **Observe atentamente as figuras e indique, sem medir, em cada caso, qual é o segmento maior.**

 .... 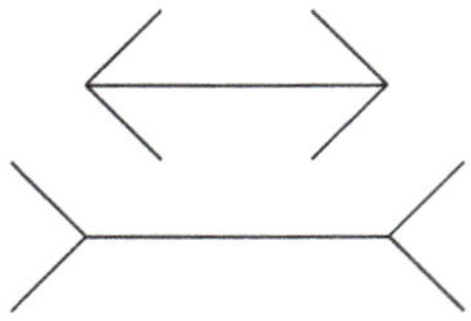 ....

a) Agora, meça os segmentos e responda: qual é o maior? ....

....

b) O que ocorre? ....

2 **Redesenhe a figura sem levantar a caneta e sem passar duas vezes pelo mesmo segmento de reta.**

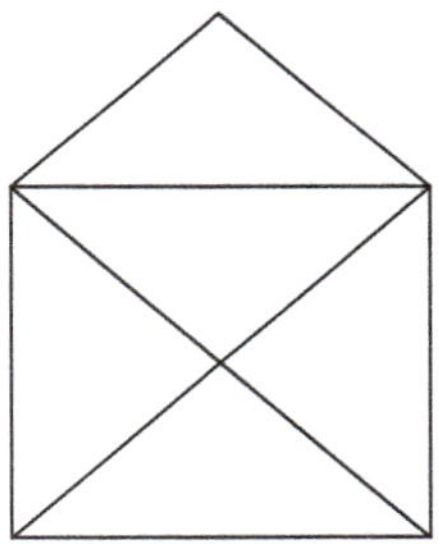

3 **Você pode facilmente desenhar um coração.**

Divida um lado do quadrado dado em três segmentos congruentes e transporte a medida da terça parte para os outros lados.

Ligue os pontos obtidos e determine os centros O_1 e O_2 das semicircunferências $\overset{\frown}{AB}$ e $\overset{\frown}{CD}$.

Trace os segmentos $\overset{\frown}{AD}$ e $\overset{\frown}{CD}$, completando o coração.

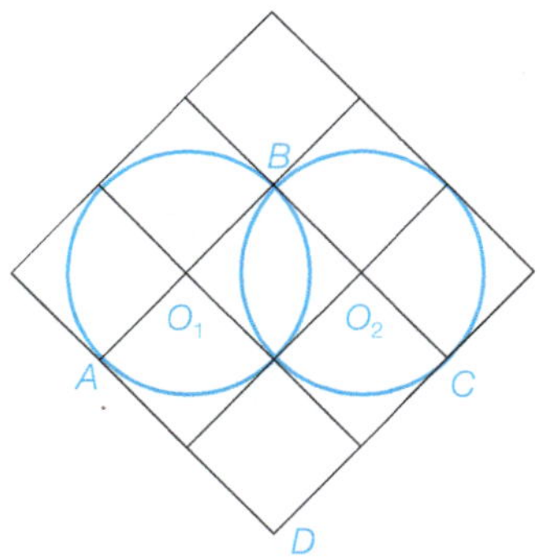

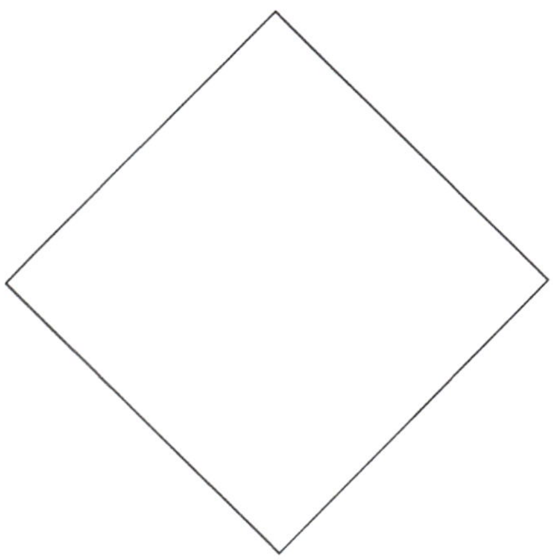

4 Pitágoras de Samos (c. 570 a.C.-c. 496 a.C.) estabeleceu a primeira teoria matemática da Música, descobrindo que, ao dividir uma corda ao meio, o som que ela produz está em uníssono com o som produzido pela corda inteira. O intervalo entre esses dois sons, conhecido como oitava, está associado à fração $\frac{1}{2}$. Ele reparou também que eram bastante agradáveis as combinações de sons quando a corda era encurtada em $\frac{2}{3}$ ou em $\frac{3}{4}$.

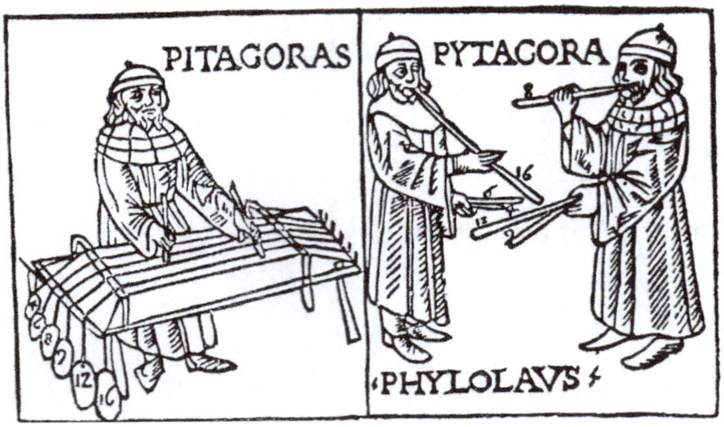

Xilogravura da Teoria Musical, de Gaffurio, 1480.

Você pode fazer suas próprias experiências musicais. Com o auxílio do seu professor, pesquise como se constrói um xilofone de garrafas e divirta-se produzindo sons e tocando melodias conhecidas.

Você sabia?

Existem interessantes relações entre a Matemática e a Música, conhecidas desde a Grécia antiga. Assista ao vídeo *Donald no País da Matemágica* acessando <https://www.youtube.com/watch?v=wbftu093Yqk> e descubra-as. (Acesso em: 3 abr. 2019.)

5 O ecoturismo tem atraído muitas pessoas interessadas em conhecer as belezas da natureza brasileira. Alguns lugares são especialmente procurados pelos turistas, como o arquipélago de Fernando de Noronha, a Floresta Amazônica e Bonito, em cujos rios de águas transparentes é possível ver a exuberância da vida subaquática fluvial.

Praia do Sancho em Fernando de Noronha (PE).

Turista mergulhando em Bonito (MS).

Fonte: IBGE. *Atlas geográfico escolar*/IBGE. 7 ed., 2016, p. 90.

Localize Bonito no mapa sabendo que:

- sua distância até Fernando de Noronha é igual à soma das distâncias de Porto Velho a Belém e de Palmas a Maceió;
- sua distância até Manaus é igual à diferença entre as distâncias de Manaus a Fernando de Noronha e de Goiânia a Curitiba.

CAPÍTULO 5

Operações com ângulos

O desejo de desvendar os mistérios do Universo impulsionou a criação de alguns instrumentos capazes de medir ângulos, como o astrolábio, o sextante e o teodolito. Esses instrumentos permitiram, por exemplo, determinar a posição das estrelas, medir grandes distâncias, delimitar terras, orientar as navegações marítimas e aéreas.

A modernização desses instrumentos está cada vez mais possibilitando a expansão dos nossos horizontes.

O que você sabe sobre esses instrumentos?

Pesquisadora fazendo medições em um sítio arqueológico.

Wilf Doyle/Alamy/Fotoarena

Compreendendo ideias

Neste capítulo você vai aprender a realizar operações gráficas com ângulos, mas antes vamos recordar o que você já aprendeu sobre esse importante elemento das figuras geométricas.

Ângulos e operações

Ângulo é a união de duas semirretas distintas, de mesma origem, com a região do plano limitada por essas semirretas.

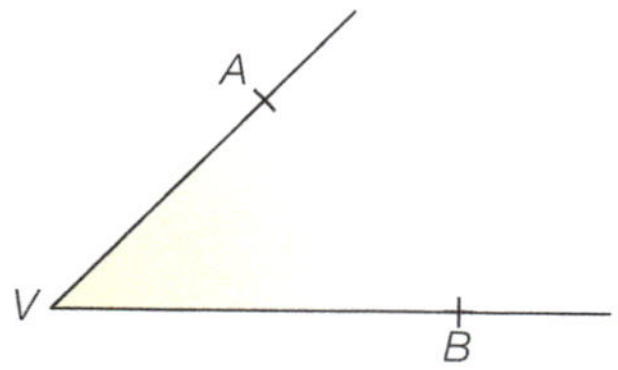

Ângulo: $A\hat{V}B$ ou $\hat{V}$

Vértice: V

Lados: $\overrightarrow{VA}$ e $\overrightarrow{VB}$

Ângulos congruentes são aqueles que têm medidas iguais.

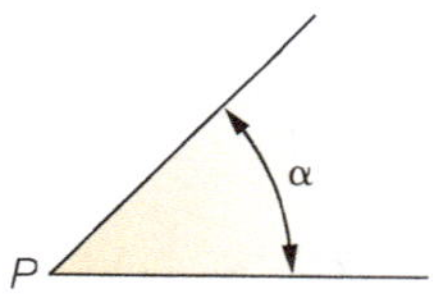

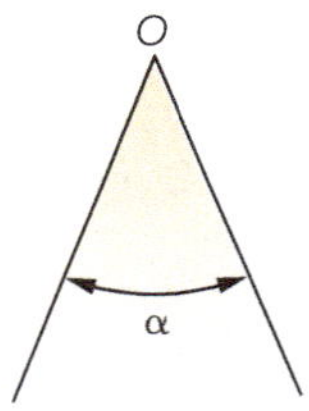

$$\left.\begin{array}{l} m(\hat{P}) = \alpha \\ m(\hat{O}) = \alpha \end{array}\right\} \Rightarrow \hat{P} \cong \hat{O}$$

Considerando a medida de um ângulo, podemos classificá-lo em:

Ângulo agudo

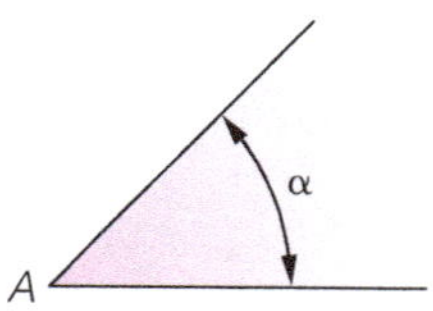

$0° < \alpha < 90°$

Ângulo reto

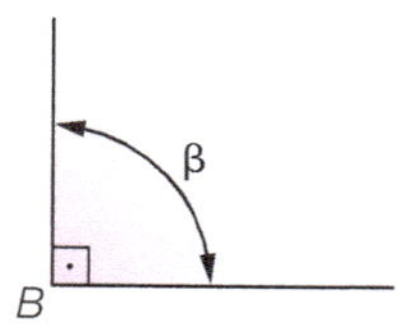

$\beta = 90°$

Ângulo obtuso

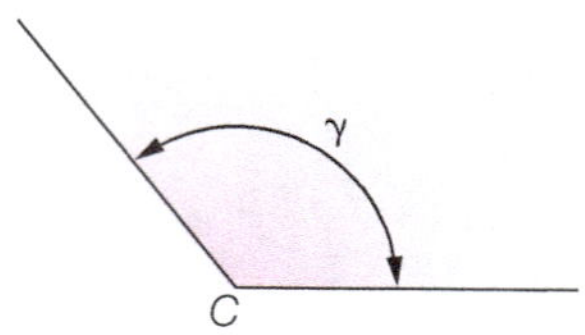

$90° < \gamma < 180°$

Considerando a soma das medidas de dois ângulos, temos:

- **Ângulos complementares**

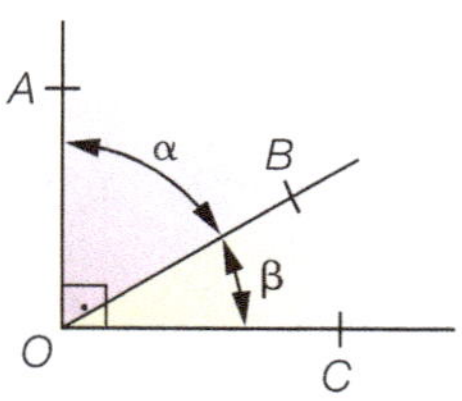

$A\hat{O}B$ e $B\hat{O}C$ são ângulos complementares, pois $\alpha + \beta = 90°$.
α é o complemento de β $(90° - \beta = \alpha)$.
β é o complemento de α $(90° - \alpha = \beta)$.

- **Ângulos suplementares**

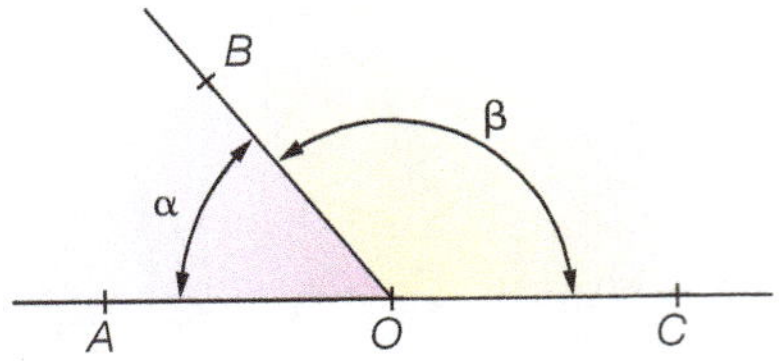

$A\hat{O}B$ e $B\hat{O}C$ são ângulos suplementares, pois $\alpha + \beta = 180°$.
α é o suplemento de β ($180° - \beta = \alpha$).
β é o suplemento de α ($180° - \alpha = \beta$).

Dois ângulos que possuem o mesmo vértice e um lado comum são denominados **consecutivos**. Podemos ter:

- **Ângulos consecutivos adjacentes**: quando não têm pontos internos comuns.

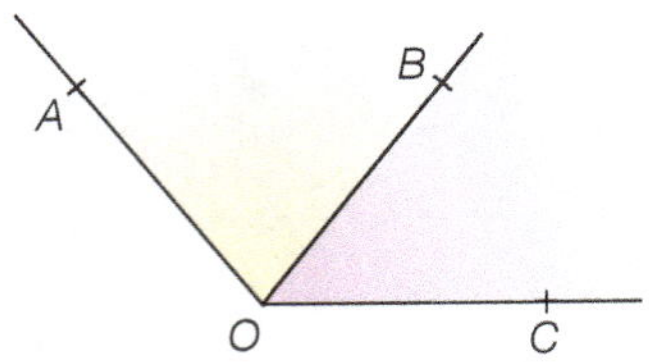

$A\hat{O}B$ e $B\hat{O}C$ são ângulos consecutivos adjacentes:

- O é o mesmo vértice;
- $\overrightarrow{OB}$ é lado comum;
- não têm pontos internos comuns.

- **Ângulos consecutivos**: quando um dos ângulos está contido no outro.

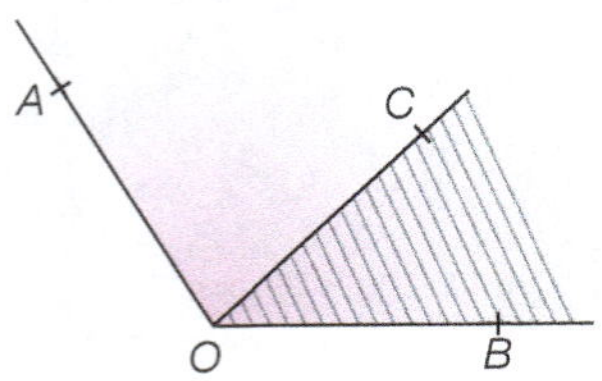

$A\hat{O}B$ e $C\hat{O}B$ são ângulos consecutivos:

- O é o mesmo vértice;
- $\overrightarrow{OB}$ é lado comum;
- $C\hat{O}B$ está contido em $A\hat{O}B$.

Dois ângulos são chamados de **opostos pelo vértice (O.P.V.)** quando têm um mesmo vértice e os lados de um deles são as semirretas opostas aos lados do outro. Os ângulos O.P.V. são congruentes.

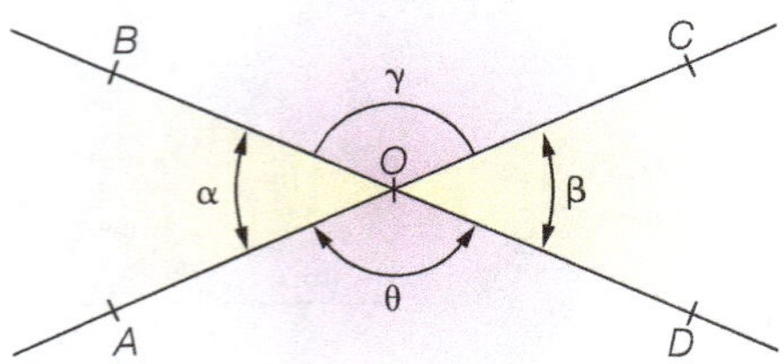

Na figura ao lado:

- $A\hat{O}B$ e $C\hat{O}D$ são ângulos O.P.V.
- $B\hat{O}C$ e $D\hat{O}A$ são ângulos O.P.V.

$\alpha + \gamma = 180°$ e $\theta + \beta = 180°$
$\alpha + \theta = 180°$ e $\gamma + \beta = 180°$
Logo, $\alpha = \beta$ e $\gamma = \theta$.

Bissetriz de um ângulo é a semirreta contida nesse ângulo, de origem no vértice e que forma com os lados desse ângulo dois ângulos congruentes.

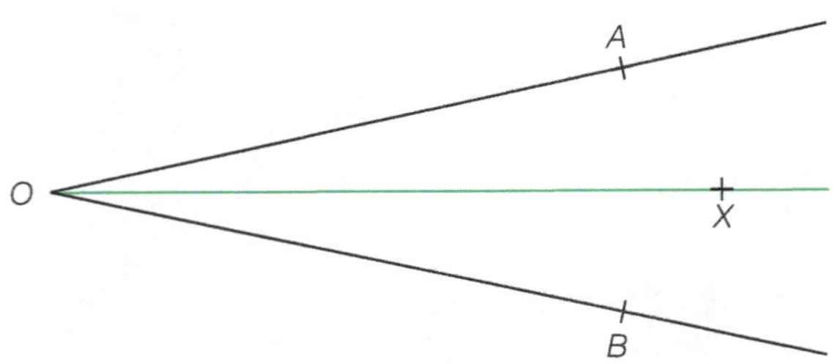

Se $\overrightarrow{OX}$ é bissetriz, então:

$$\left.\begin{aligned} m(A\hat{O}X) &= \frac{m(A\hat{O}B)}{2} \\ m(X\hat{O}B) &= \frac{m(A\hat{O}B)}{2} \end{aligned}\right\} \Rightarrow A\hat{O}X \cong X\hat{O}B$$

Construindo imagens

Transporte

Transporte de ângulo para uma semirreta ou construção de ângulo congruente a um ângulo dado

• **Dado:** 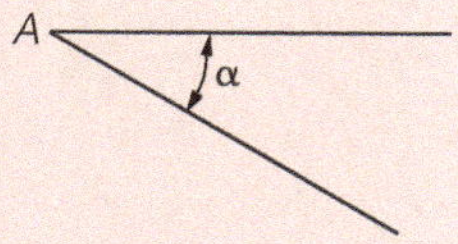

• **Construir:** $\hat{D}$, sendo $m(\hat{D}) = m(\hat{A}) = \alpha$.

Passos da construção:

1º) No ângulo dado, trace um arco de raio qualquer com centro em *A*, determinando os pontos *B* e *C*.

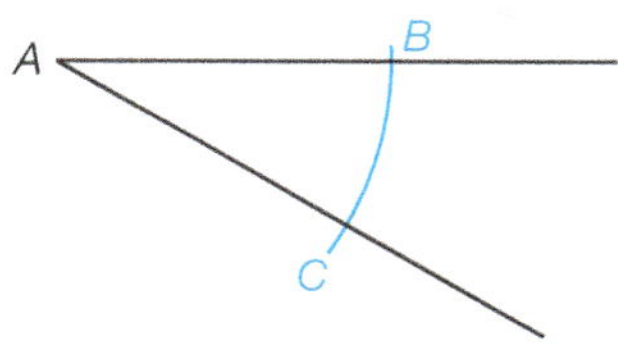

2º) Trace uma semirreta de origem *D* e um arco de centro em *D* (com raio igual ao do arco *BC*), que corte $\vec{D}$ e determine *E*.

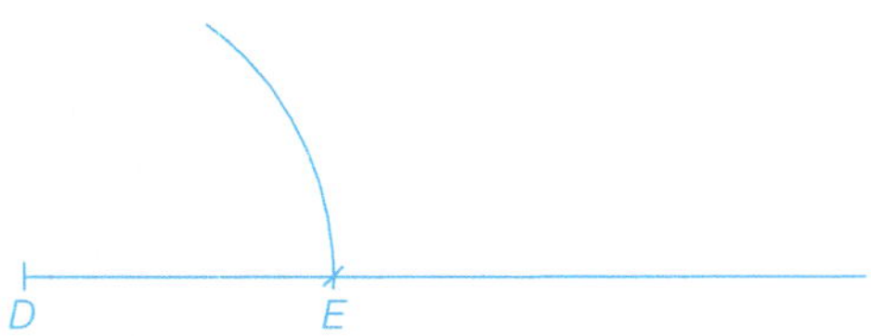

3º) Com centro em *E*, trace um arco de raio *BC*, obtendo *F*.

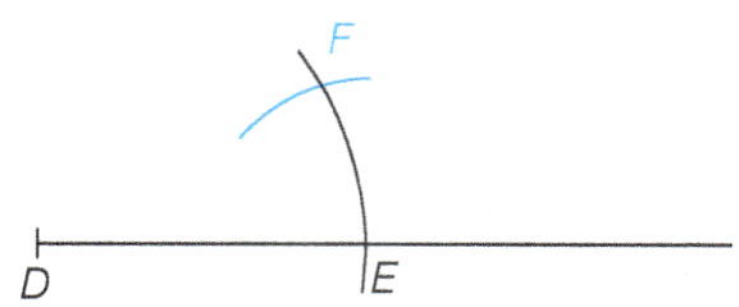

4º) Trace $\overrightarrow{DF}$.

$F\hat{D}E \cong B\hat{A}C$, pois o $\triangle DFE$ e $\triangle ABC$ são congruentes.

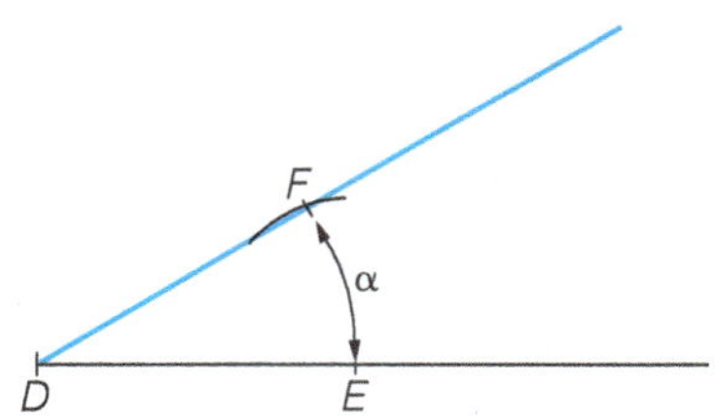

Para você construir:

Adição

Construção de ângulo cuja medida é igual à soma das medidas de dois ângulos dados

• **Dados:**

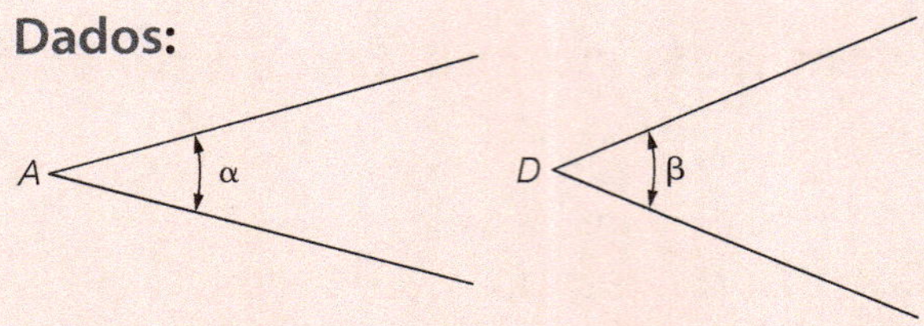

• **Construir:** $\hat{G}$, sendo $m(\hat{G}) = \alpha + \beta$.

Passos da construção:

1º) Com raios de mesma medida, trace arcos de centros em *A* e *D*, determinando *B* e *C* em $\hat{A}$ e *E* e *F* em $\hat{D}$.

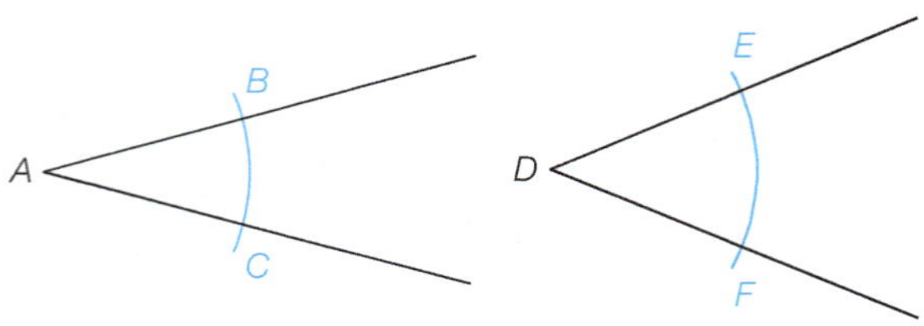

2º) Trace uma semirreta de origem *G*. Em seguida, com centro em *G*, trace um arco de raio *AB* ou *DE* determinando *H*.

3º) Transporte $\hat{A}$ (centro *H*, raio *BC*), determinando $\overrightarrow{GI}$. Depois, transporte $\hat{D}$ (centro *I*, raio *EF*), determinando $\overrightarrow{GJ}$.

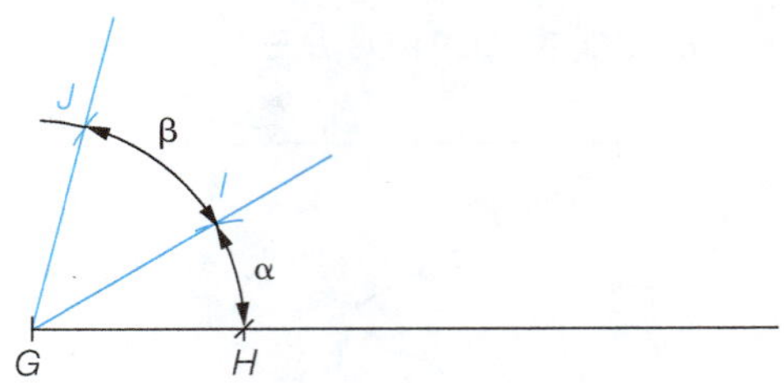

4º) $J\hat{G}H$ é o ângulo pedido, pois:

$$m(\hat{G}) = m(\hat{A}) + m(\hat{D}) \Rightarrow$$

$$\Rightarrow m(\hat{G}) = \alpha + \beta$$

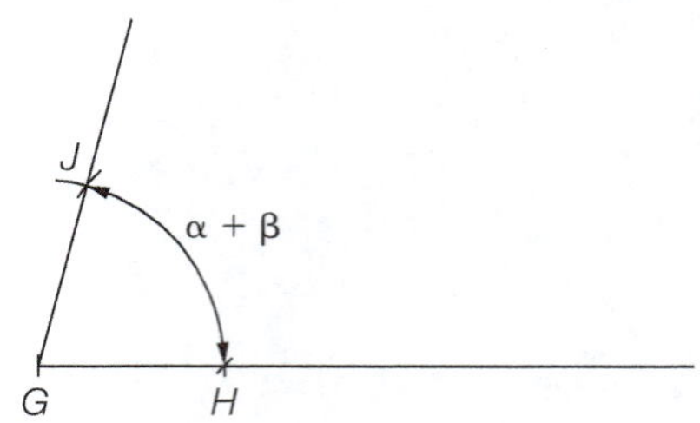

Para você construir:

Subtração

Construção de ângulo cuja medida é igual à diferença entre as medidas de dois ângulos dados

- **Dados:**

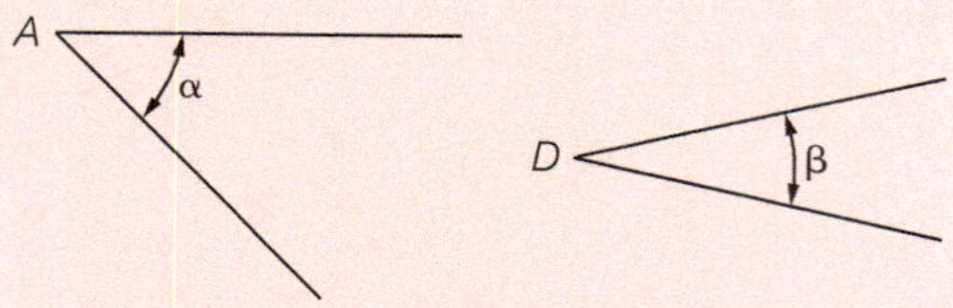

- **Construir:** $\hat{G}$, sendo $m(\hat{G}) = \alpha - \beta$.

Passos da construção:

1º) Com raios de mesma medida, trace arcos de centros em *A* e *D*, determinando *B* e *C* em $\hat{A}$ e *E* e *F* em $\hat{D}$.

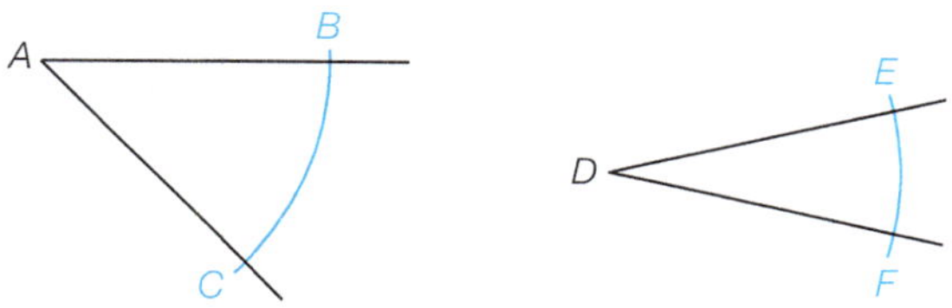

2º) Trace uma semirreta de origem *G*. Em seguida, com centro em *G*, trace um arco de raio *AB* ou *DE* determinando *H*.

3º) Transporte $\hat{A}$, o ângulo de maior medida (centro *H* e raio *BC*), determinando $\overrightarrow{GI}$.

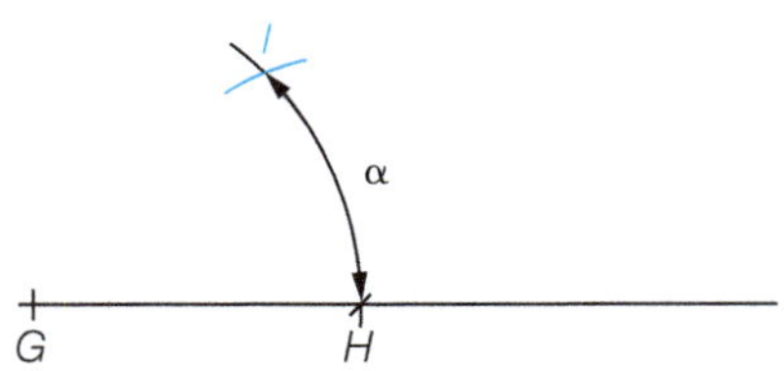

4º) Transporte $\hat{D}$, o ângulo de menor medida (centro *I*, raio *EF*), no sentido contrário ao anterior, determinando $\overrightarrow{GJ}$.

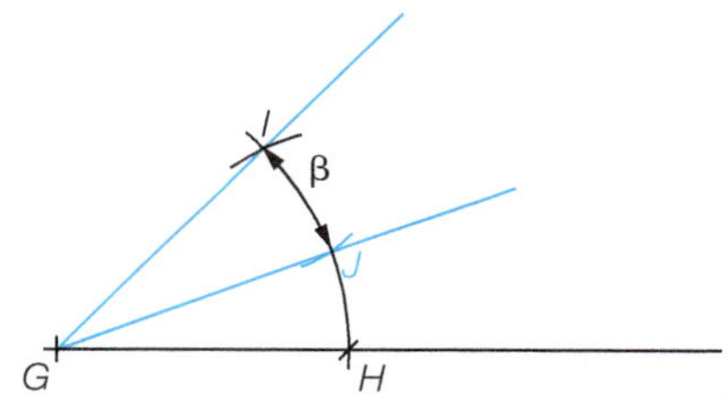

5º) $J\hat{G}H$ é o ângulo pedido, pois:

$$m(\hat{G}) = m(\hat{A}) - m(\hat{D}) \Rightarrow$$
$$\Rightarrow m(\hat{G}) = \alpha - \beta$$

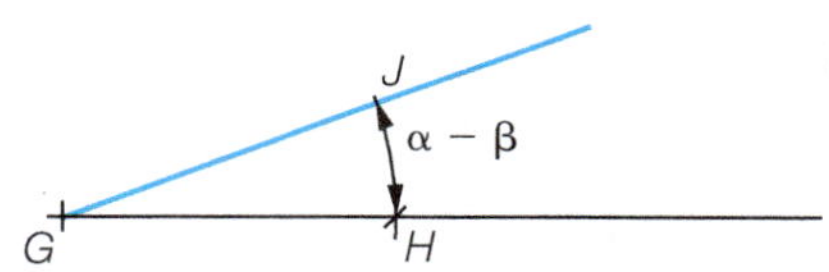

Para você construir:

Você em ação

1 Transporte o ângulo $\hat{A}$ dado, de modo que um de seus lados fique contido na reta *r* e seu vértice seja *P*.

2 Construa o ângulo $Z\hat{Y}K$ congruente ao ângulo $X\hat{Y}Z$ dado.

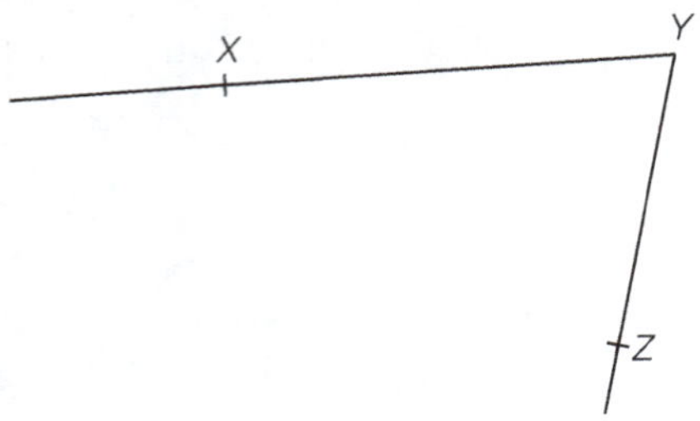

3 Qual dos ângulos apresentados abaixo é congruente ao ângulo $A\hat{B}C$?

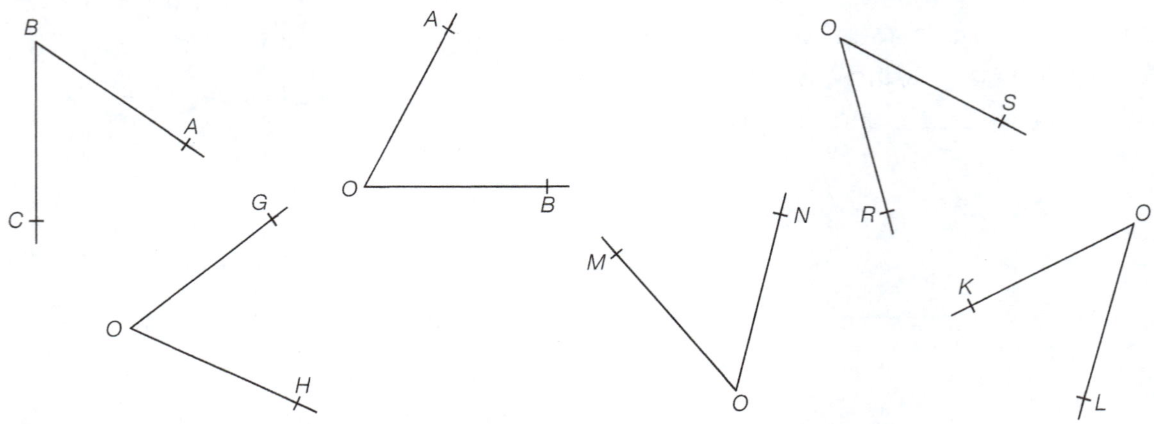

4 Construa o ângulo $A\hat{B}C$ de medida $\alpha + \beta$.

5 Construa o ângulo de vértice em M, sendo $m(\widehat{M}) = m(\widehat{E}) + m(\widehat{F}) + m(\widehat{G})$.

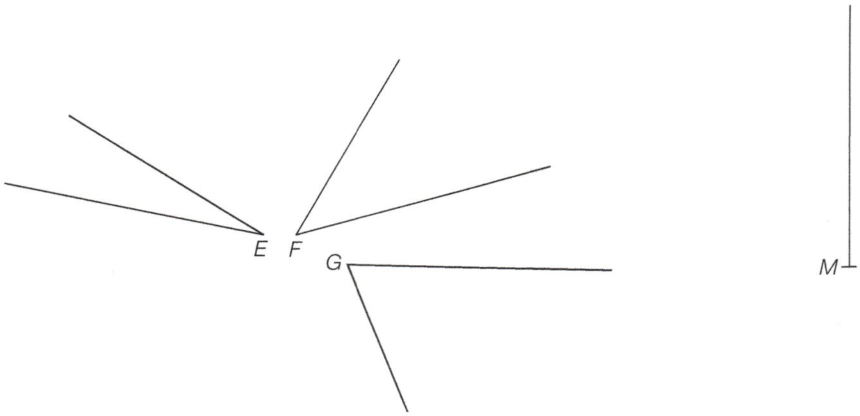

6 Construa o ângulo $J\widehat{K}L$, sendo $m(J\widehat{K}L) = m(M\widehat{N}O) - m(P\widehat{Q}R)$.

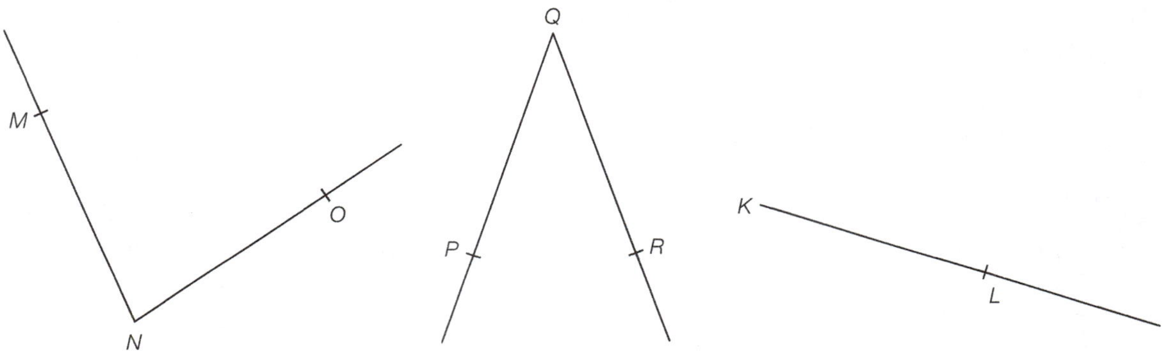

7 Dadas as medidas α, β e γ, construa o ângulo $A\widehat{V}B$, cuja medida Ω seja $\Omega = (\alpha + \beta) - \gamma$.

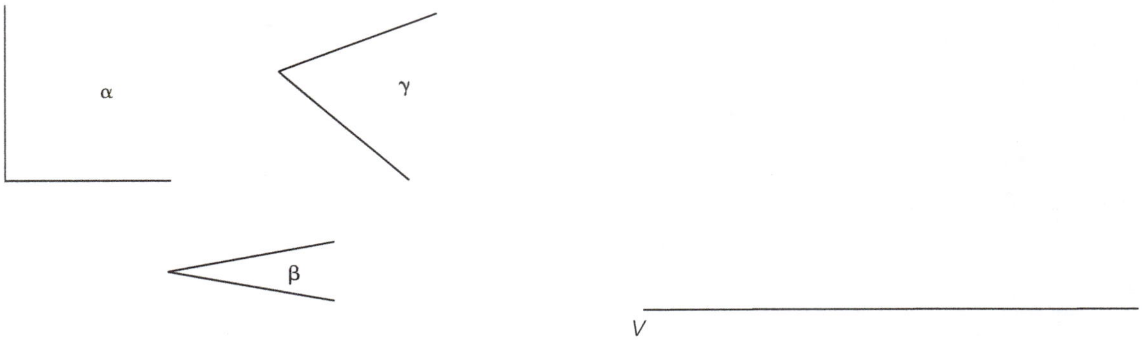

8 Efetue graficamente a operação $\Omega = \alpha - \varphi$, sabendo que $\alpha = \delta + \beta$. Em seguida, construa o ângulo $X\widehat{V}Y$ de medida Ω.

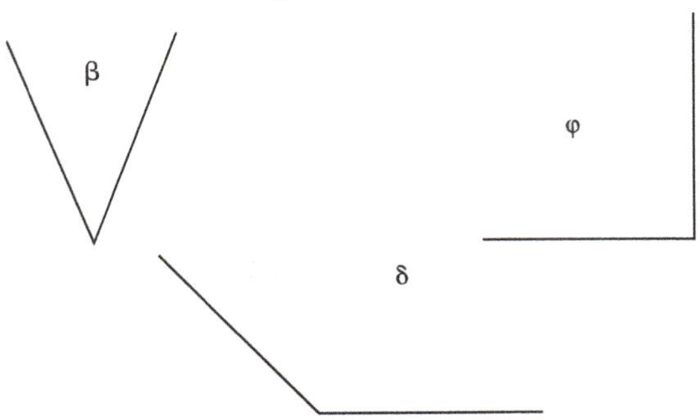

9 Considere os ângulos a seguir.

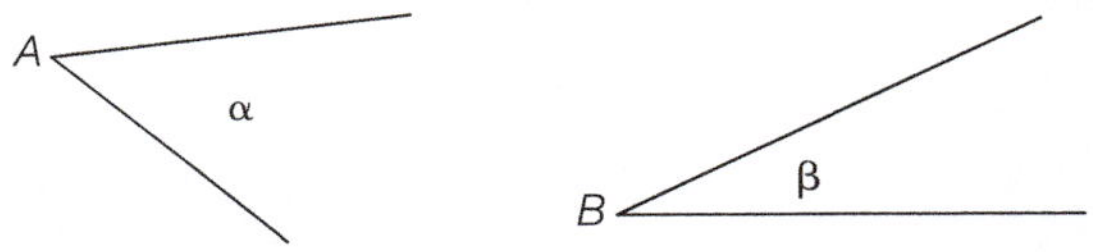

a) Efetue graficamente a operação $\Omega = \alpha + \beta$.

b) Meça os ângulos com um transferidor e complete:

$\alpha =$ .... $\beta =$ .... $\Omega =$ ....

c) Efetue a mesma operação do item **a**, porém agora aritmeticamente.

$\alpha + \beta = \Omega \Rightarrow$ .... + ... = ...

d) Compare os resultados obtidos nos itens **a** e **c**. O que você pode concluir?

....

10 Considere os ângulos a seguir.

a) Efetue graficamente a operação $\varphi = \theta - \gamma$.

b) Meça os ângulos com um transferidor e complete:

$\varphi =$ .... $\theta =$ .... $\gamma =$ ....

c) Efetue a mesma operação do item **a**, porém agora aritmeticamente.

$\theta - \gamma = \varphi \Rightarrow$ .... − .... = ...

d) Compare os resultados obtidos nos itens **a** e **c**. Eles são iguais? ....

Construindo imagens

Multiplicação

Construção de um ângulo cuja medida é igual à medida de um ângulo dado multiplicada por um número *n*

• **Dados:**

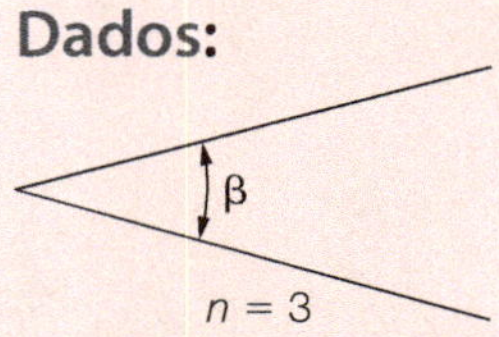

• **Construir:** $E\hat{F}G$, sendo $m(E\hat{F}G) = 3\beta$.

Passos da construção:

1º) Trace uma semirreta de origem em *F*. Em seguida, trace arcos de mesmo raio, com centros em *V* e em *F*, determinando *E* na semirreta.

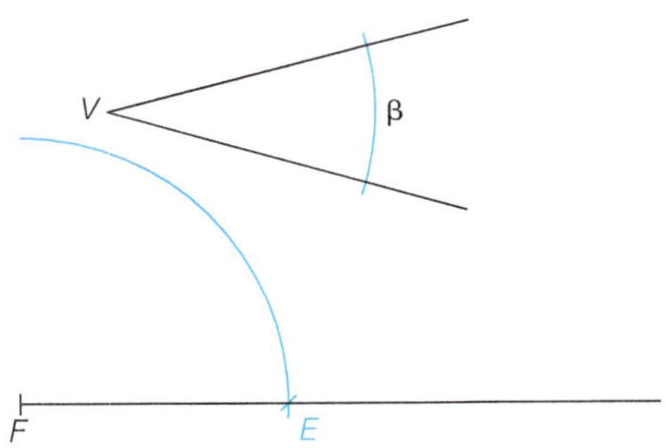

2º) Transporte três vezes a medida β para o arco, fazendo: $\beta + \beta + \beta$.
O ângulo $E\hat{F}G$ é o pedido.

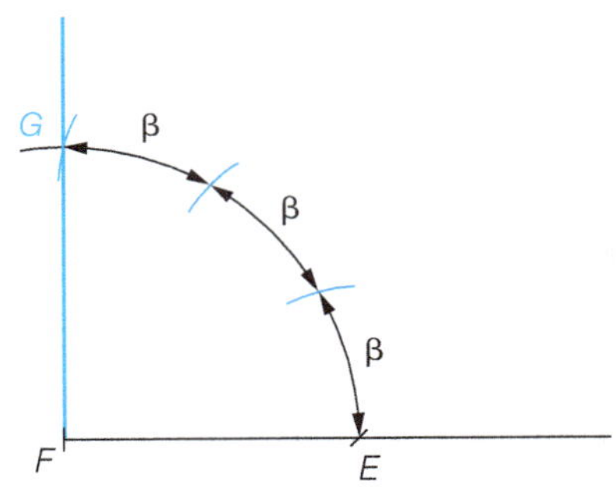

Para você construir:

Divisão

Divisão de um ângulo por 2 ou construção da bissetriz de um ângulo

• **Dado:**

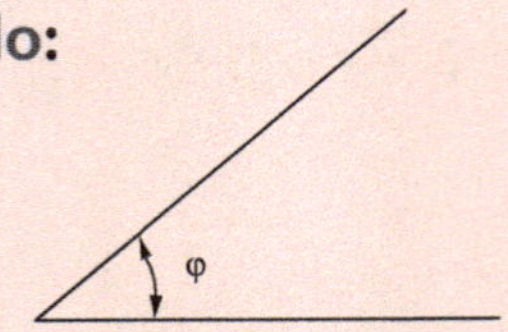

• **Construir:** $A\hat{B}D$, tal que $m(A\hat{B}D) = \frac{\varphi}{2}$; ou $\overrightarrow{BD}$, bissetriz de $\hat{B}$.

Passos da construção:

1º) Com um raio qualquer *r*, trace o arco *AC* de centro *B*.

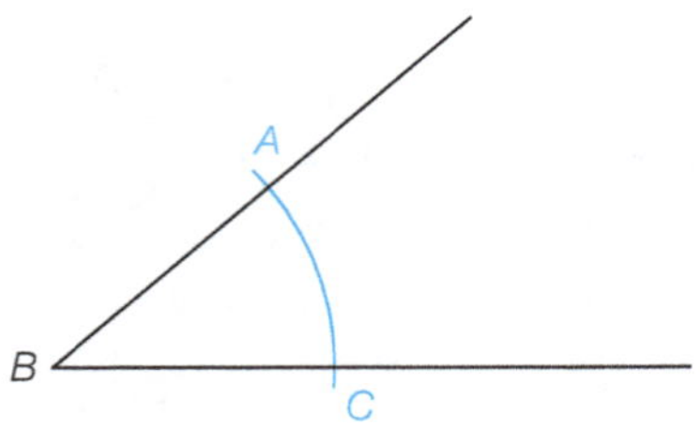

2º) Trace dois arcos de mesmo raio *r* com centros em *A* e *C*, determinando *D*.

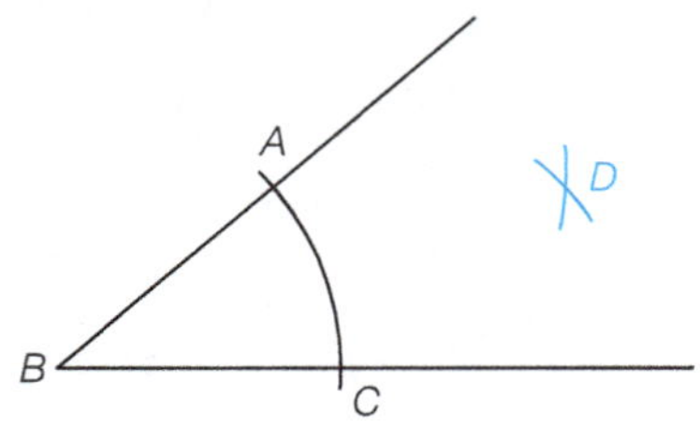

3º) Trace a semirreta $\overrightarrow{BD}$.

$\overrightarrow{BD}$ é a bissetriz de $A\hat{B}C$.

$$m(A\hat{B}D) = m(D\hat{B}C)$$

$$m(A\hat{B}D) = \frac{m(A\hat{B}C)}{2}$$

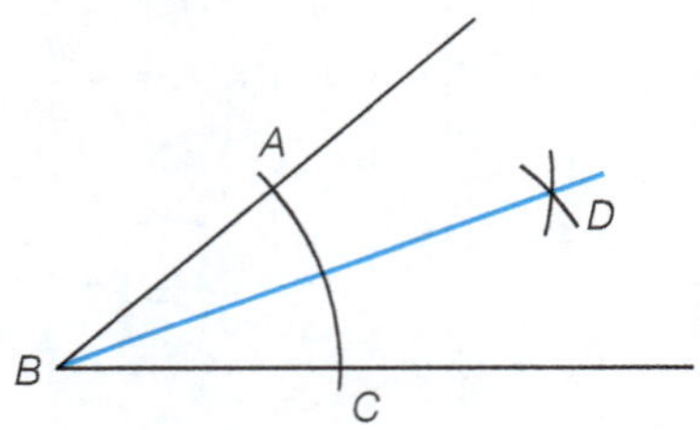

Justificativa:

A figura *ABCD* é um losango (4 lados congruentes).

$\overline{BD}$ é diagonal e, portanto, bissetriz do ângulo $A\hat{B}C$.

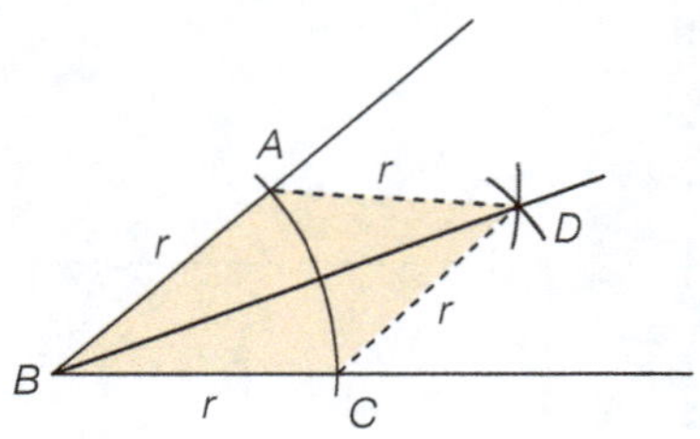

Para você construir:

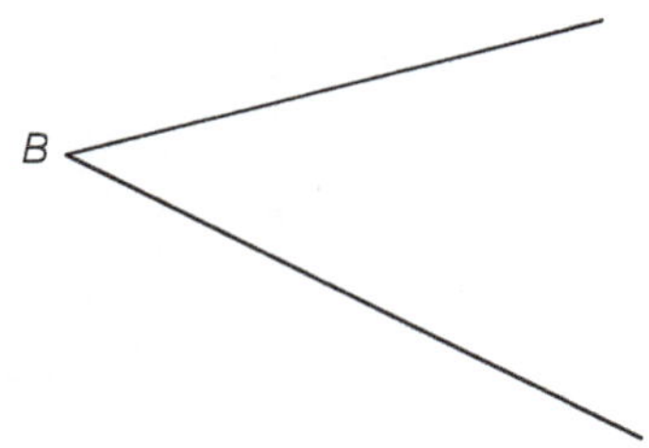

Divisão de ângulos por potências de 2

Podemos dividir um ângulo por 2, 4, 8, 16, ... construindo bissetrizes. Veja:

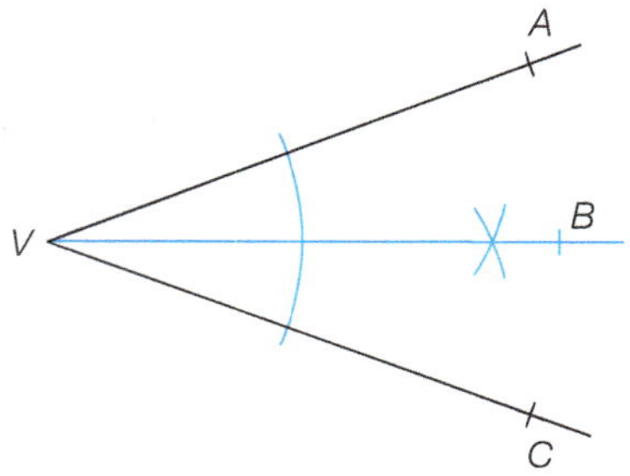

$$m(A\hat{V}B) = \frac{m(A\hat{V}C)}{2}$$

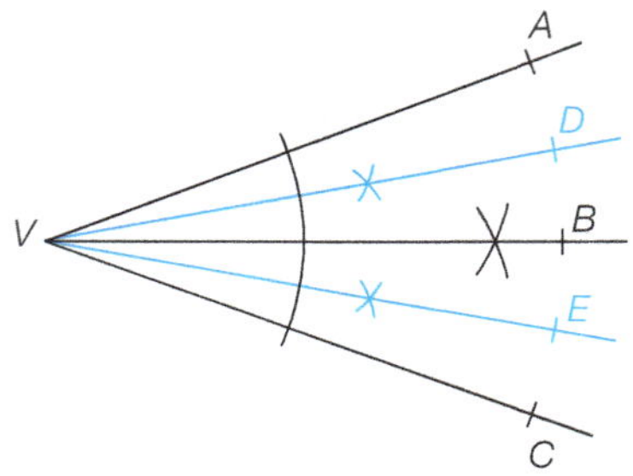

$$m(A\hat{V}D) = \frac{m(A\hat{V}C)}{4}$$

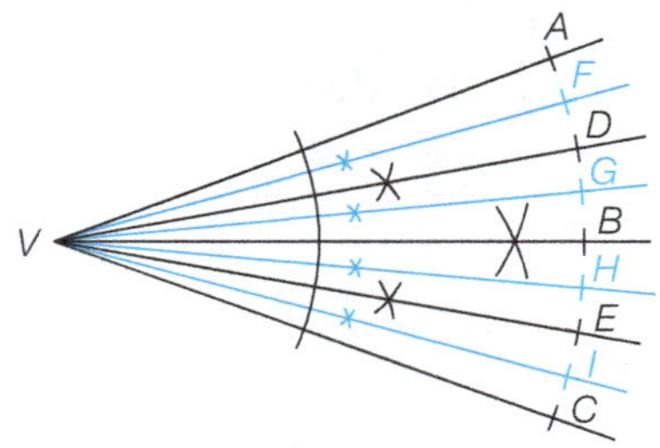

$$m(A\hat{V}F) = \frac{m(A\hat{V}C)}{8}$$

Construção de ângulos cujas medidas são frações da medida de um ângulo dado

• **Dado:**

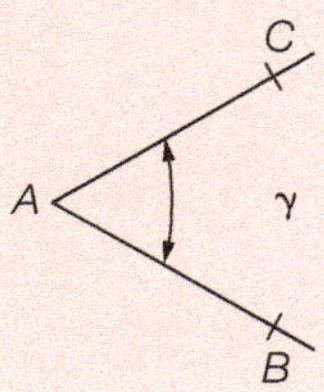

• **Construir:** $D\hat{A}C$, com $m(\hat{A}) = \frac{3\gamma}{4}$;

$B\hat{A}E$, com $m(\hat{B}) = \frac{7\gamma}{4}$

Passos da construção:

1º) Divida o ângulo por 4, construindo bissetrizes. O ângulo pedido, $D\hat{A}C$, tem medida $\frac{3\gamma}{4}$.

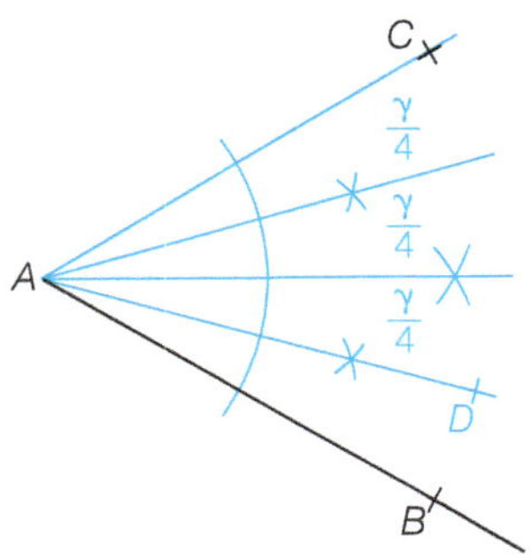

2º) Adicione $\frac{3\gamma}{4}$ ao ângulo $B\hat{A}C$, transportando $D\hat{A}C$. O ângulo $B\hat{A}E$ mede: $\frac{4\gamma}{4} + \frac{3\gamma}{4} = \frac{7\gamma}{4}$

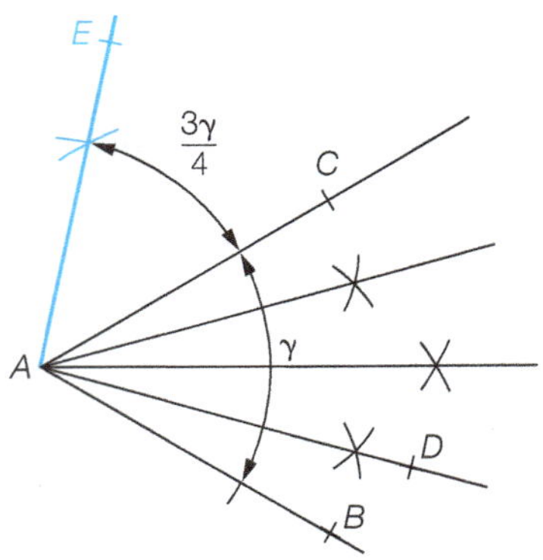

Para você construir:

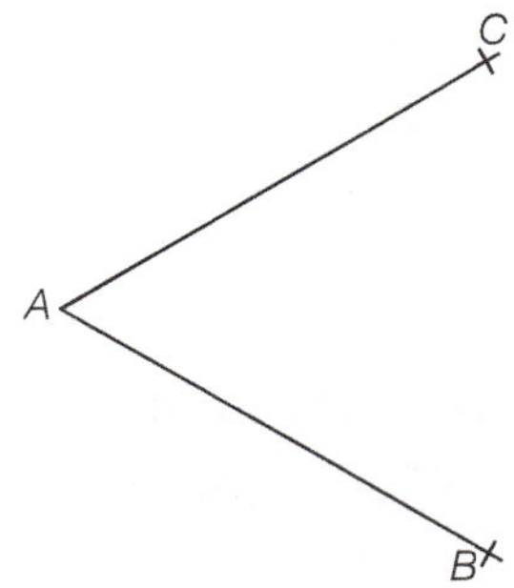

Você em ação

1 Construa um ângulo $M\hat{N}O$ cuja medida seja o dobro da medida do ângulo $A\hat{B}C$ dado.

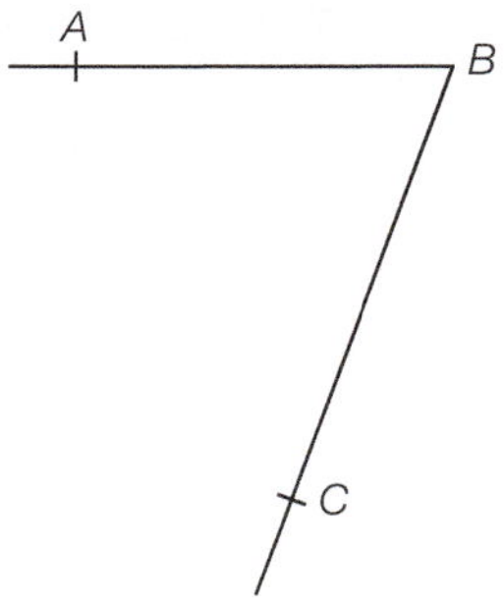

2 Construa um ângulo $P\hat{A}Q$, tal que $m(P\hat{A}Q) = 5\beta$.

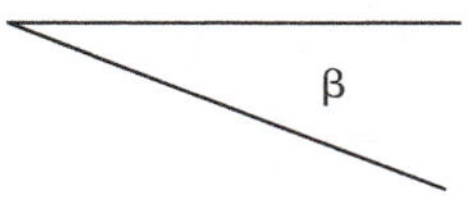

3 Trace as bissetrizes dos ângulos dados.

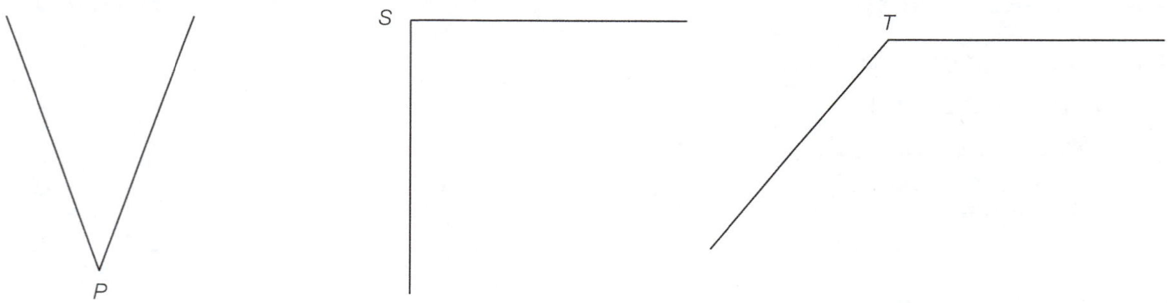

4 Determine um ponto K, sabendo que x é bissetriz do ângulo $A\hat{B}C$, y divide o ângulo $R\hat{S}T$ em dois ângulos congruentes e $x \cap y = \{K\}$.

5 Construa as bissetrizes dos ângulos $A\hat{V}B$ e $C\hat{V}D$.

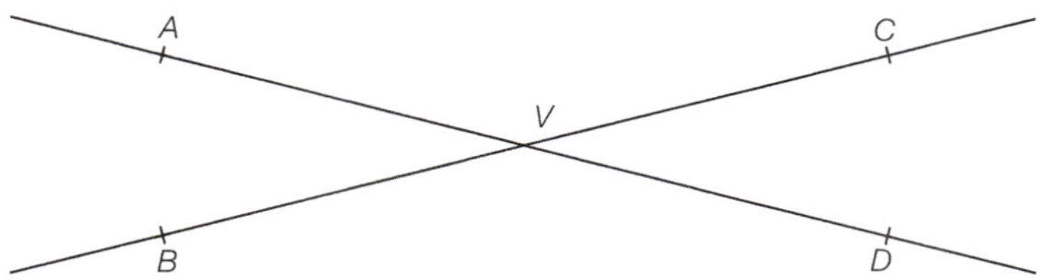

a) O que se observa quanto às duas bissetrizes? Por quê? ....

....

b) Construa agora as bissetrizes dos ângulos $A\hat{V}C$ e $B\hat{V}D$ e verifique se apresentam a mesma característica. ....

6 Construa um ângulo $R\hat{V}Z$ de medida φ, de modo que $\varphi = \frac{5\gamma}{2}$.

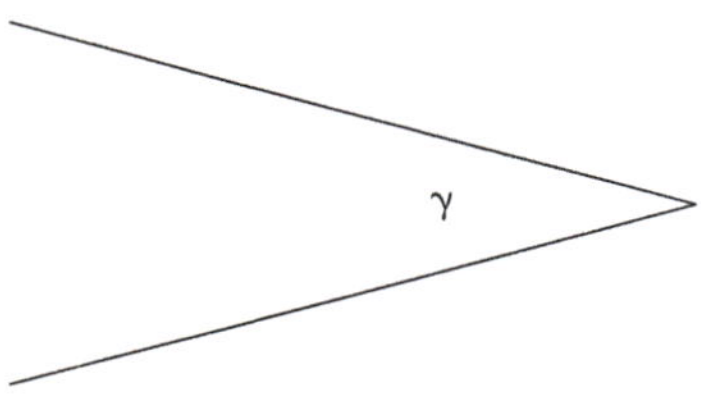

7 Construa um ângulo $R\hat{P}S$ cuja medida seja o triplo da soma de α e β.

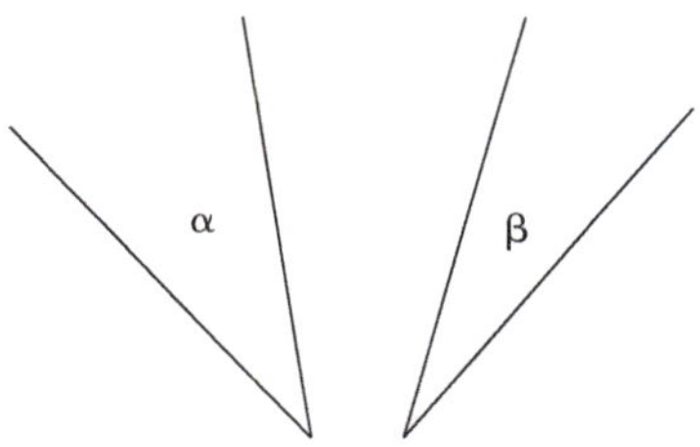

8 Construa um ângulo $C\hat{D}M$ cuja medida seja a metade da diferença entre as medidas dos ângulos dados.

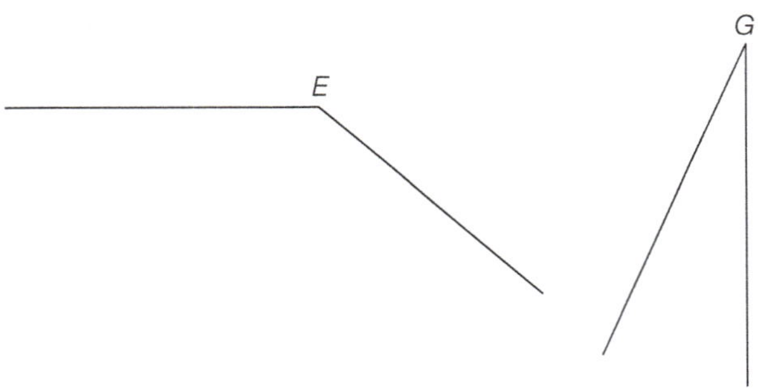

9 Sendo $\overrightarrow{AP}$ bissetriz do ângulo $B\hat{A}C$, construa:

a) $B\hat{A}C$;

b) $B\hat{A}M$, sendo

$$m(B\hat{A}M) = \frac{3}{8} \cdot m(B\hat{A}C);$$

c) $B\hat{A}K$, sendo

$$m(B\hat{A}K) = \frac{13}{8} \cdot m(B\hat{A}C).$$

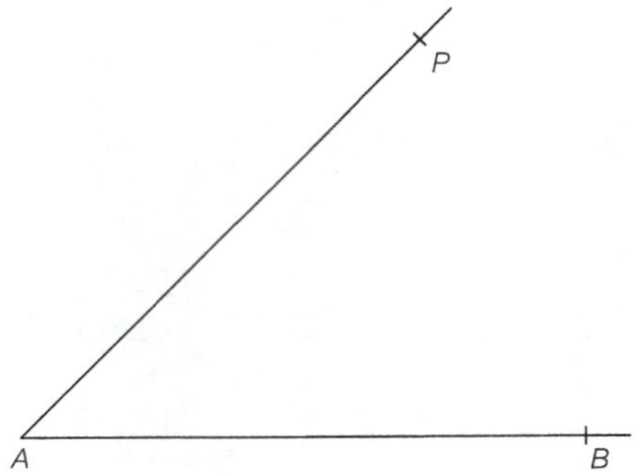

Construindo imagens

Suplemento de um ângulo

Determinação gráfica do suplemento de um ângulo dado

• **Dado:**

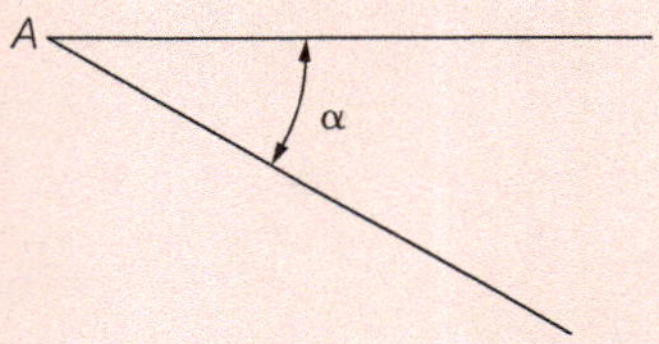

• **Construir:** $\beta = 180° - \alpha$

Passos da construção:

1º) Prolongue um dos lados de $\hat{A}$, determinando $\gamma = 180°$.

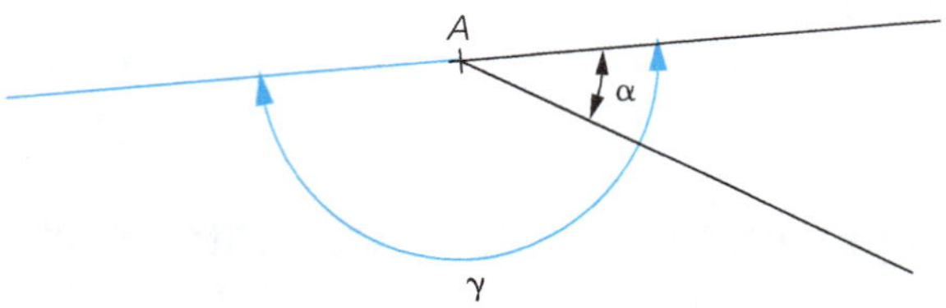

2º) Efetuando $\gamma - \alpha = \beta$, obtemos:
$m(Y\hat{A}K) = \beta = 180° - \alpha$.

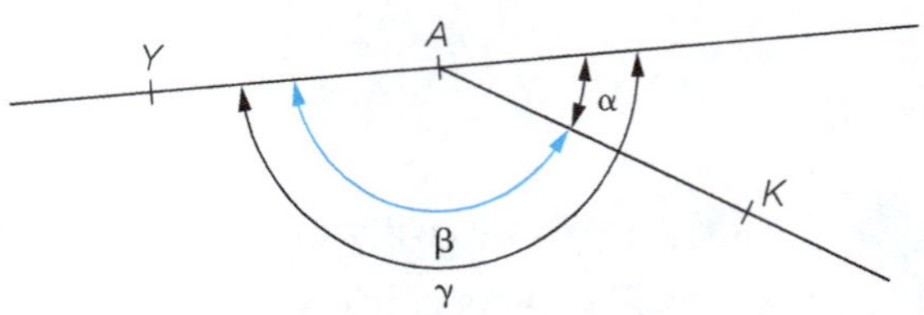

Para você construir:

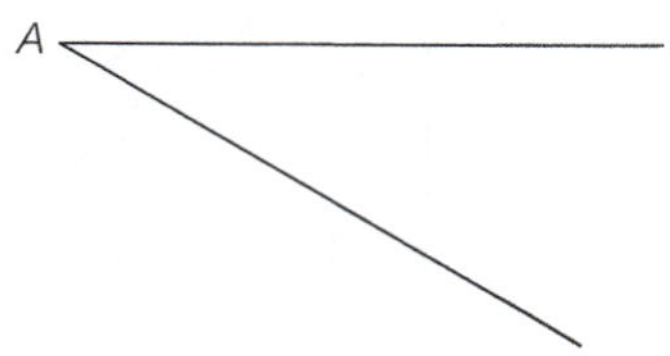

Complemento de um ângulo

Determinação gráfica do complemento de um ângulo dado

• **Dado:**

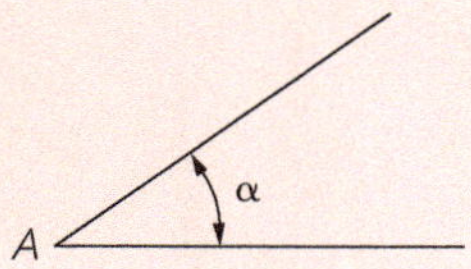

• **Construir:** $\beta = 90° - \alpha$

Passos da construção:

1º) Construa por *A* uma reta perpendicular a um dos lados do ângulo, determinando $\gamma = 90°$.

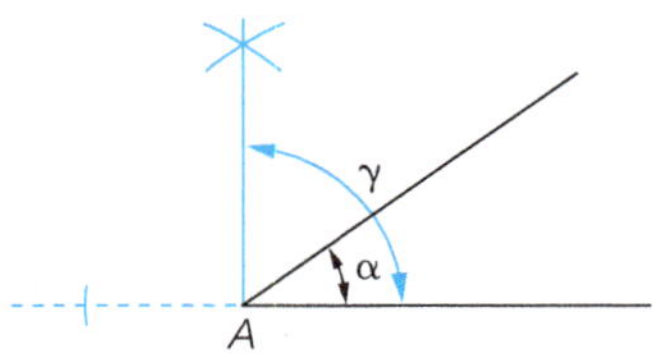

2º) Efetuando $\gamma - \alpha = \beta$, obtemos: $m(Y\hat{A}K) = \beta = 90° - \alpha$.

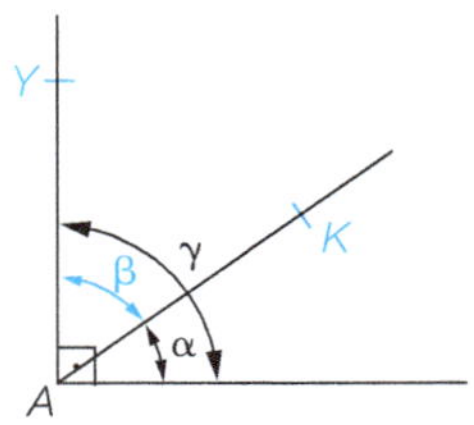

Para você construir:

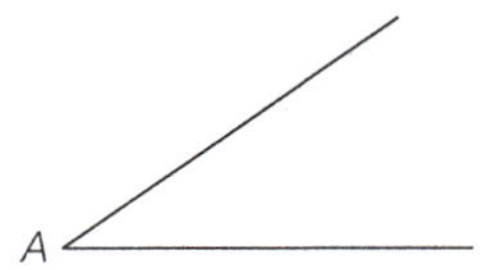

Você em ação

1 Determine graficamente o ângulo α, sabendo que, em cada caso, ele é o suplemento do ângulo dado.

a)

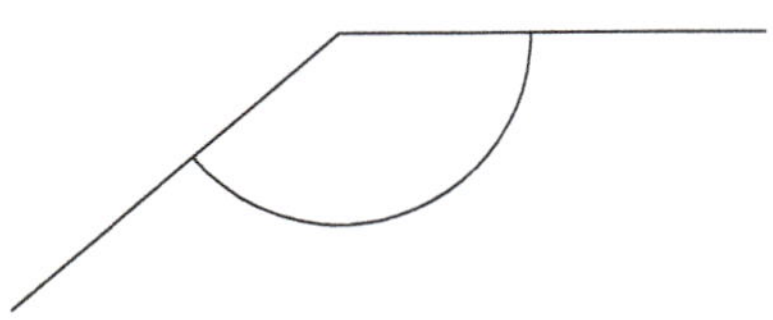

b)

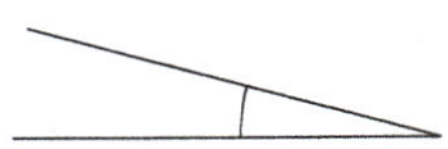

2 Determine graficamente o ângulo β, sabendo que, em cada caso, ele é o complemento do ângulo dado.

a)

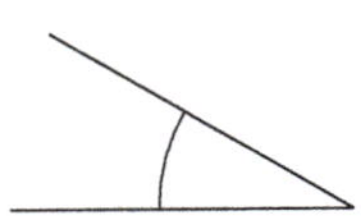

b)

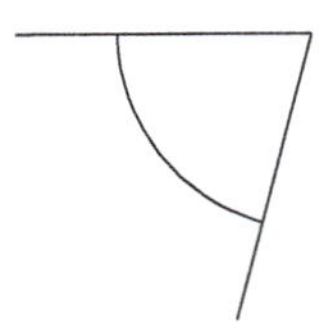

c)

3 Determine graficamente os ângulos φ e θ, respectivamente complemento e suplemento do ângulo $A\hat{B}C$.

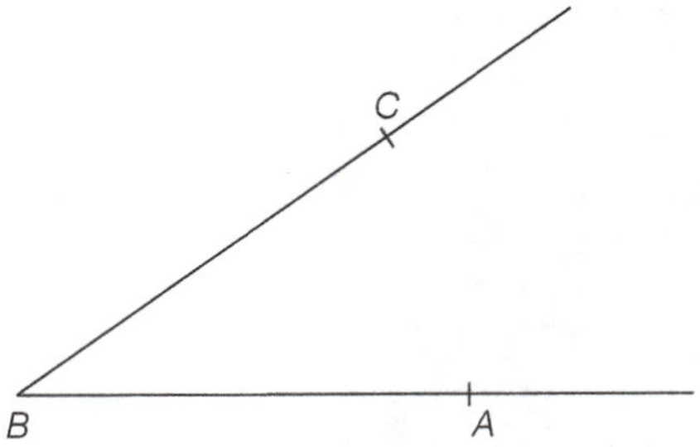

4 Dado o ângulo $A\hat{O}B$, construa os complementos $(A\hat{O}C$ e $B\hat{O}D)$ desse ângulo.

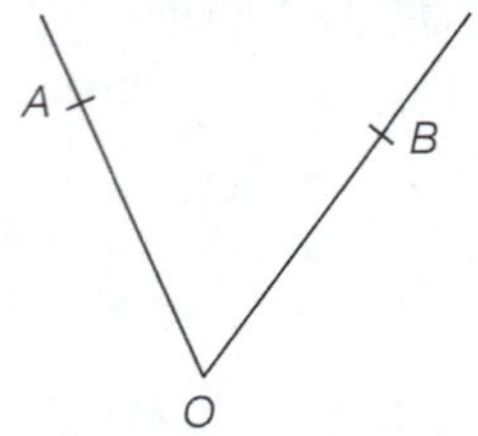

a) Meça os ângulos encontrados e indique-os.
$m(A\hat{O}C) =$ ....; $m(B\hat{O}D) =$ ....

b) Eles são .... porque são complementos de um mesmo ângulo.

5 Construa o ângulo O.P.V. do ângulo $R\hat{S}T$ dado.

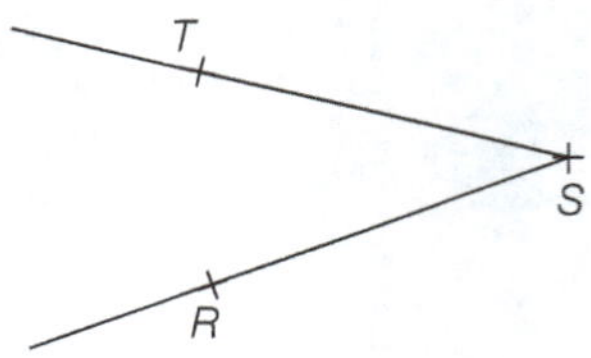

a) Indique quais são os pares de ângulos suplementares.

....

b) Meça os ângulos e diga quais são congruentes. ....

c) Podemos concluir que os ângulos O.P.V. são .... porque são .... de um mesmo ângulo.

6 Na figura ao lado, o par de retas paralelas *x* e *y* é cortado pela reta transversal *z*. Analise as medidas dos oito ângulos indicados por números e depois faça o que se pede.
Escreva todos os pares de ângulos:

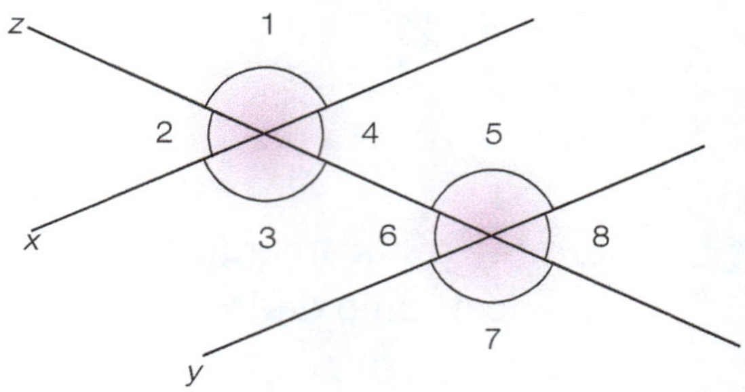

a) opostos pelo vértice: ....

b) suplementares: ....

c) congruentes: ....

Construindo imagens

Construção de ângulos com compasso

Construção de ângulo de medida 60°

1º) Trace um arco de centro V e raio qualquer, determinando A. Em seguida, com centro em A e mesmo raio, determine B.

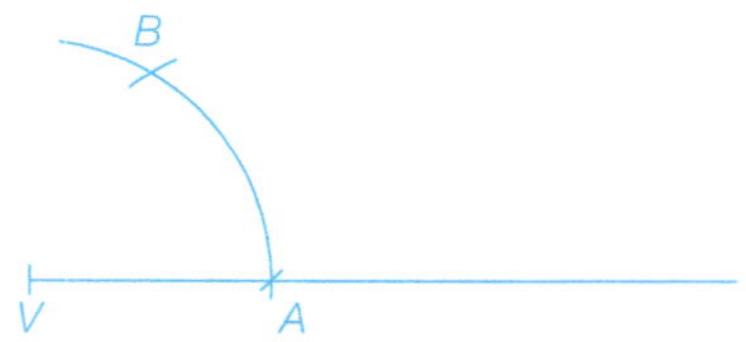

2º) Trace $\overrightarrow{VB}$: $m(A\hat{V}B) = 60°$.

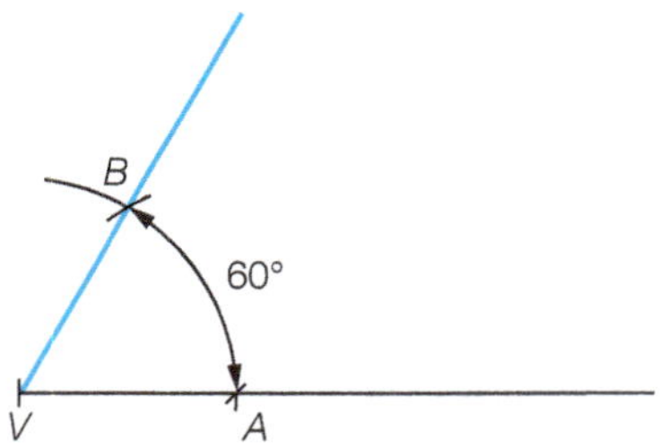

Justificativa:

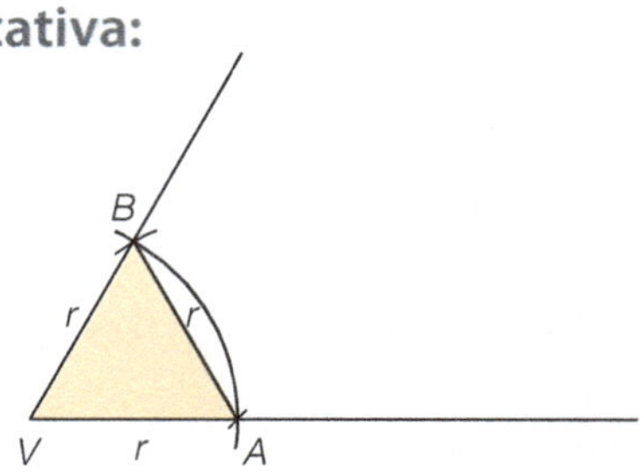

O $\triangle VAB$ é equilátero e equiângulo.

Cada ângulo mede 60°.

Para você construir:

Construção de ângulo de medida 30°

1º) Construa um ângulo $A\hat{V}B$ de medida 60°.

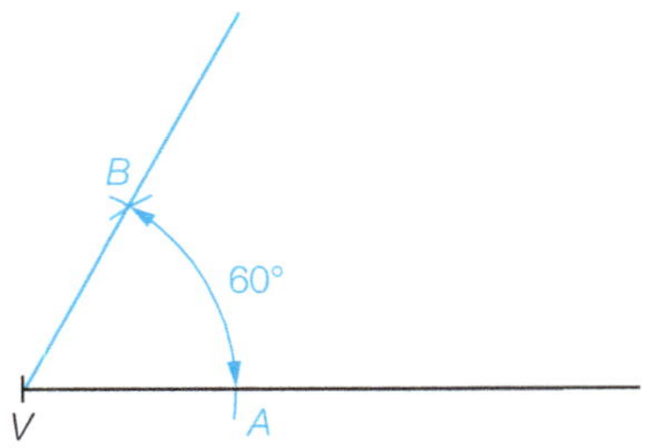

2º) Trace a bissetriz $(\overrightarrow{VC})$ de $A\hat{V}B$:

$$m(A\hat{V}C) = m(C\hat{V}B) = 30°$$

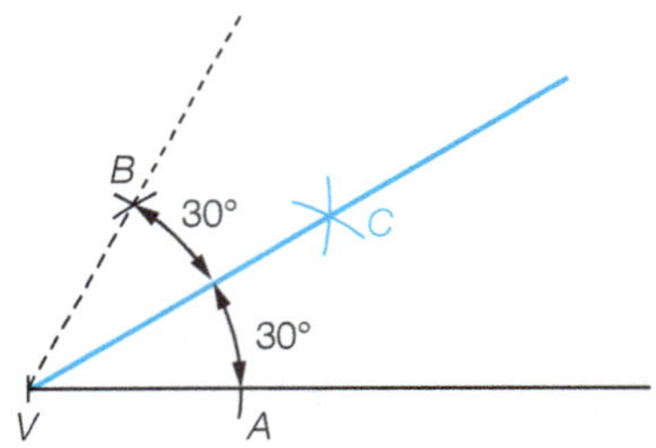

Para você construir:

Construção de ângulo de medida 90°

1º) Construa um ângulo $A\hat{V}B$ de medida 180°.

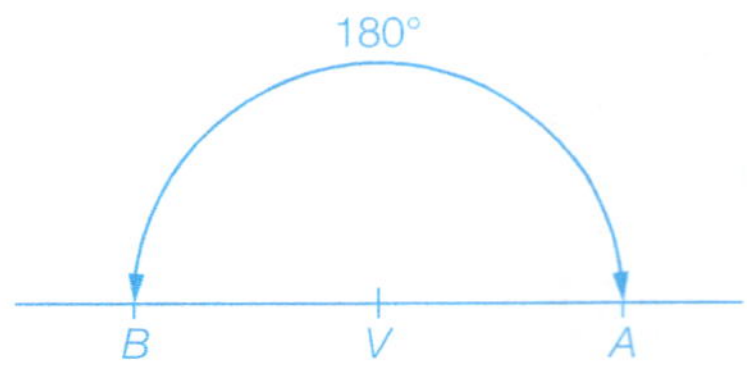

2º) Trace a bissetriz $(\overrightarrow{VC})$ de $A\hat{V}B$.

$m(A\hat{V}C) = m(C\hat{V}B) = 90°$

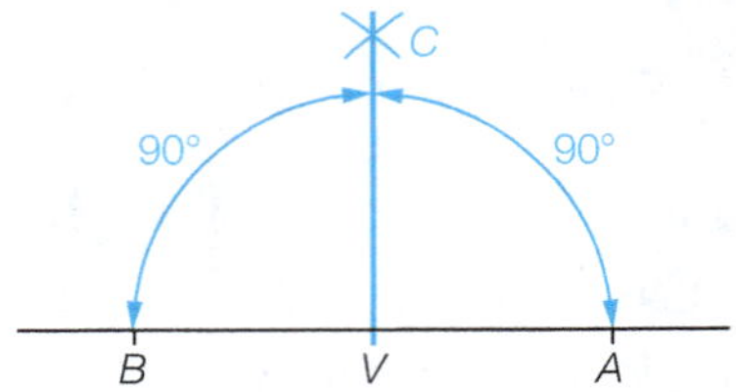

Para você construir:

Construção de ângulo de medida 45°

1º) Construa um ângulo $A\hat{V}B$ de medida 90°.

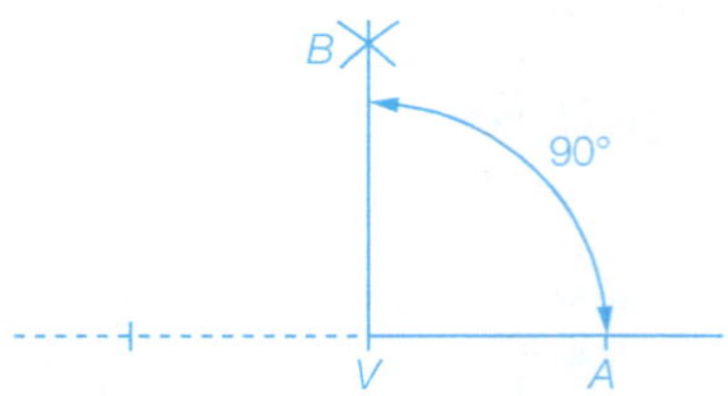

2º) Trace a bissetriz de $A\hat{V}B$.

$m(A\hat{V}C) = m(C\hat{V}B) = 45°$

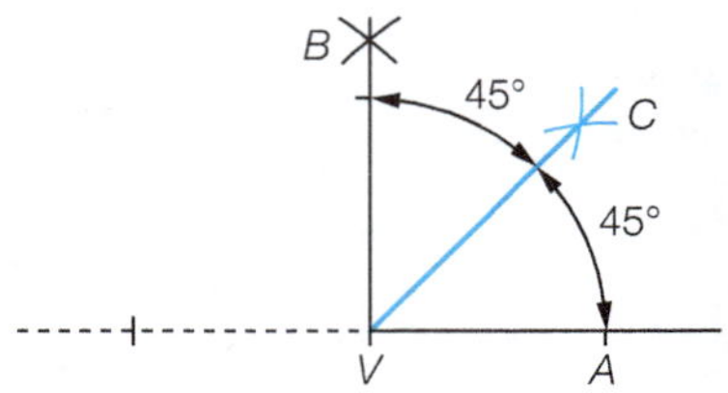

Para você construir:

Construção de ângulo de medida 120°

1º) Construa um ângulo $A\hat{V}B$ de medida 60°.

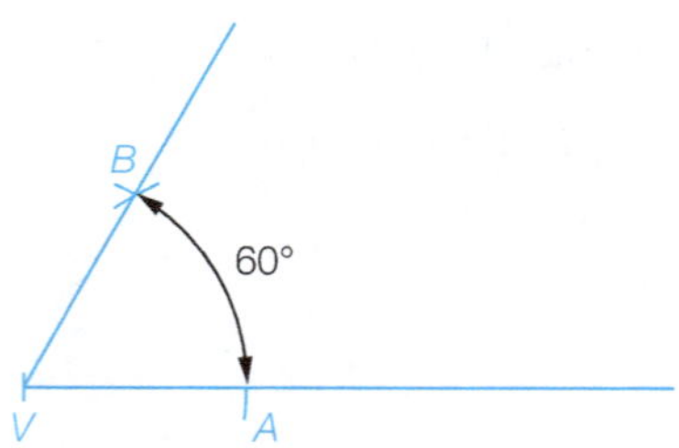

2º) Determine o seu suplemento.

$m(B\hat{V}C) = 120°$

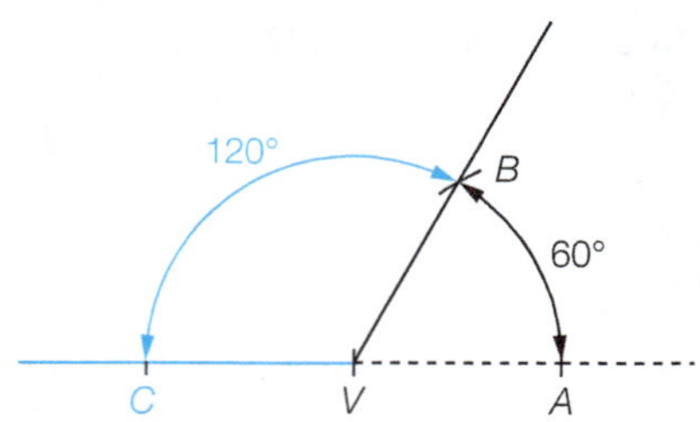

Para você construir:

Construção de ângulo de medida 75°

Podemos traçar um ângulo de 75° de algumas maneiras:

- por adição ⟶ 30° + 45° ou 60° + 15°;
- por subtração ⟶ 90° − 15°;
- por multiplicação ⟶ 15° · 5;
- por divisão ⟶ 150° : 2.

Entre essas alternativas, o caminho mais simples é traçar o ângulo de 75° por 90° − 15°.

1º) Construa um ângulo $A\hat{V}B$ de medida 90°.

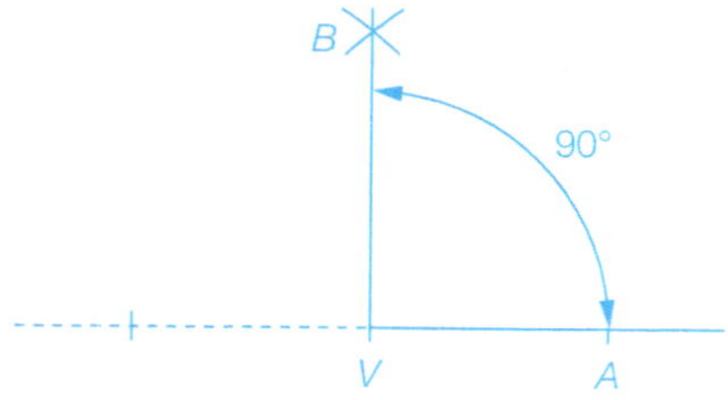

2º) Fazendo $A\hat{V}C = 60°$, determinamos $C\hat{V}B = 30°$.

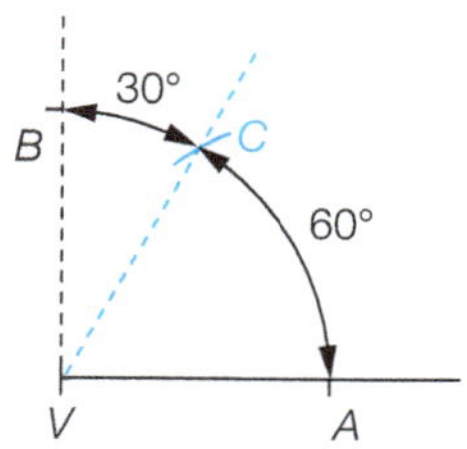

3º) Trace a bissetriz $(\overrightarrow{VD})$ de $C\hat{V}B$:

$$m(A\hat{V}D) = 90° - 15° = 75°$$

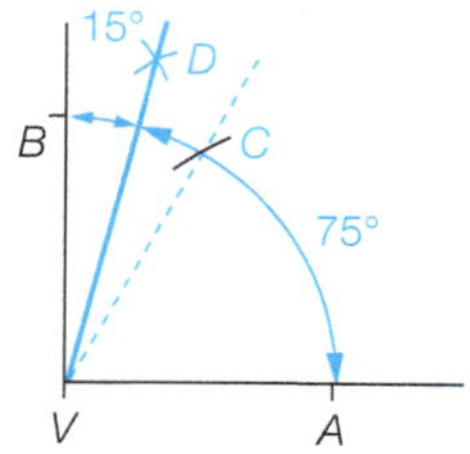

Para você construir:

Construção de ângulo de medida 22°30'

Sabendo que 30' é a metade de 1°, podemos deduzir que um ângulo de medida 22°30' é o resultado de uma divisão de 45° por 2 (22°30' × 2 = 44°60' = 45°).

Basta construir um ângulo de 45° e traçar sua bissetriz.

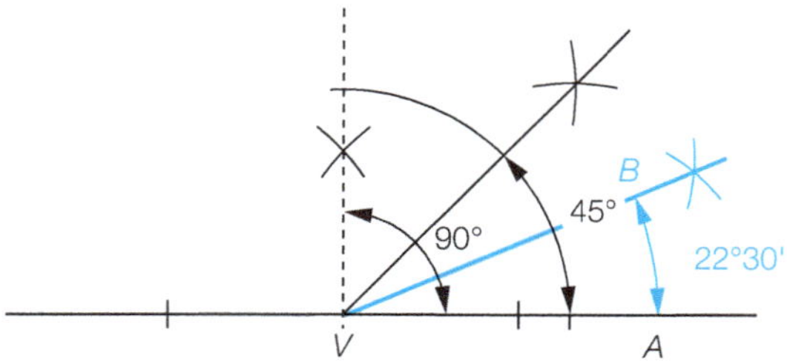

$$m(A\hat{V}B) = 22°30'$$

Para você construir:

Você em ação

1 Construa os ângulos $\hat{A}$, $\hat{B}$, $\hat{C}$, $\hat{D}$, $\hat{E}$, $\hat{F}$ e $\hat{G}$, dados os vértices e um dos seus lados, sabendo que:

$m(\hat{A}) = 60°$ $m(\hat{C}) = 90°$ $m(\hat{E}) = 120°$ $m(\hat{G}) = 22°30'$

$m(\hat{B}) = 30°$ $m(\hat{D}) = 45°$ $m(\hat{F}) = 75°$

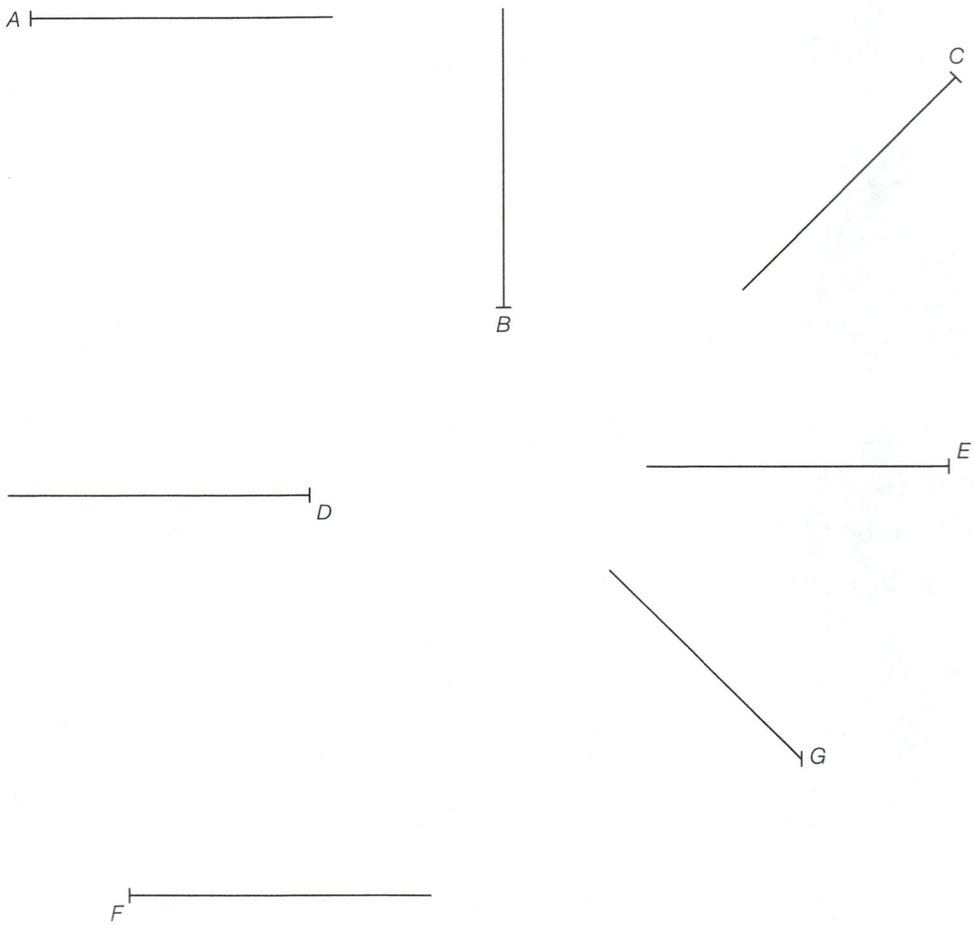

2 Construa um ângulo $R\hat{S}T$ de medida 15° usando apenas o traçado de bissetrizes.

3 Observe esta construção, apresentada em três etapas.

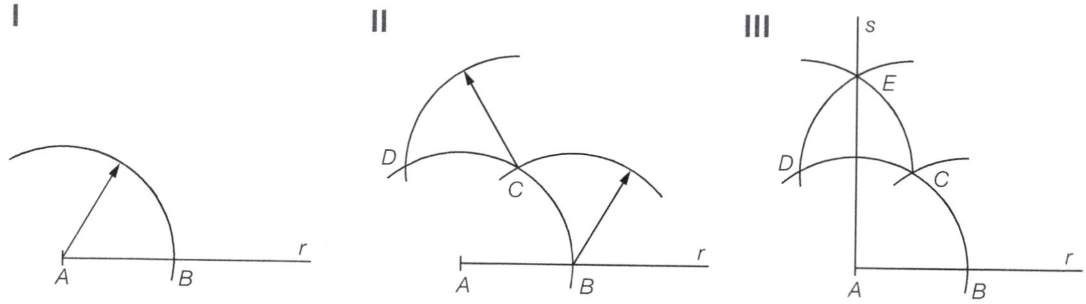

a) Quanto mede o ângulo $B\hat{A}E$? ....

b) Explique como foi construído o ângulo $B\hat{A}E$. ....

....

....

c) Qual é a posição relativa das retas *r* e *s*? ....

d) Então, é correto construir retas perpendiculares por esse processo? ....

4 **Construa um ângulo de medida 45° por um processo diferente do que foi utilizado anteriormente.**

5 **Construa um ângulo de medida 135° pelo processo indicado em cada item.**

a) 90° + 45°

b) 60° + 60° + 15°

c) 180° – 45°

Se você precisar construir novamente um ângulo de medida 135°, qual desses processos vai escolher? Por quê? ....

....

6 **Sabendo que é possível chegar ao mesmo resultado por caminhos diferentes, pense e responda:**

a) Como podemos construir um ângulo de medida 105°?

b) Agora, escolha um método e construa.

7 **Construa um ângulo de medida 150° por três processos diferentes.**

a) Existem outros processos? ....

b) Qual deles você considera mais fácil? Por quê? ....

8 Construa um ângulo de medida $\alpha = 7°30'$, o seu complemento β e o seu suplemento Ω.

$\beta =$ ....

$\Omega =$ ....

V

9 Construa um ângulo reto $A\hat{V}B$ e faça sua divisão em três ângulos congruentes. Indique a medida dos ângulos obtidos.

10 **a)** Construa dois ângulos opostos pelo vértice, de modo que um deles seja o ângulo $A\hat{B}C$ de medida 30°.

b) Construa as bissetrizes dos ângulos obtidos.

c) Analise e responda: Quanto medem os ângulos formados pelas bissetrizes? Justifique.

....

d) Desenhe outros ângulos O.P.V. Em seguida, trace suas bissetrizes. Quanto medem os ângulos formados por elas? ....

e) Compare suas construções com as dos colegas; discutam e enunciem a seguinte propriedade:

As bissetrizes dos ângulos opostos pelo vértice são .... entre si.

f) Sem traçar os ângulos O.P.V. com base em $E\hat{V}H$ dado, trace suas bissetrizes *a* e *b*, aplicando a propriedade do item **e**.

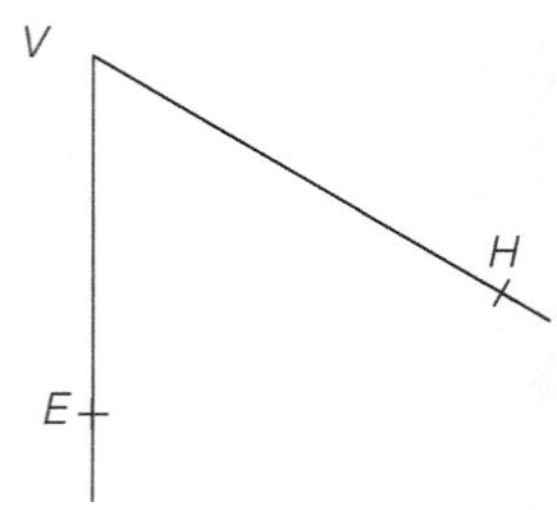

Olhando ao redor

1 O goniômetro é um instrumento de verificação de medidas angulares. É bastante utilizado na medicina, pois nas cirurgias e em outros procedimentos os médicos utilizam ângulos para correção de movimentos corporais e recuperação de pacientes que sofrem fraturas. Ortopedistas e fisioterapeutas usam o goniômetro para medir a amplitude de movimento das articulações, avaliar a flexibilidade de atletas e bailarinos e acompanhar a evolução dos tratamentos. O estudo dos ângulos é realmente indispensável.

Pesquise outras informações sobre o uso dos ângulos, principalmente o desenho deles, em atividades profissionais. Anote aqui as suas descobertas.

John Watney/Photoresearchers/Latinstock

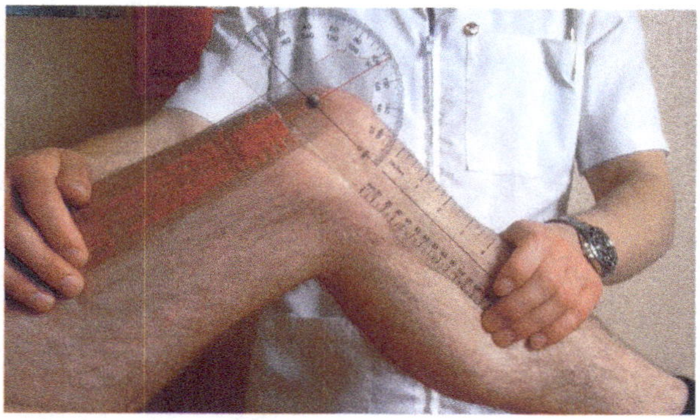

Médico usa goniômetro para medir a amplitude de movimento do joelho de um paciente.

....

....

....

....

....

....

....

Você sabia?

A Geometria está em todo lugar e em muitas atividades. Veja, por exemplo, como se utilizam os ângulos e suas medidas para posicionar corretamente a agulha para aplicar uma injeção.

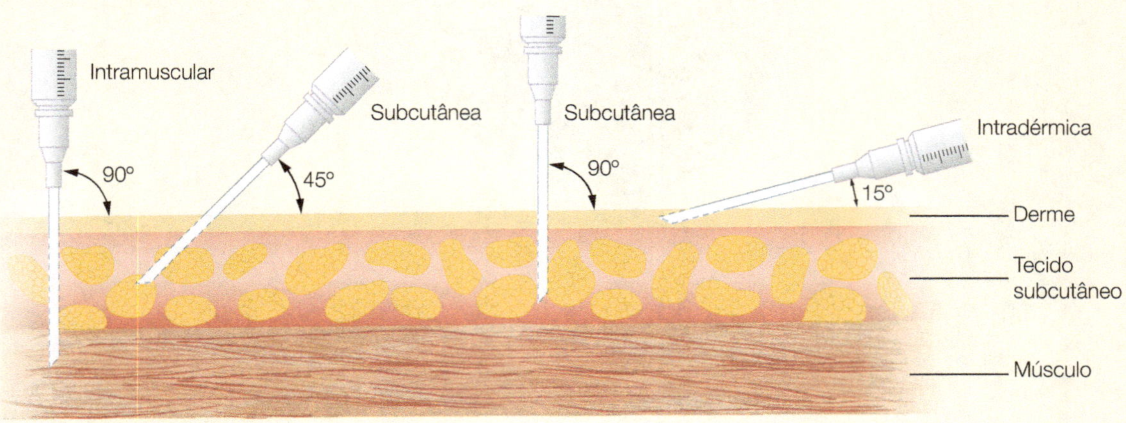

2 **Complete o desenho da Bandeira Nacional, seguindo os passos abaixo.**

1º) Construa a reta $a \perp \overrightarrow{AD}$ pelo ponto *A*.

2º) Determine *B*, tal que $B \in a$ e $m(\overline{AB}) = 14{,}9$ cm.

3º) Construa a reta $b \parallel a$ pelo ponto *D*.

4º) Determine $C \in b$, tal que $\overline{DC} \cong \overline{AB}$, e trace o retângulo *ABCD*.

5º) Transporte o ângulo *E* para a figura, construindo $H\hat{E}F$, tal que $\overline{EF} \cong \overline{EH}$.

6º) Construa $E\hat{H}G$ de medida $\alpha + \beta$.

7º) Desenhe o losango *EFGH*, sabendo que $\hat{F} \cong \hat{H}$.

Dados:

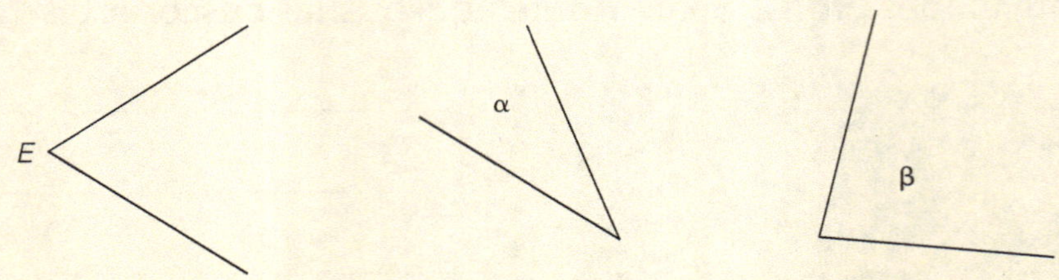

3 A Roda dos Alimentos representa graficamente os sete grupos que devem fazer parte da nossa alimentação e a proporção que devemos consumir dos alimentos de cada grupo. São eles:

Laticínios

Proteínas
(carnes, peixes e ovos)

Verduras

Frutas

Legumes

Gorduras e açúcares

Carboidratos
(cereais e derivados, tubérculos)

Essa roda nos orienta a escolher uma alimentação diária saudável: completa, equilibrada e variada. Para você observar e compreender melhor essas proporções, complete o gráfico de setores, sabendo que a porcentagem de frutas corresponde à de laticínios mais a de gorduras/açúcares e a porcentagem de proteínas (carnes, peixes e ovos) é a diferença entre a de carboidratos e a de verduras. A parte restante representa os legumes.

Lembre-se de beber água.

Coma bem, viva melhor!

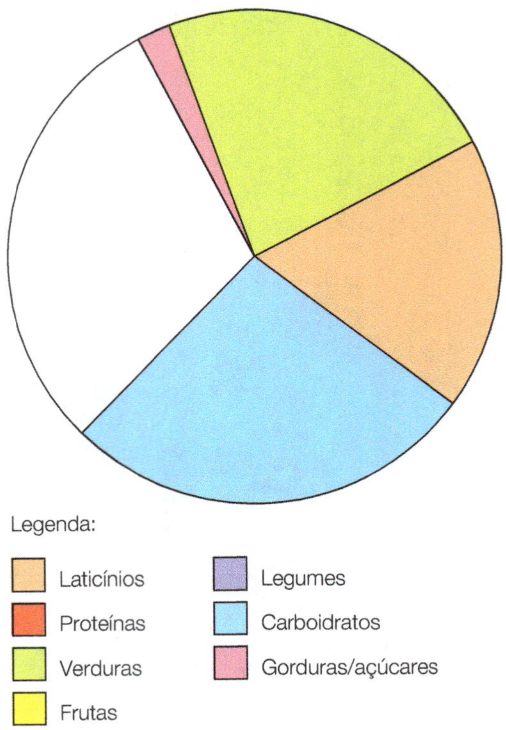

4 A curiosidade e o espírito de aventura levam-nos a querer conhecer novos lugares. Algumas noções de direção e sentido são fundamentais para essas explorações.

Que tal aprender a se orientar usando uma bússola?

A bússola é um instrumento com uma agulha que aponta sempre para o norte. Isso ocorre porque a Terra age como um ímã gigante, cuja força atrai a agulha na direção norte-sul. No mostrador da bússola estão assinalados os pontos cardeais, colaterais e subcolaterais, e as medidas em graus de 0 a 360 (norte).

Thinkstock/Getty Images

Bússola.

Vamos experimentar?

- Pegue um mapa da sua cidade e estenda-o sobre uma mesa. Coloque a bússola próximo da rosa dos ventos do mapa e gire-o até que o ponteiro fique paralelo ao eixo norte-sul.
- Agora observe o mapa e descubra:
  um bairro que fica na direção norte: ....
  uma avenida na direção sul: ....
  um ponto turístico a leste (**E**, do inglês *east*): ....
  uma instituição cultural a oeste (**W**, do inglês *west*): ....
- Indique algo situado a:
  135° ou sudeste (**SE**, do inglês *southeast*): ....
  90° ou leste: ....
  22°30' ou NNE: ....
  157°30' ou SSE: ....
  Para ir ao marco zero da sua cidade, você deve seguir a direção ....
  Isso significa fazer um giro de .... graus com base na posição em que você está.

5 Uma patrulha "Lobo" de escoteiros foi fazer uma jornada na mata e recebeu do chefe uma carta com os seguintes dizeres.

Caros Lobos:

Vocês deverão fazer uma caminhada seguindo rigorosamente estas instruções.

Iniciem o trajeto no ponto onde fixei a bandeirola. Sigam 1,8 m na direção da seta, virem 90° à esquerda e caminhem 3,2 m. Depois, virem 120° à direita e andem 5,8 m. Então, virem 45° à esquerda e caminhem mais 3,6 m, de onde deverão virar 60° à direita, andar 4,5 m e virar 90° novamente à direita, seguindo mais 5,4 m para chegar ao local onde estarei esperando vocês. Orientem-se pela bússola.

No percurso, observem as regras de segurança.

Boa jornada.

O chefe

Desenhe o trajeto observando que, ao girar, o ângulo tem vértice no ponto onde se parou e seus lados são o prolongamento da reta por onde se caminhava e a nova direção.

Atenção: Cada 1 cm no desenho corresponde a 1 m na realidade.

Saída ⊕

→

Chegada ⊕

CAPÍTULO 6

Triângulos

O triângulo possui uma rigidez que não existe em outros polígonos. Essa propriedade impede que ele se deforme, o que justifica sua larga aplicação em construções de diferentes funções e estilos.

A rigidez do triângulo dá estrutura aos telhados, sustentação a pontes e torres, explica as travessas dos portões e garante a firmeza de móveis, prateleiras e outras estruturas.

Onde quer que você olhe, encontrará a aplicação de triângulos. Você pode comprovar isso observando ao seu redor!

pisaphotography/Shutterstock

Ponte da baía de Sydney, Austrália.

Compreendendo ideias

Os triângulos

Você já conhece alguns conceitos sobre o triângulo, um polígono de três lados. Vamos recordá-los?

No $\triangle ABC$, os elementos são:

- três vértices: A, B, C;
- três lados: $\overline{AB}$, $\overline{BC}$, $\overline{CA}$, de medidas **a**, b, c;
- três ângulos internos: $\hat{A}$, $\hat{B}$, $\hat{C}$ ou $C\hat{A}B$, $A\hat{B}C$, $B\hat{C}A$;
- três ângulos externos: $A\hat{B}X$, $B\hat{C}Z$, $C\hat{A}Y$.

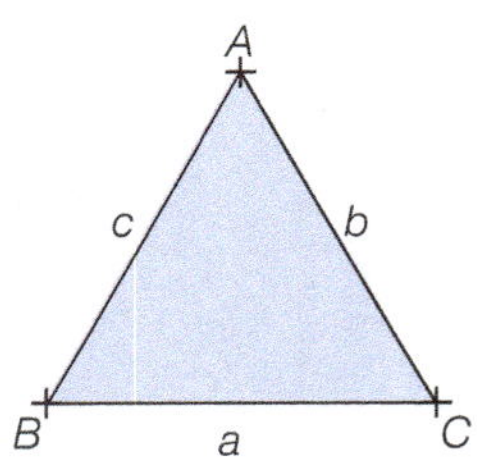

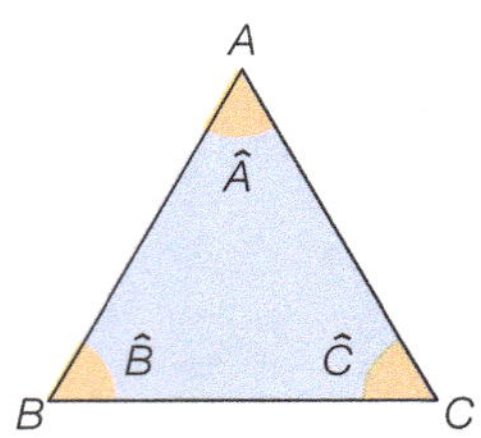

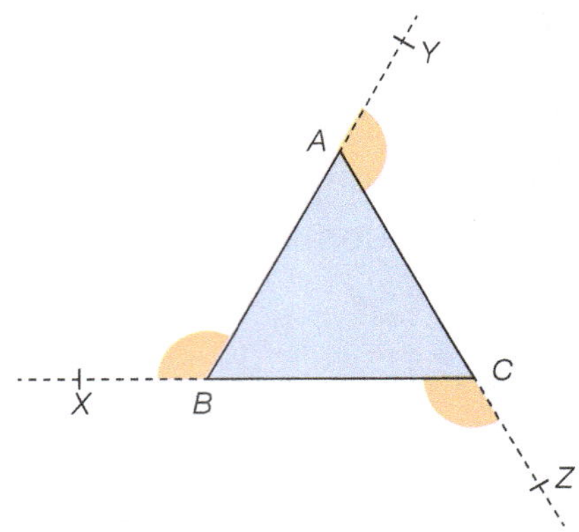

Convém ainda observar nos triângulos que:

- o vértice A e o ângulo interno $\hat{A}$ são opostos ao lado $\overline{BC}$, de medida **a**;
- o vértice B e o ângulo interno $\hat{B}$ são opostos ao lado $\overline{CA}$, de medida b;
- o vértice C e o ângulo interno $\hat{C}$ são opostos ao lado $\overline{AB}$, de medida c.

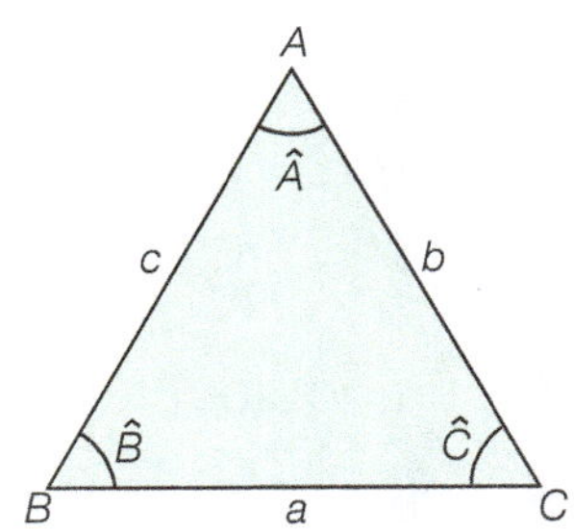

Os triângulos podem ser classificados quanto aos lados em:

Triângulo escaleno
Os três lados têm medidas diferentes.

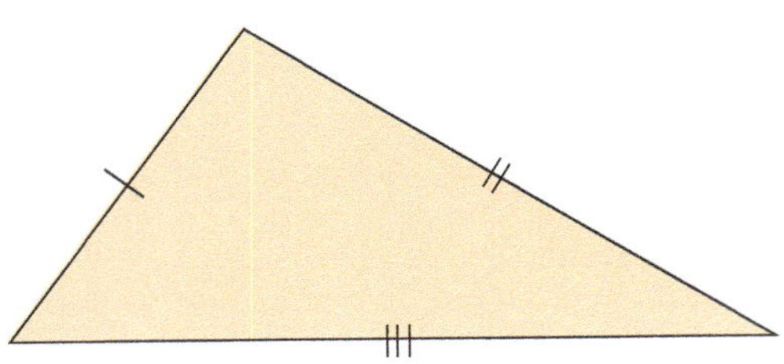

Triângulo isósceles
Dois de seus lados são congruentes.

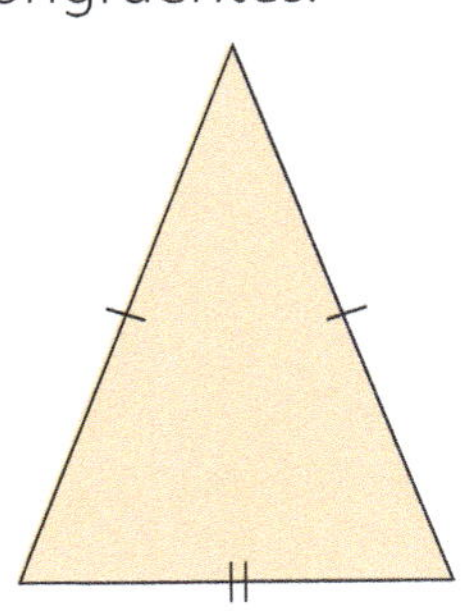

Triângulo equilátero
Os três lados são congruentes.

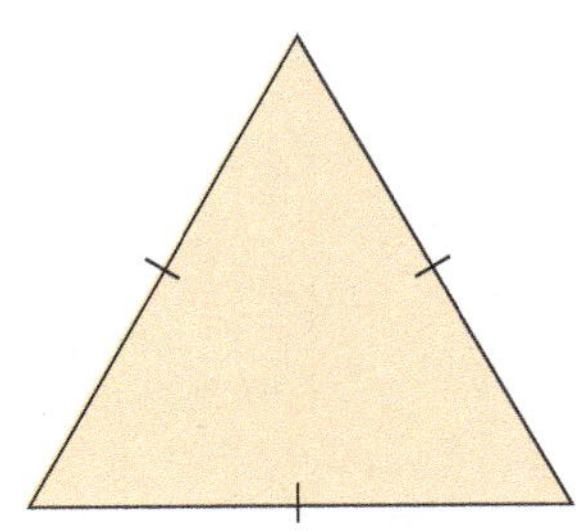

Os triângulos também podem ser classificados quanto aos ângulos internos em:

Triângulo acutângulo
Seus ângulos internos são agudos.
$m(\hat{A}) < 90°$, $m(\hat{B}) < 90°$, $m(\hat{C}) < 90°$

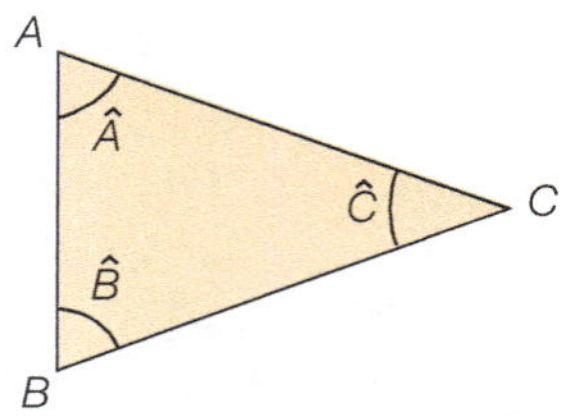

Triângulo retângulo
Um de seus ângulos internos é reto.
$m(\hat{C}) = 90°$

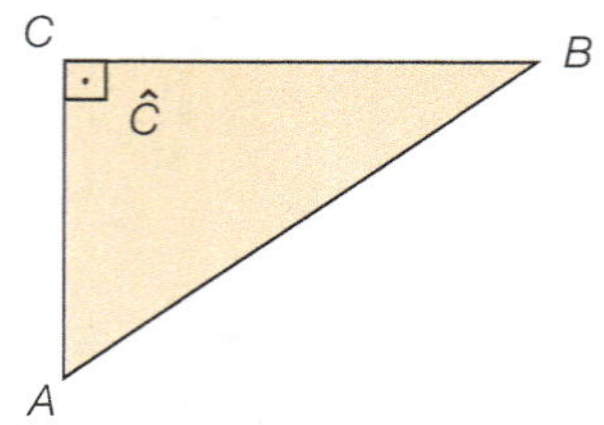

Triângulo obtusângulo
Um de seus ângulos internos é obtuso.
$90° < m(\hat{B}) < 180°$

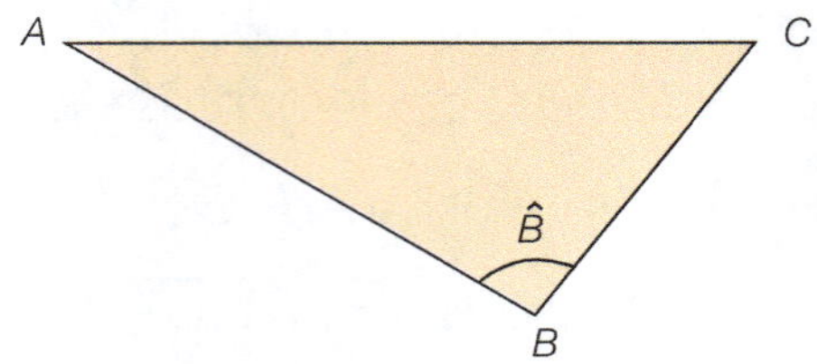

No triângulo isósceles:

- o lado não congruente $\overline{BC}$ é chamado de **base**;
- os lados congruentes $\overline{AB}$ e $\overline{AC}$ formam com a base ângulos congruentes ($\hat{B} \cong \hat{C}$);

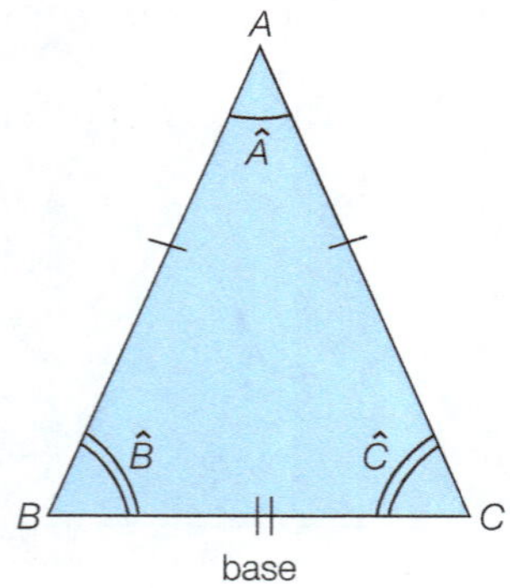

No triângulo equilátero, os três ângulos internos são congruentes e cada um mede 60°. Por essa razão, dizemos que o triângulo equilátero é também **equiângulo**:

equi: igual
equilátero: lados iguais
equiângulo: ângulos iguais

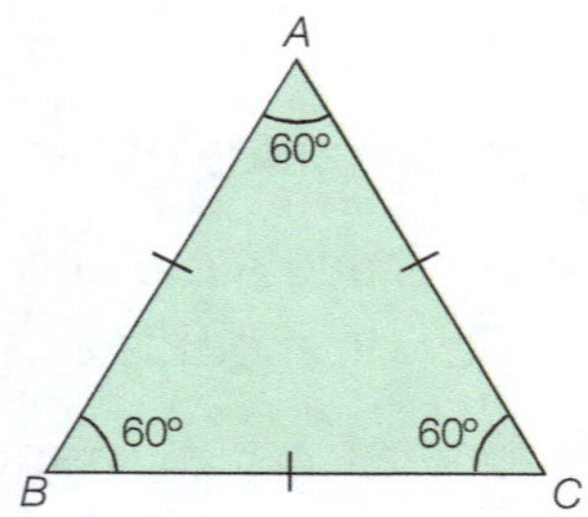

No triângulo retângulo:

- os lados que formam o ângulo reto chamam-se **catetos** ($\overline{AB}$ e $\overline{BC}$);
- o lado oposto ao ângulo reto chama-se **hipotenusa** ($\overline{AC}$);
- quando os catetos são congruentes, o triângulo retângulo é isósceles. Nesse caso, os ângulos da base medem 45° cada um.

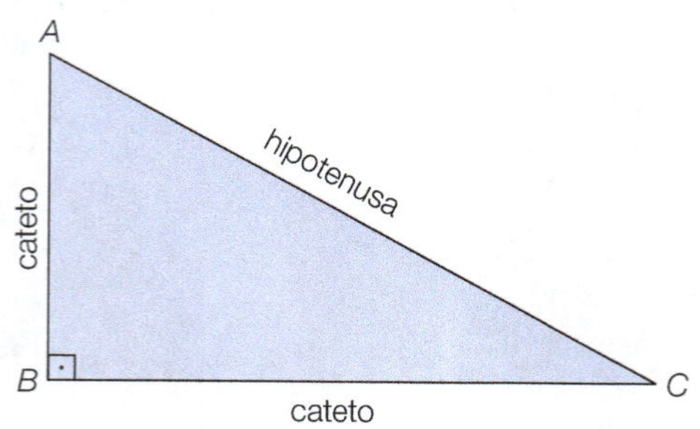

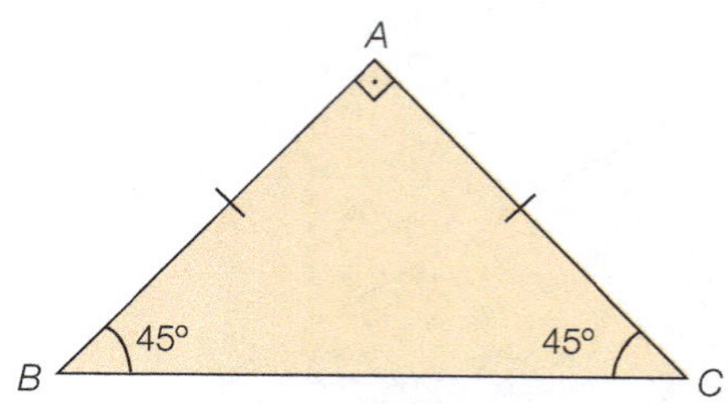

Triângulo retângulo isósceles.

Você em ação

1 Dado o triângulo *MNP*:

a) Complete a legenda, indicando seus elementos.

N: ....

$\overline{NP}$: ....

$\widehat{M}_1$: ....

$\widehat{M}_2$: ....

n: ....

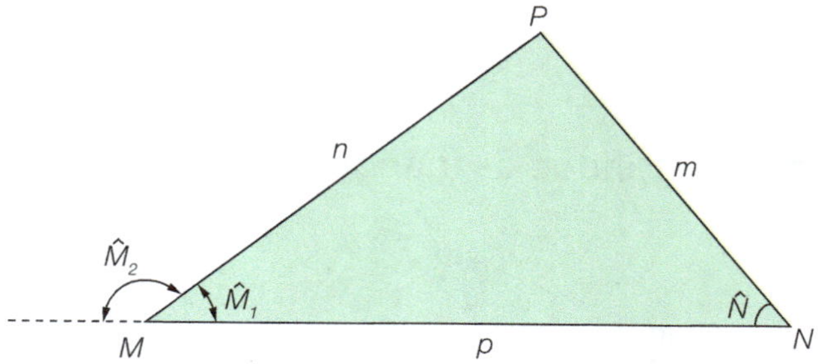

b) Complete as afirmações:

- O vértice *P* é oposto ao lado .... de medida ....
- O ângulo interno $\widehat{N}$ é oposto ao lado ....
- A medida do lado $\overline{NP}$ é representada por ....

2 **Complete a cruzadinha e descubra a palavra que será formada nos quadradinhos destacados.**

A. Triângulo que possui três ângulos menores que 90°.

B. Nome dado ao ângulo de 90°.

C. Triângulo que possui dois lados congruentes.

D. Nome do triângulo com um ângulo de medida igual a 90°.

E. Triângulo que não guarda nenhuma relação de congruência entre os lados.

F. Tipo do triângulo *ABC*, se $\widehat{B}$ é ângulo interno do triângulo e $m(\widehat{B}) = 136°$.

G. Nome do lado oposto ao ângulo reto de um triângulo retângulo.

H. Triângulo de três lados congruentes.

I. Nome de um dos lados que forma o ângulo reto de um triângulo retângulo.

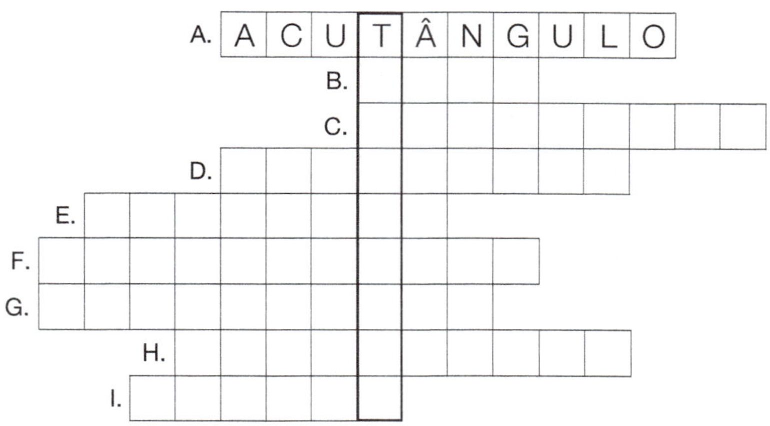

3 Na figura, são ângulos externos:

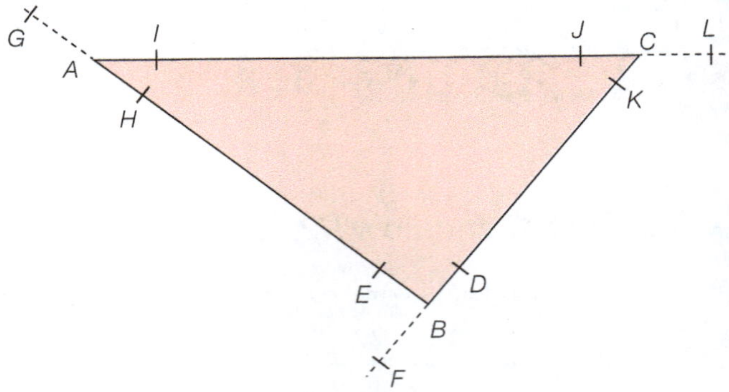

a) $H\hat{A}I$, $K\hat{C}J$, $E\hat{B}F$

b) $G\hat{A}I$, $E\hat{B}F$, $K\hat{C}L$

c) $G\hat{A}I$, $K\hat{C}J$, $E\hat{B}F$

d) $H\hat{A}I$, $K\hat{C}L$, $D\hat{B}E$

e) $F\hat{B}E$, $H\hat{A}I$, $L\hat{C}K$

4 Classifique os triângulos em azul quanto aos lados e quanto aos ângulos.

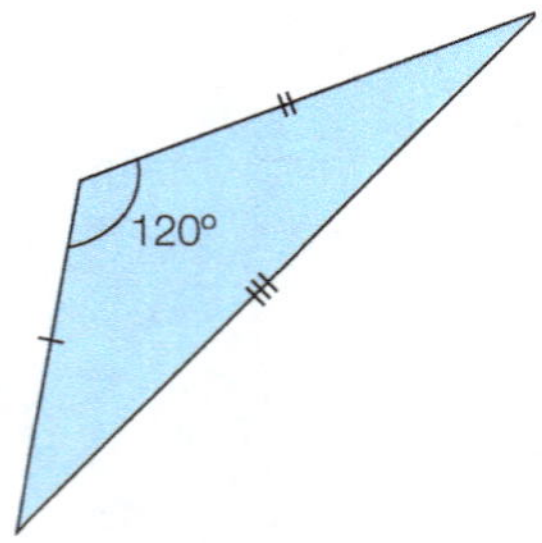

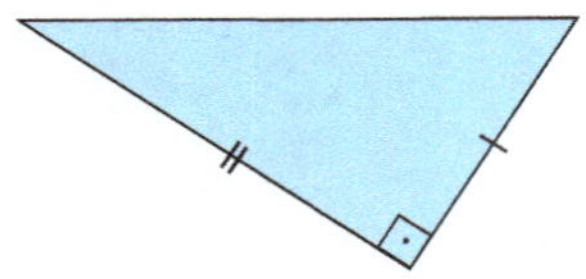

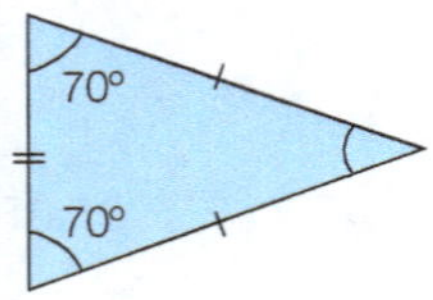

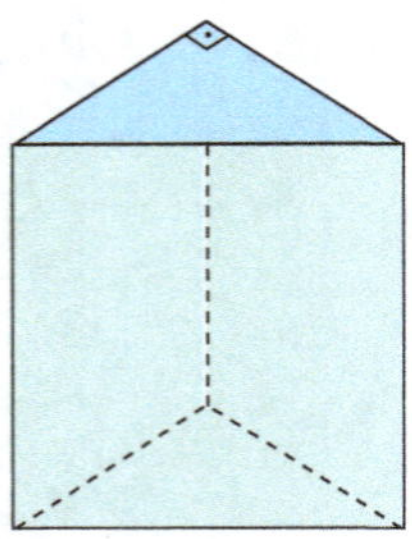

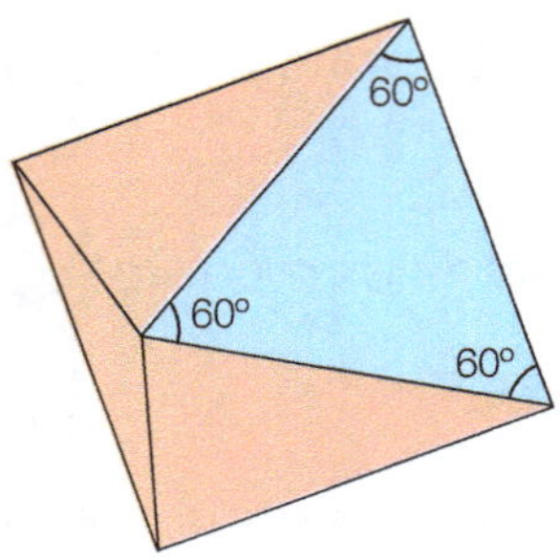

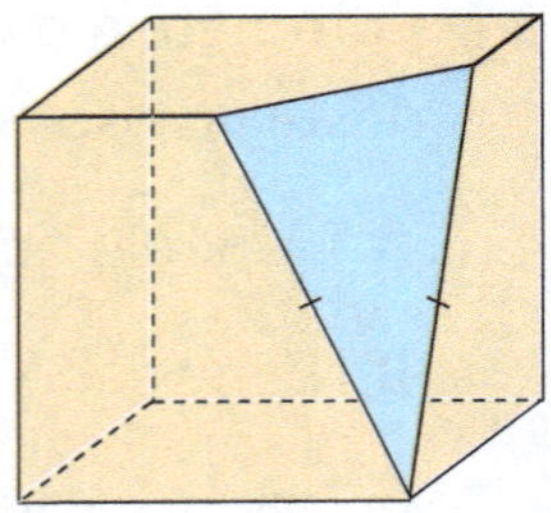

5 Classifique as afirmações em **V** (verdadeira) ou **F** (falsa).

( ) Todo triângulo isósceles é acutângulo.

( ) Um triângulo pode ser simultaneamente escaleno e equiângulo.

( ) Todo triângulo equilátero é equiângulo.

( ) Um triângulo pode ser retângulo e isósceles ao mesmo tempo.

( ) Todo ângulo externo de um triângulo é complemento do ângulo interno.

( ) Um triângulo equilátero é também isósceles.

( ) Todo triângulo escaleno é obtusângulo.

( ) Se um triângulo tem dois lados congruentes, os ângulos opostos a esses lados são congruentes.

6 Faça uma relação de todos os triângulos que aparecem neste desenho e classifique-os quanto aos lados e quanto aos ângulos.

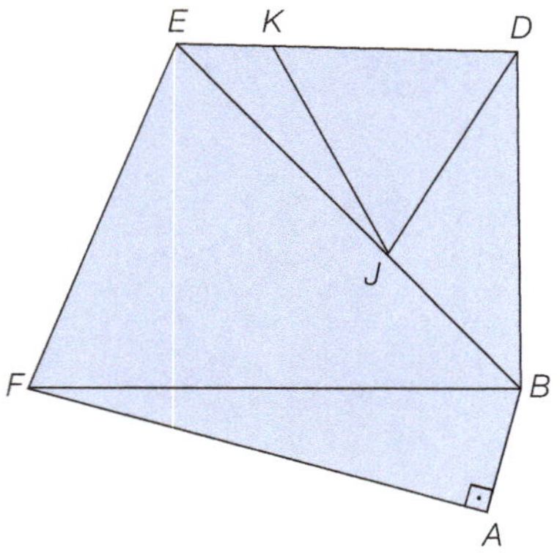

Construindo imagens

Construção de um triângulo *ABC* conhecendo-se as medidas de seus três lados

• **Dados:** $a = 35$ mm; $b = 30$ mm; $c = 25$ mm • **Construir:** $\triangle ABC$

Passos da construção:

1º) Escolha um dos lados para começar ($\overline{BC}$, de medida *a*, por exemplo).

2º) Trace um arco de centro em *B*, com raio $c = 25$ mm.

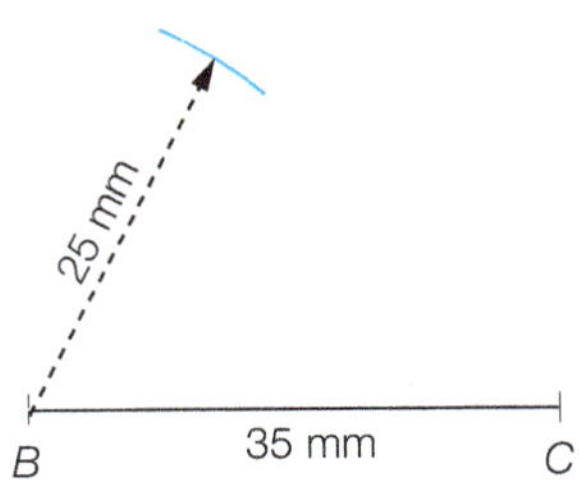

3º) Com raio $b = 30$ mm, trace um arco de centro em *C*, determinando o ponto *A* na interseção dos dois arcos.

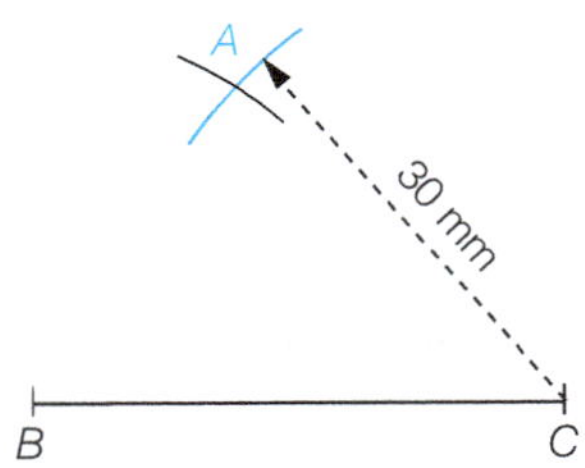

4º) Trace $\overline{AB}$ e $\overline{AC}$.

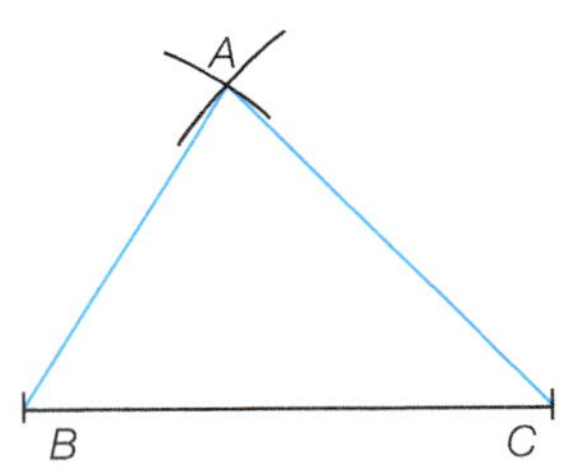

Para você construir:

Você em ação

1. Construa um triângulo *EFG* com as seguintes medidas:

$e = 5$ cm

$f = 5$ cm

$g = 4$ cm

2. Construa um triângulo *JLM* cujos lados meçam $j = 8$ cm, $m = 6$ cm e $l = 10$ cm.

3. Construa um triângulo equilátero *PQR* cujos lados meçam 40 mm.

Compreendendo ideias

Existência de um triângulo

Não é com quaisquer medidas que se pode construir triângulos.

◆ Faça uma experiência, construindo triângulos *ABC* com as seguintes medidas:

- $a = 6$ cm $b = 2$ cm $c = 3$ cm
- $a = 4$ cm $b = 2{,}5$ cm $c = 1{,}5$ cm
- $a = 35$ mm $b = 25$ mm $c = 15$ mm

Agora, responda:

Foi possível construir o primeiro triângulo? ....

Foi possível construir o segundo triângulo? ....

Foi possível construir o terceiro triângulo? ....

Observe que no 1º caso $a \geqslant b + c$; no 2º caso, $a = b + c$; e, no 3º caso, $a < b + c$.

1ª) A condição para a existência de um triângulo é que a medida de um dos lados seja .... que a .... das medidas dos outros dois lados.

Agora, veja um fluxograma que descreve o processo de construção de um triângulo qualquer.

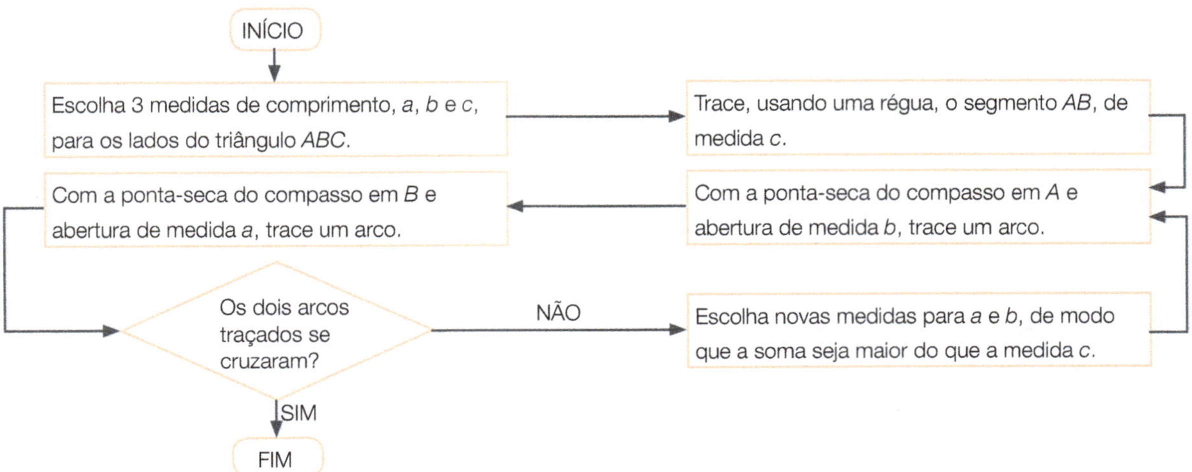

Relações entre lados e ângulos de um triângulo

◆ Meça os lados e os ângulos internos dos triângulos abaixo.

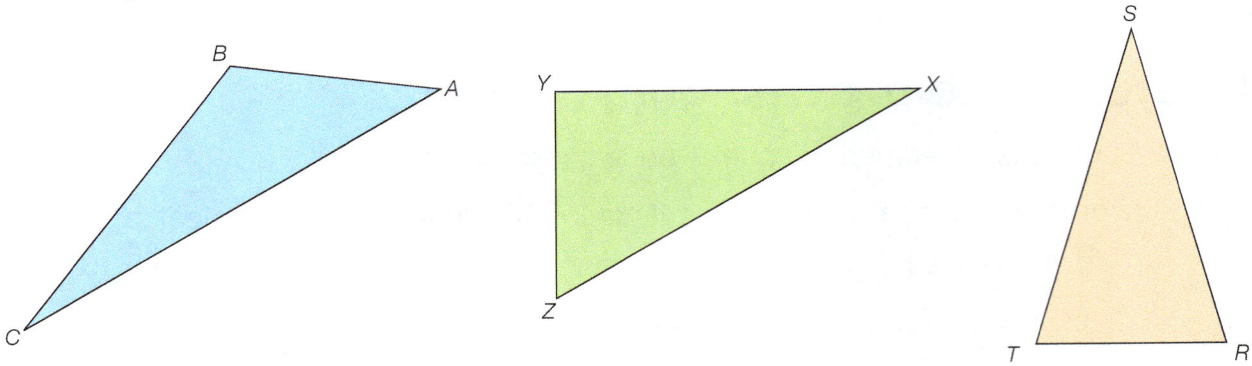

Agora, analise essas medidas e complete o quadro abaixo.

	maior ângulo	**maior lado**	**menor ângulo**	**menor lado**
$\triangle ABC$				
$\triangle XYZ$				
$\triangle RST$				

Essa observação o leva à descoberta de uma propriedade dos triângulos.

2ª) Em todo triângulo, o .... ângulo é oposto ao maior lado. (Pode-se dizer também que o .... ângulo é oposto ao menor lado.)

Soma das medidas dos ângulos internos de um triângulo

◆ Faça a seguinte experiência:

1º) Copie este triângulo em uma folha de papel e recorte-o.

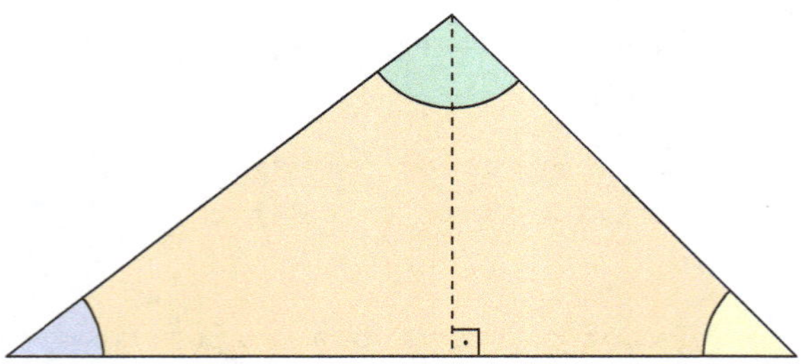

2º) Dobre o triângulo de modo que todos os vértices coincidam com o ponto *A*.

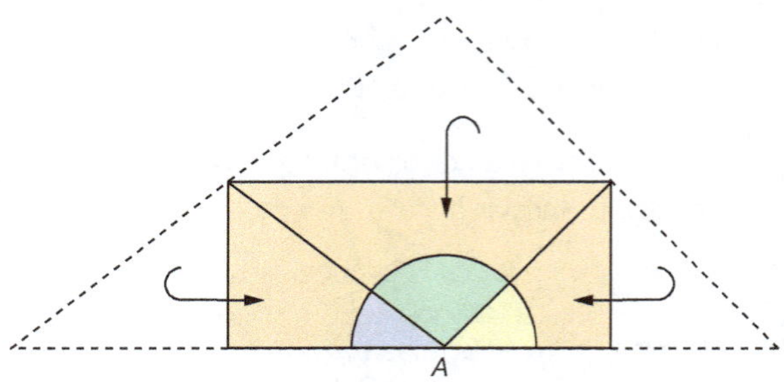

O que você observou quanto à soma das medidas dos ângulos internos?

....

Tales de Mileto foi um matemático que viveu na Grécia entre 624 a.C. e 548 a.C.

Ele era um filósofo e fez observações sobre diversos assuntos, como Astronomia e Meteorologia.

Sua contribuição para a Matemática foi de grande importância. Ele demonstrou, entre outras coisas, que a soma das medidas dos ângulos internos de um triângulo é igual a 180°. Tal descoberta ficou conhecida como **lei angular de Tales**.

◆ Descubra como foi a demonstração de Tales completando o texto abaixo de acordo com a figura acima.

A reta *r* é .... ao lado $\overline{BC}$ do triângulo. Ela determina, com os outros dois lados, os ângulos de medidas φ e Ω. Note que: $\varphi + \alpha + \Omega = 180°$

Medindo os ângulos, notamos que γ .... Ω e que β .... φ. (Esses ângulos são chamados de alternos-internos.)

Assim, substituindo φ por β e Ω por γ, temos:

$$\alpha + \beta + \gamma = \text{..........................}$$

3ª) A soma das medidas dos ângulos internos de um triângulo é igual a ....

Com base nessa propriedade, podemos calcular a medida de um ângulo conhecendo as medidas dos outros dois ângulos internos do triângulo.

Veja, por exemplo, o cálculo da medida α de $\widehat{M}$ no triângulo *MNO*.

$\alpha + 90° + 55° = 180°$

$\alpha + 145° = 180°$

$\alpha = 180° - 145°$

$\alpha = 35°$

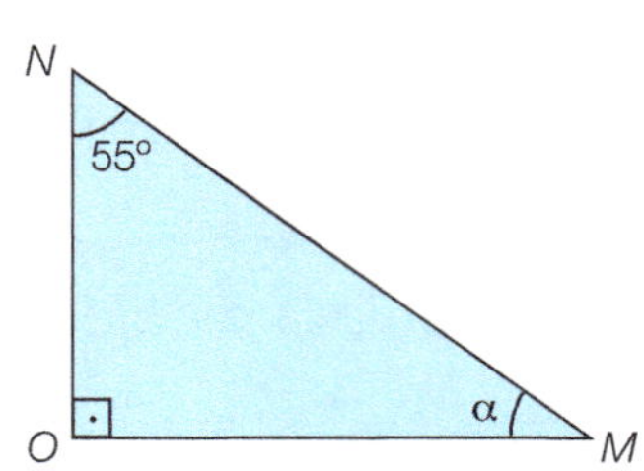

Medida dos ângulos externos de um triângulo

- Faça a seguinte experiência:

1º) Copie o triângulo abaixo em uma folha de papel sulfite e recorte-o.

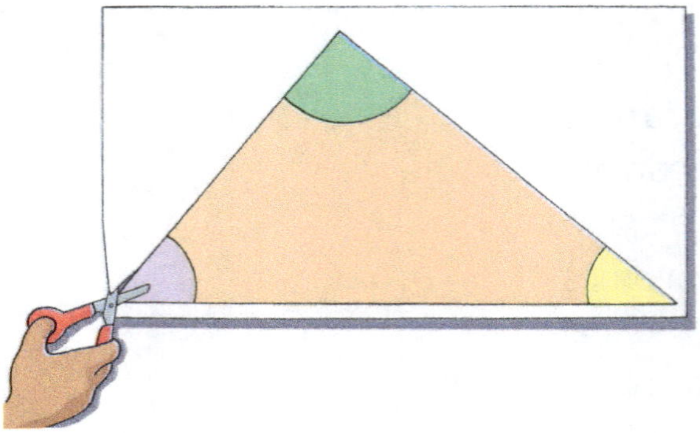

2º) Corte o triângulo em três partes, preservando os ângulos internos.

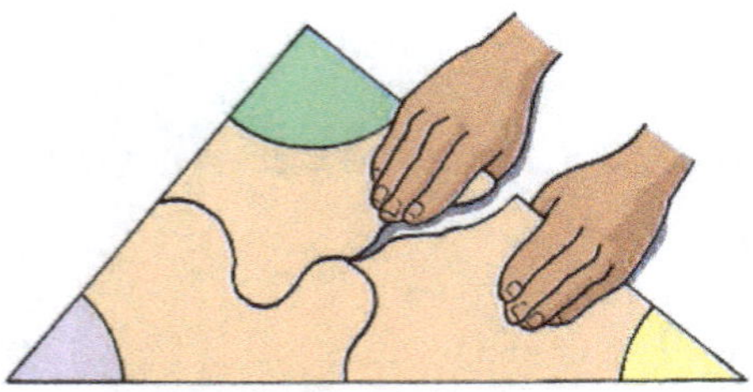

3º) O triângulo ficará como a ilustração abaixo.

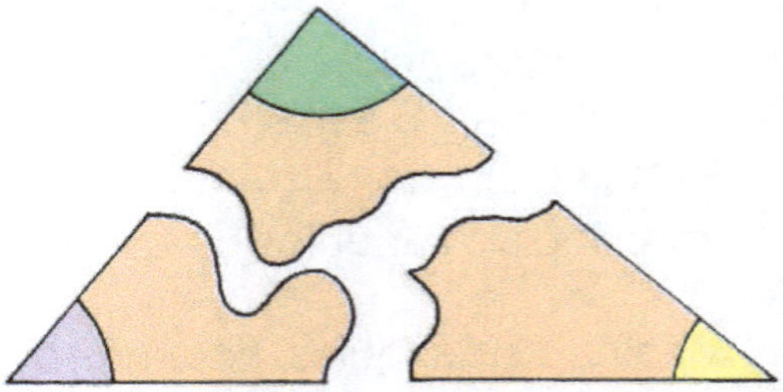

4º) Coloque um ângulo interno sobre a figura do primeiro passo e os outros dois sobre o ângulo externo adjacente. Repita a operação com os outros ângulos.

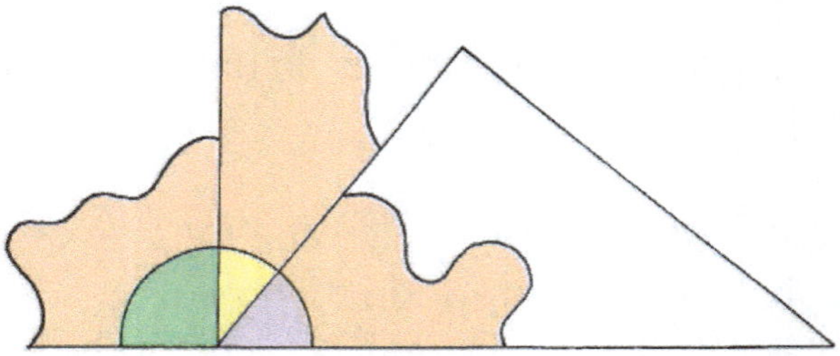

Você notou que dois ângulos internos "cabem" exatamente em cada ângulo externo? Com base nessa observação, complete:

4ª) Em qualquer triângulo, a medida de cada ângulo externo é igual à .... dos dois ângulos internos não adjacentes.

Congruência de triângulos

Já vimos que, quando dois segmentos de reta têm a mesma medida, eles são congruentes e que, quando dois ângulos têm a mesma medida, eles são congruentes. A ideia de congruência também pode ser aplicada a triângulos.

Considere os triângulos *ABC* e *ITR* abaixo.

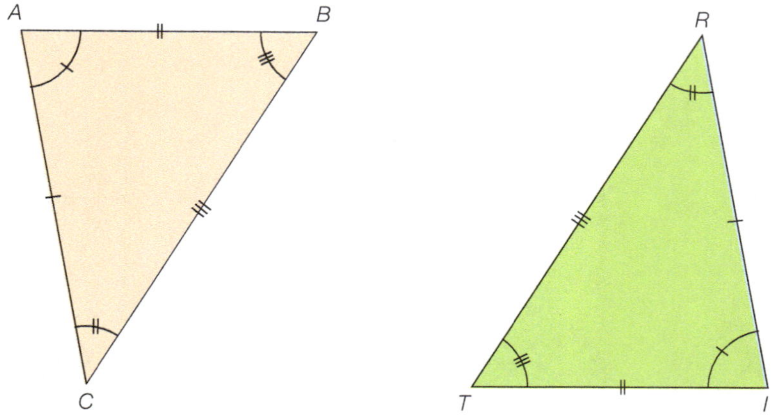

Note que:

- os ângulos $\hat{A}$, $\hat{B}$ e $\hat{C}$ são, respectivamente, congruentes aos ângulos $\hat{I}$, $\hat{T}$ e $\hat{R}$;
- os lados $\overline{AB}$, $\overline{AC}$ e $\overline{BC}$ são, respectivamente, congruentes aos lados $\overline{IT}$, $\overline{IR}$ e $\overline{TR}$.

Então, podemos dizer que os triângulos *ABC* e *ITR* são congruentes.

> Dois triângulos são congruentes quando têm lados correspondentes congruentes e ângulos correspondentes congruentes.

Você em ação

1 **Se as medidas dos lados de um triângulo são *x*, *y* e *z*, qual item é verdadeiro?**

a) $z > x + y$ **b)** $z = x + y$ **c)** $z \leq x + y$ **d)** $z < x + y$

2 **Se um triângulo possui dois lados não congruentes, então o:**

a) maior lado é oposto ao menor ângulo.

b) menor lado é oposto ao maior ângulo.

c) maior lado é oposto ao maior ângulo.

d) maior lado é oposto ao menor lado.

3 **Se os ângulos internos de um triângulo medem 40°, 22°30' e 117°30', podemos afirmar que seus ângulos externos medem, respectivamente:**

a) 140°, 157°30', 57°30'

b) 140°, 57°30', 157°30'

c) 140°, 62°30', 157°

d) 140°, 157°30', 62°30'

4 Em cada triângulo, dê as medidas dos ângulos.

a)

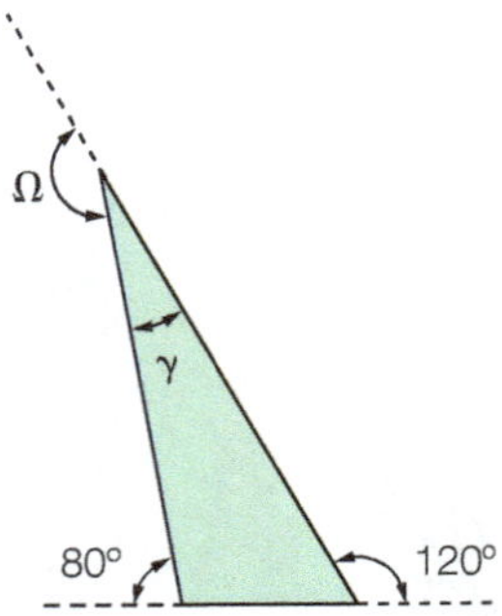

Ω = ...

γ = ...

c)

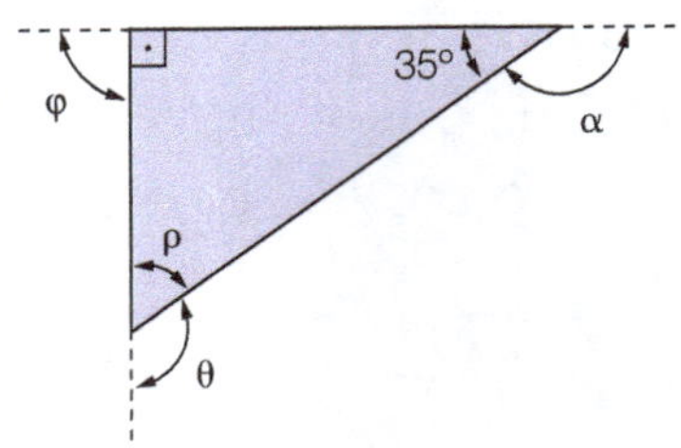

φ = ...

ρ = ...

α = ...

θ = ...

b)

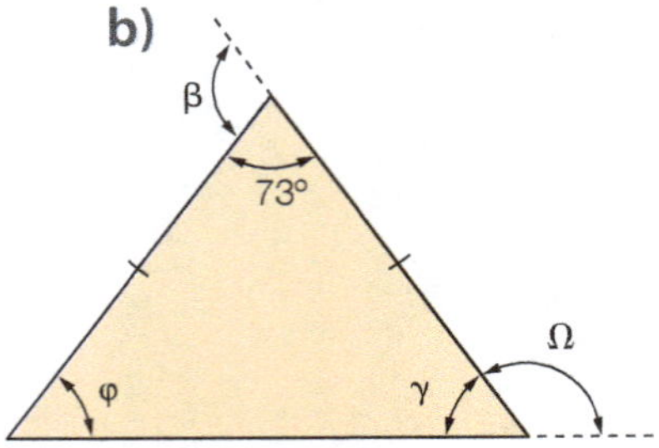

β = ...

φ = ...

γ = ...

Ω = ...

d)

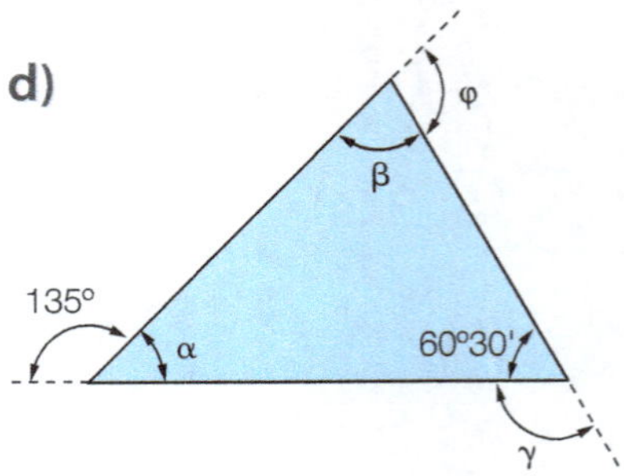

α = ...

β = ...

γ = ...

φ = ...

5 Em um triângulo isósceles *RST*, temos $m(\hat{R}) = 62°$ e $m(\hat{S}) = 56°$. Quais são os lados congruentes desse triângulo?

a) $\overline{RS}$ e $\overline{RT}$ **b)** $\overline{RS}$ e $\overline{ST}$ **c)** $\overline{SR}$ e $\overline{TR}$ **d)** $\overline{RT}$ e $\overline{ST}$

6 Em um triângulo isósceles, o ângulo oposto à base mede 60°. Qual é a classificação desse triângulo quanto aos ângulos? (Há mais de uma alternativa correta.)

a) retângulo **b)** acutângulo **c)** obtusângulo **d)** equiângulo

7 Podemos construir um triângulo com as seguintes medidas:

a) 9 cm, 8 cm, 4 cm

b) 3 cm; 4,5 cm; 7,5 cm

c) 5 cm, 8 cm, 13 cm

d) 6,5 cm; 2,5 cm; 10 cm

8 As figuras 1 e 2 ilustram uma importante propriedade dos triângulos. Qual?

....

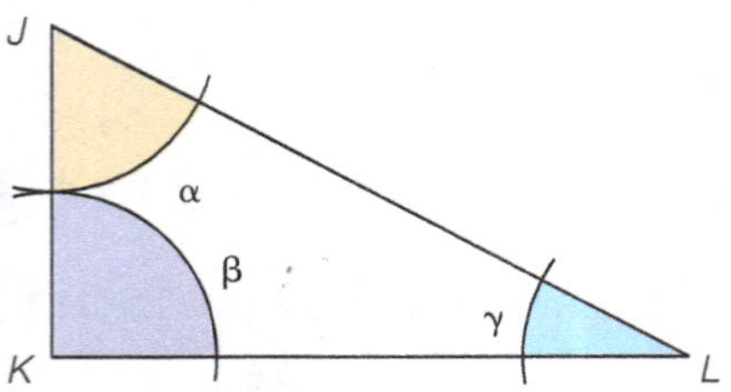

Figura 1.

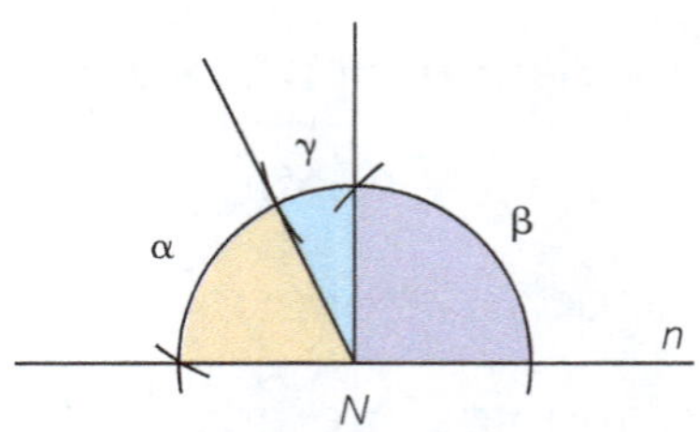

Figura 2.

9 Em um triângulo retângulo, as medidas dos lados são 6 cm, 8 cm e 10 cm. Quanto mede a hipotenusa? Por quê? ....

....

Olhando ao redor

1 Quantos triângulos existem em cada figura?

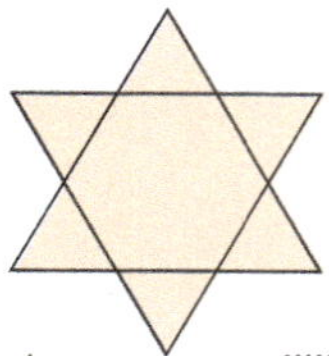

....

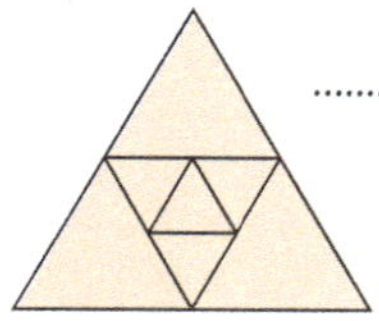

....

....

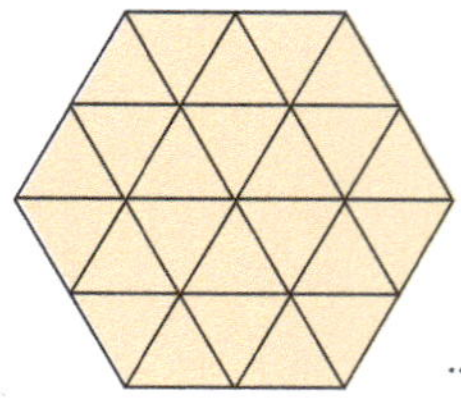

....

2 Interessada em observar mais de perto os animais silvestres, uma escoteira avaliou a possibilidade de atravessar o rio. Analise a figura e complete o texto que explica como ela descobriu a medida da largura do rio.

A escoteira saiu do ponto *E* e andou pela reta ...., que forma com $\overline{AE}$ um ângulo de ....

Quando conseguiu ver $\overline{AE}$ em ângulo $E\hat{P}A$ de medida ...., marcou o ponto *P*, onde estava, e mediu a distância ...., que sabia ser igual à largura do rio (*AE*). Por quê? ....

....

3. Vamos construir um painel artístico com triângulos. Utilize o espaço abaixo para produzir seu painel.
Você pode escolher as cores de cada triângulo ou fazer os contornos de uma só cor, e depois preencher cada um como desejar.

Ao final, façam uma exposição com a sua criação e a de seus colegas.

4 O tripé é uma estrutura sempre estável. Os três pés ficam apoiados firmemente no chão, ainda que as pernas não tenham o mesmo comprimento.

Voyagerix/Shutterstock

Acervo do autor/Arquivo da editora

Construa um objeto que se apoie em um tripé. Utilize palitos de churrasco, canudinhos, linha ou barbante fino. Para amarrar as três pernas, faça como mostra a figura.

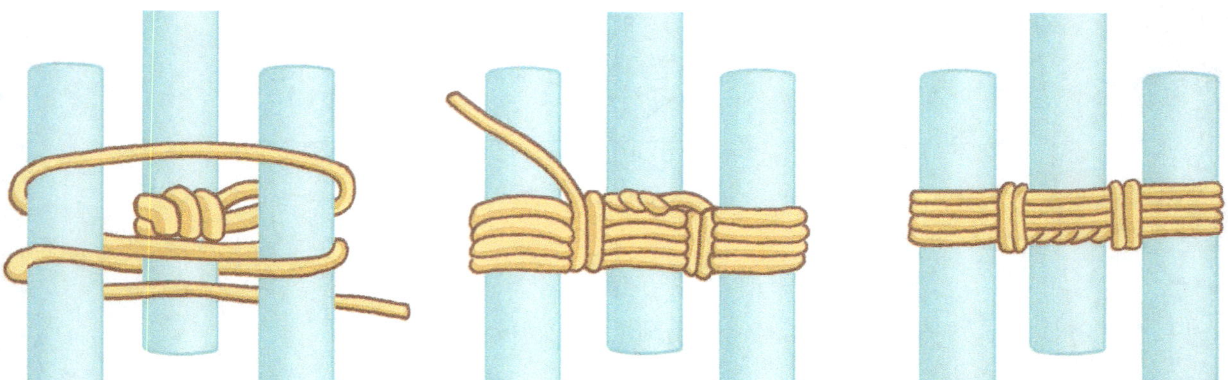

① ② ③

Qual figura geométrica plana podemos obter ao associar seus vértices às marcações dos pés do tripé no solo? ....

Agora, converse com seus colegas sobre o motivo de o tripé ser uma estrutura estável.

....

5 *Achi* **é o nome de um jogo de duplas muito popular entre as crianças de Gana, um país da África.**

Para jogá-lo, você vai precisar de:

- um tabuleiro como o da figura abaixo;
- oito pinos, sendo quatro de cada tipo ou cor (sugestão: feijão e milho).

Dinâmica:

- Os jogadores distribuem, alternadamente, seus pinos nos vértices dos triângulos. Um deles ficará vazio.
- Na sua vez, cada jogador leva um pino para o vértice vazio. Os movimentos são feitos pelos lados dos triângulos; não vale saltar outros pinos.
- O objetivo é alinhar três pinos. Vence quem conseguir primeiro.

6 O **caleidoscópio** foi inventado por Sir David Brewster, na Inglaterra.

O seu nome veio do grego *kalós* ("belo"), *eidos* ("imagem") e *scopéo* ("ver"). Então, caleidoscópio quer dizer "ver belas imagens".

Vamos construir um caleidoscópio?

Você precisará de: três réguas transparentes de 30 cm, papel-alumínio, filme plástico transparente, cartolina, papel colorido, pecinhas coloridas (miçangas, vidrilhos, canudinhos cortados, etc.), fita adesiva, cola e tesoura.

Veja como se faz:

1º) Una as três réguas com fita adesiva, formando um prisma triangular.

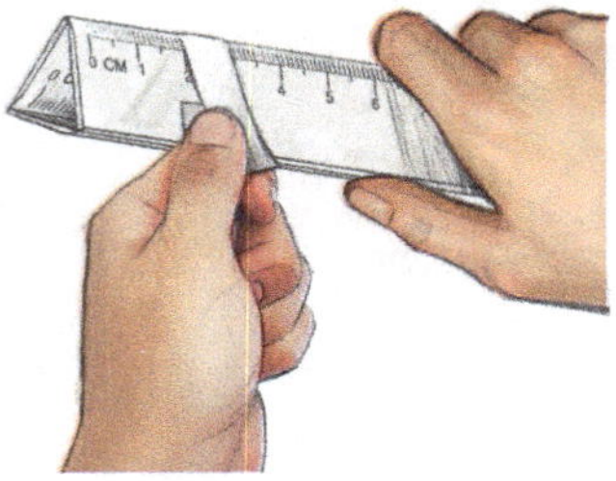

2º) Passe filme plástico em uma das extremidades, fechando o fundo. Prenda-o com fita adesiva.

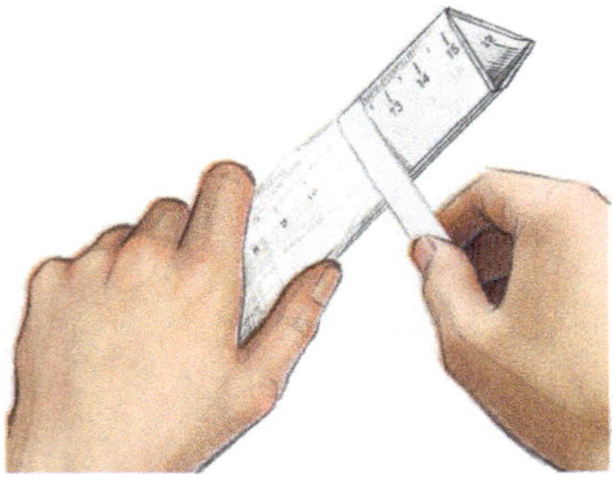

3º) Prenda uma tira de cartolina no fundo, deixando uma borda de 1 cm para fora.

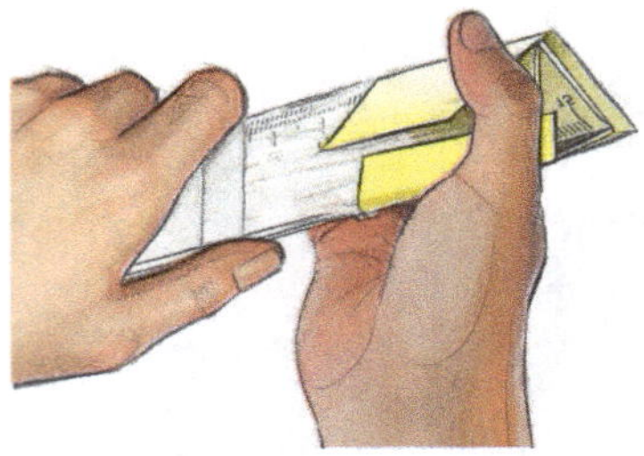

4º) Coloque as pecinhas coloridas dentro do prisma e feche-o com filme plástico. Firme-o com fita adesiva.

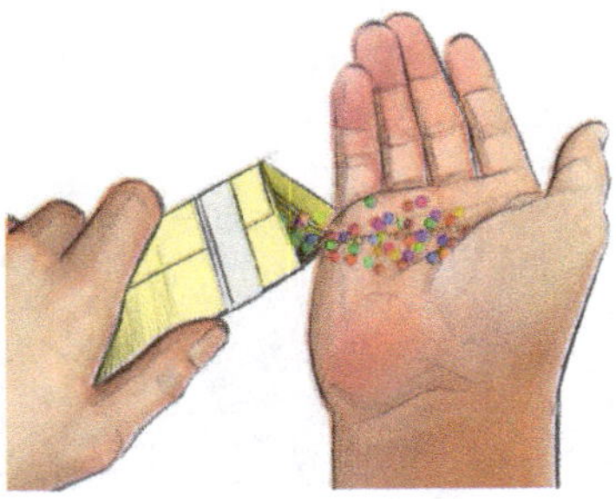

5º) Na outra extremidade, encaixe um triângulo de cartolina com um furinho (visor) no centro.

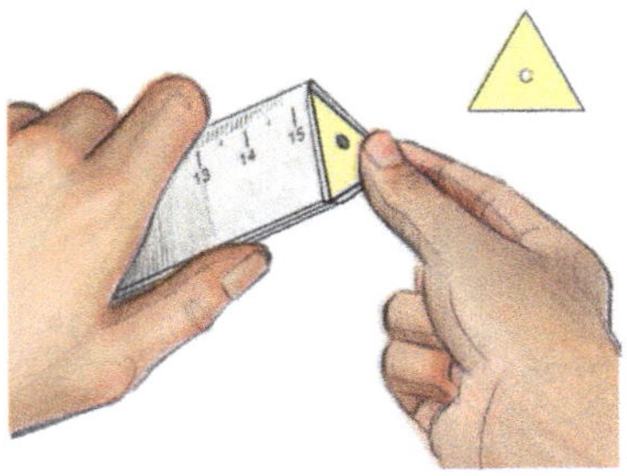

6º) Encape o seu caleidoscópio com papel-alumínio.

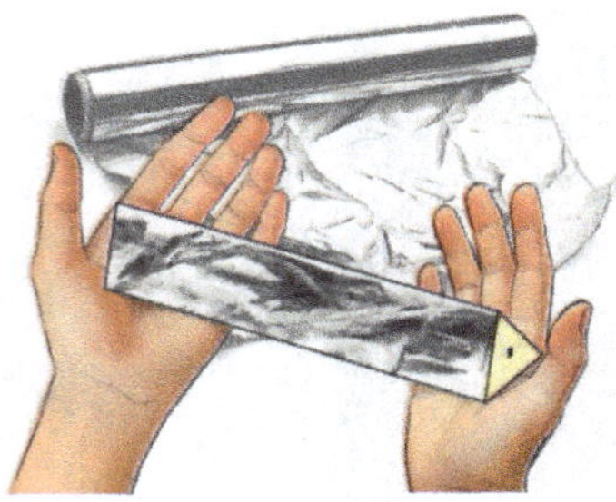

7º) Depois, encape-o com o papel colorido e decore.

Ainhoa Garnil/Shutterstock

Agora é só dirigir o fundo do caleidoscópio para uma área iluminada e girá-lo lentamente. Você verá lindos desenhos multicoloridos.

Atenção: Nunca aponte o caleidoscópio ou qualquer instrumento óptico para o Sol nem olhe diretamente para ele.

CAPÍTULO 7

Quadriláteros

A tela *Black and violet* que vemos nesta página é uma obra abstrata criada pelo artista Wassily Kandinsky, em 1923, que emprega figuras geométricas e cores fortes.

Essa obra é composta de alguns traçados que lembram quadriláteros. Quais quadriláteros você identifica na imagem?

Compreendendo ideias

Os quadriláteros

Quadrilátero é um polígono de quatro lados. Ele possui os seguintes elementos:

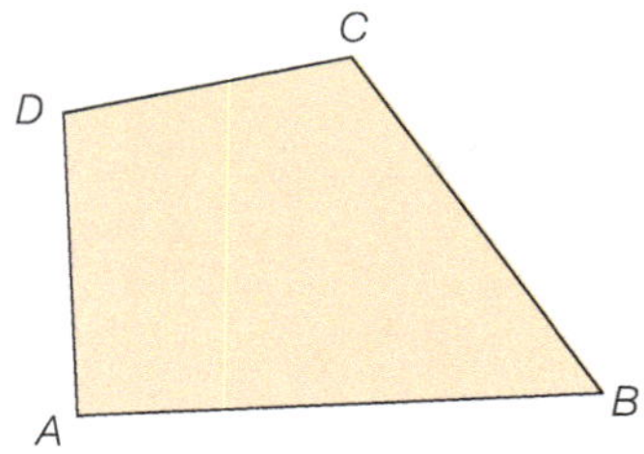

4 vértices (*A*, *B*, *C*, *D*)

4 lados ($\overline{AB}$, $\overline{BC}$, $\overline{CD}$, $\overline{DA}$)

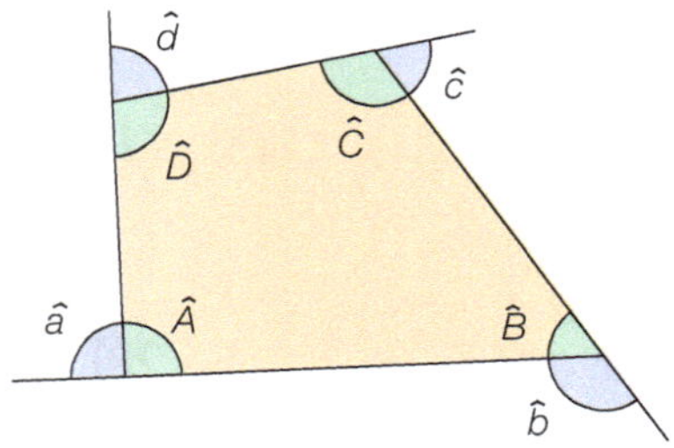

4 ângulos internos ($\hat{A}$, $\hat{B}$, $\hat{C}$, $\hat{D}$)

4 ângulos externos ($\hat{a}$, $\hat{b}$, $\hat{c}$, $\hat{d}$)

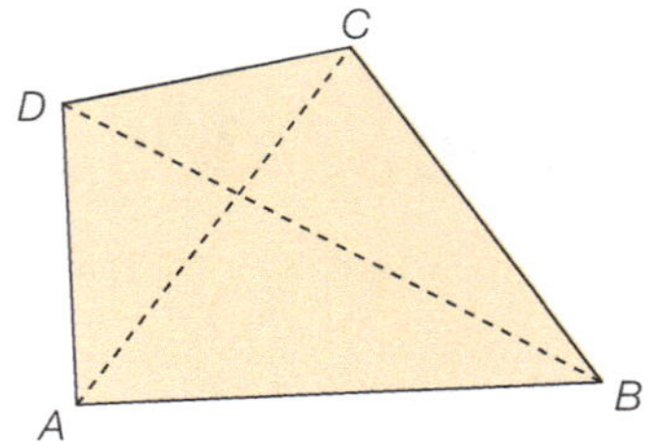

2 diagonais ($\overline{AC}$ e $\overline{BD}$)

Nos quadriláteros, os lados e os ângulos são consecutivos ou opostos.
Veja alguns exemplos:

	Consecutivos	**Opostos**
Lados	$\overline{AB}$ e $\overline{BC}$	$\overline{AD}$ e $\overline{CB}$
Ângulos	$\hat{A}$ e $\hat{D}$	$\hat{D}$ e $\hat{B}$

Os quadriláteros diferem entre si pela posição relativa de seus lados.
Os quadriláteros que têm dois lados paralelos são chamados **trapézios**. Existem três tipos:

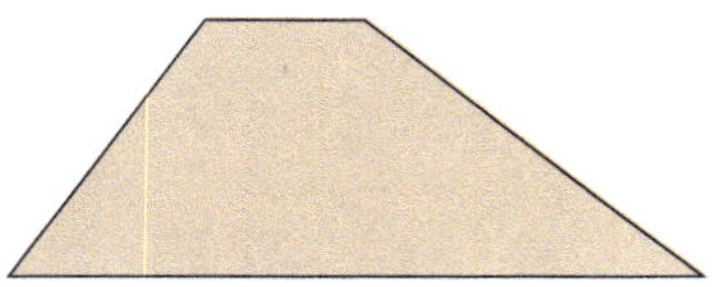

Trapézio escaleno

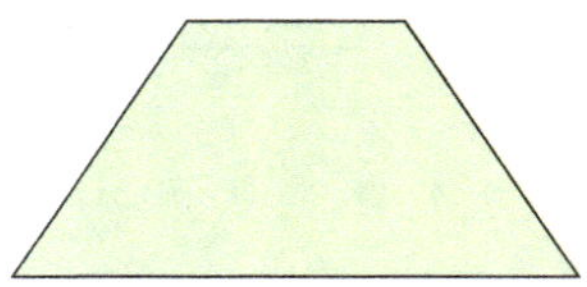

Trapézio isósceles

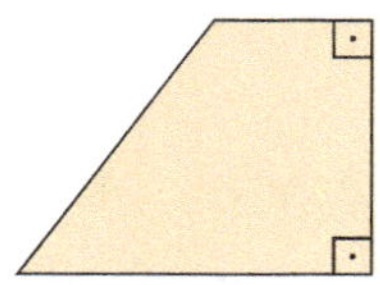

Trapézio retângulo

Os quadriláteros que têm os lados opostos paralelos são chamados de **paralelogramos**.

O retângulo, o losango e o quadrado são paralelogramos com características específicas que veremos adiante.

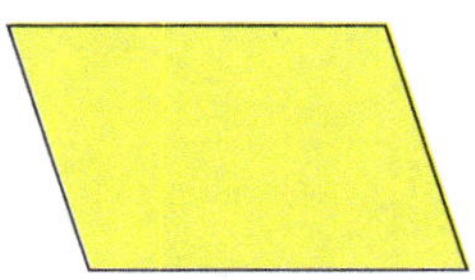

Paralelogramo

Retângulo

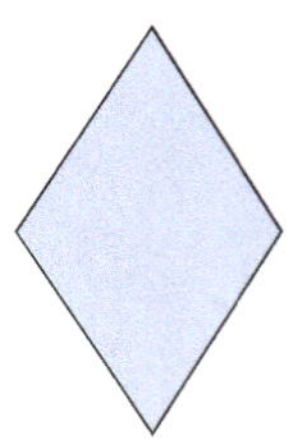

Losango

Quadrado

Os quadriláteros que não têm lados paralelos são chamados de **genéricos**. São também conhecidos como **trapezoides**. Exemplos:

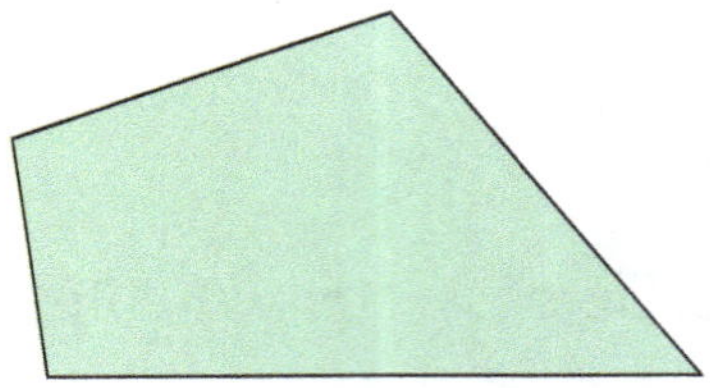

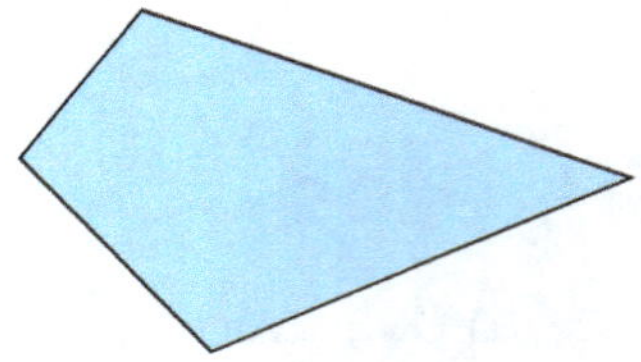

Medidas dos ângulos de um quadrilátero

◆ Faça um experimento.

1º) Reproduza o quadrilátero ao lado em uma folha avulsa, pinte os quatro ângulos internos e depois recorte-os.

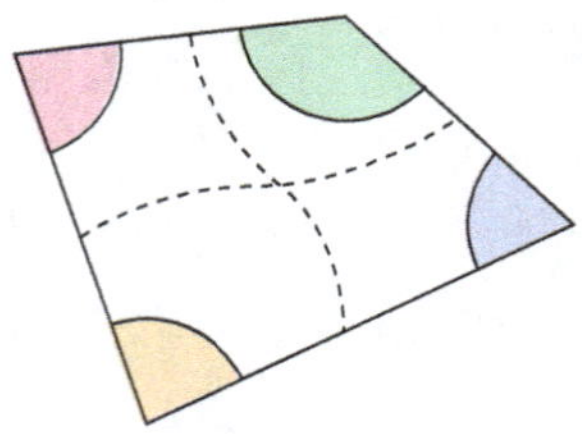

2º) Justaponha os quatro ângulos unindo seus vértices. Note que eles formam uma volta inteira.

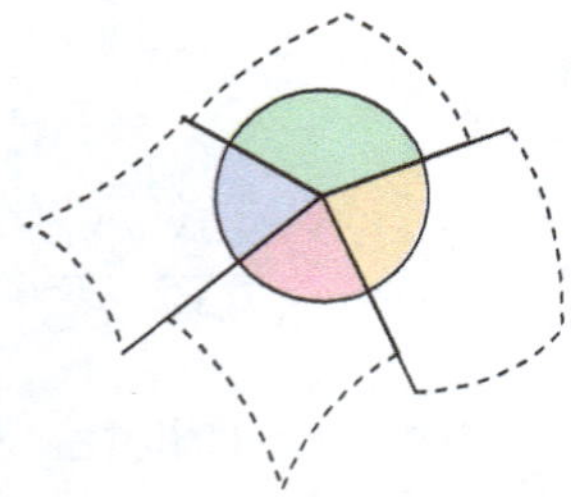

Observe na figura ao lado que a diagonal $\overline{AC}$ divide o quadrilátero *ABCD* em dois triângulos. Divide também a medida α do ângulo $\hat{A}$ em α_1 e α_2 e a medida γ do ângulo $\hat{C}$ em γ_1 e γ_2.

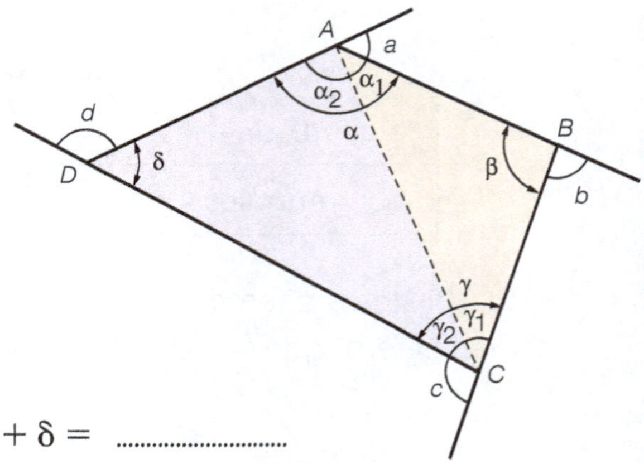

No $\triangle ABC$: $\alpha_1 + \gamma_1 + \beta =$ ....

No $\triangle ACD$: $\alpha_2 + \gamma_2 + \delta =$ ....

No quadrilátero *ABCD*: $\underbrace{\alpha_1 + \alpha_2}_{\alpha} + \underbrace{\gamma_1 + \gamma_2}_{\gamma} + \beta + \delta =$ ....

Assim, concluímos que $\alpha + \gamma + \beta + \delta = 360°$.

Podemos afirmar que:

> A soma das medidas dos ângulos internos de um quadrilátero é igual a ....

◆ Agora, faça outro experimento.

1º) Reproduza o quadrilátero ao lado em uma folha avulsa, pinte os quatro ângulos externos e depois recorte-os.

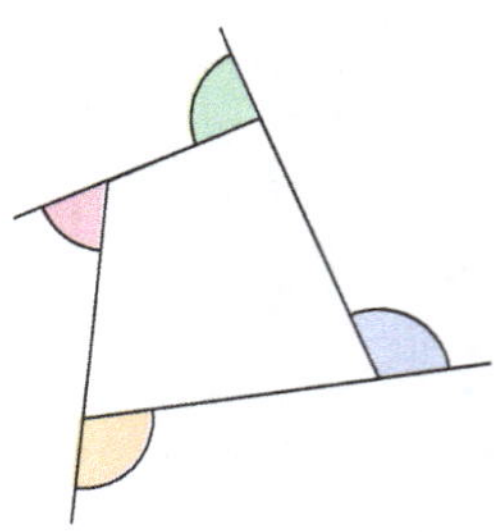

2º) Junte-os lado a lado no mesmo vértice. Veja que formam uma volta inteira.

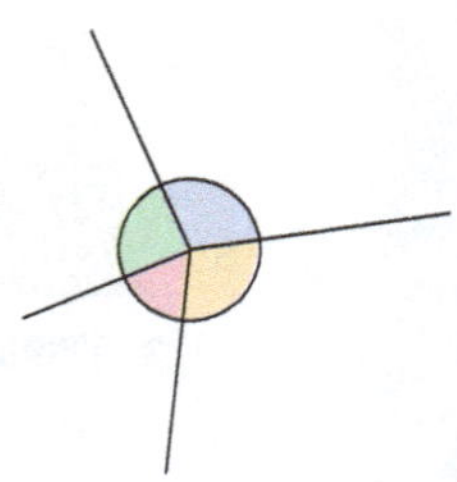

Considerando que dois ângulos adjacentes (um interno e um externo) são suplementares, podemos dizer que a soma das medidas de todos os ângulos do quadrilátero é ....

Subtraindo a soma das medidas dos ângulos internos, temos:

.... − .... = ...

Podemos concluir que:

A soma das medidas dos ângulos externos de um quadrilátero é igual a ....

Você em ação

1 **Complete o quadro de classificação dos quadriláteros.**

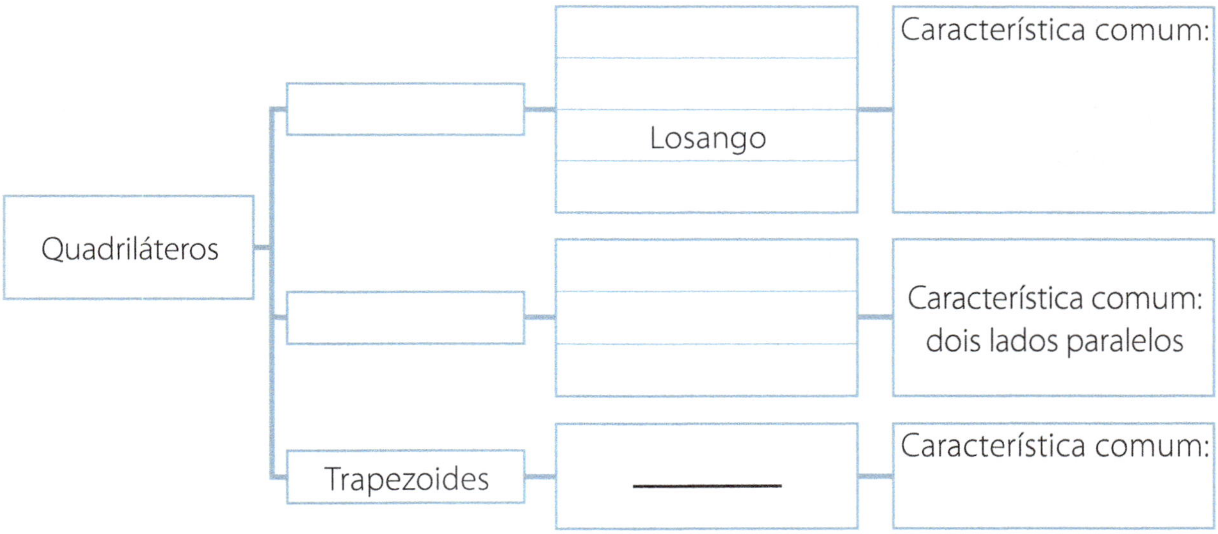

2 **Coloque V ou F, conforme as afirmações sejam verdadeiras ou falsas.**

( ) Todo e qualquer quadrilátero tem 4 lados, 4 vértices e 4 ângulos internos.

( ) A soma das medidas dos ângulos externos de um quadrilátero é sempre 720°.

( ) Diagonal é o segmento de extremidades em dois vértices quaisquer de um quadrilátero.

( ) Em um quadrilátero, dois lados não opostos são consecutivos.

( ) Toda diagonal divide o quadrilátero em dois triângulos congruentes.

( ) Em qualquer quadrilátero, 360° é a soma das medidas dos ângulos internos.

3 **Esta figura representa um quadrilátero *XYWZ*. Com base na figura,**

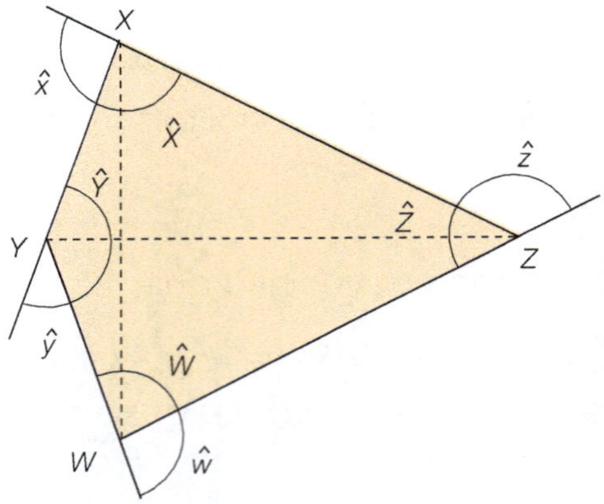

a) indique:

- diagonais: ....
- ângulos internos: ....
- lados: ....
- ângulos externos: ....
- vértices: ....

b) complete:

- Se $\overline{ZW}$ é oposto ao lado ...., os outros dois lados opostos entre si são .... e ....
- Existem dois pares de ângulos opostos: .... e ....; .... e ....
- Os pares de lados consecutivos da figura são: ....

4 **Destaque com lápis de cor os pares de lados paralelos das figuras dadas e classifique-as em trapézios (*T*) ou paralelogramos (*P*).**

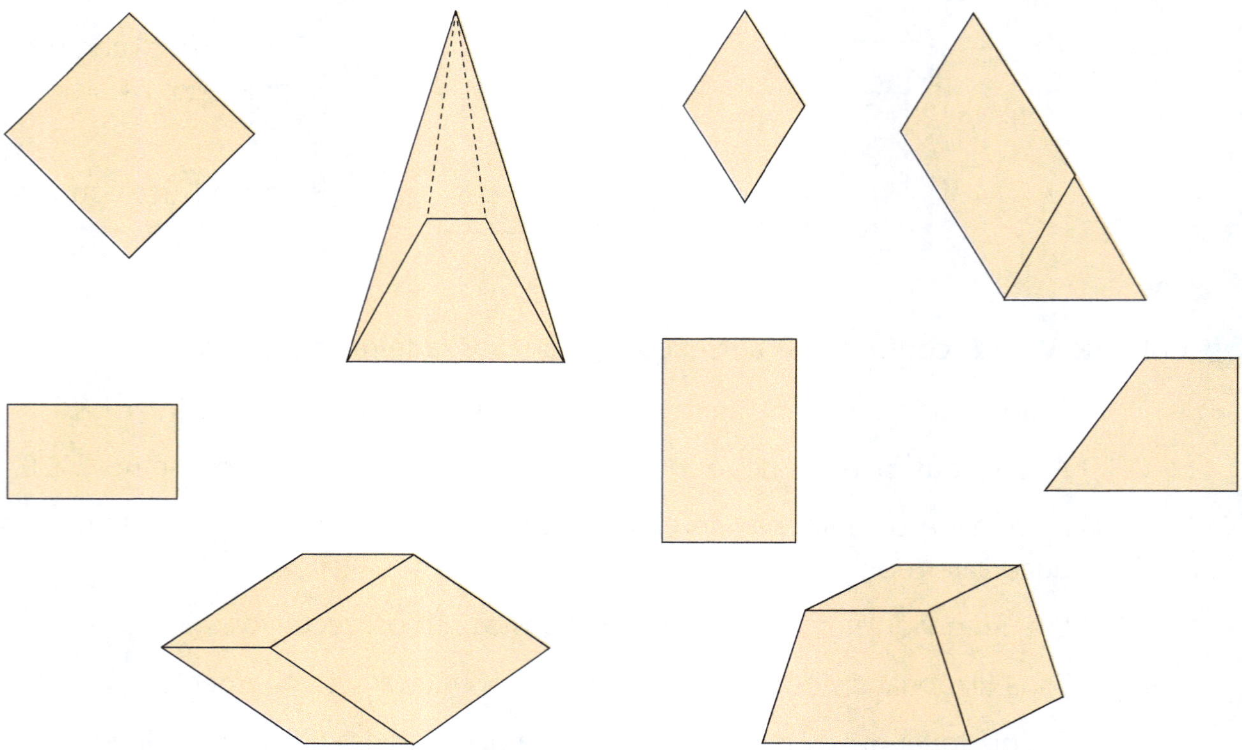

Compreendendo ideias

Trapézio

Trapézio é todo quadrilátero que tem um par de lados opostos paralelos chamados de **bases**.

Os outros lados, não paralelos, são chamados de **lados transversais** ou **oblíquos**.

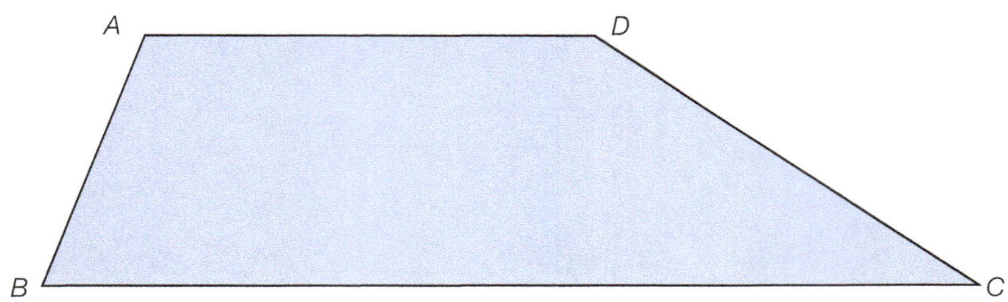

◆ No trapézio *ABCD*:

- a base menor é .... e a base maior é ....;
- os lados transversais são: .... e ....;
- os ângulos da base menor são: .... e ....;
- os ângulos da base maior são: .... e ....

Meça os ângulos adjacentes aos lados transversais:

- $m(\hat{A}) + m(\hat{B})$ = ... + ... = ...
- $m(\hat{C}) + m(\hat{D})$ = ... + ... = ...

Quanto à medida dos ângulos, podemos dizer que:

Os ângulos adjacentes a um mesmo lado transversal são ....

Os trapézios podem ser classificados em escaleno, retângulo e isósceles.

- **Trapézio escaleno:** os lados transversais não são congruentes.

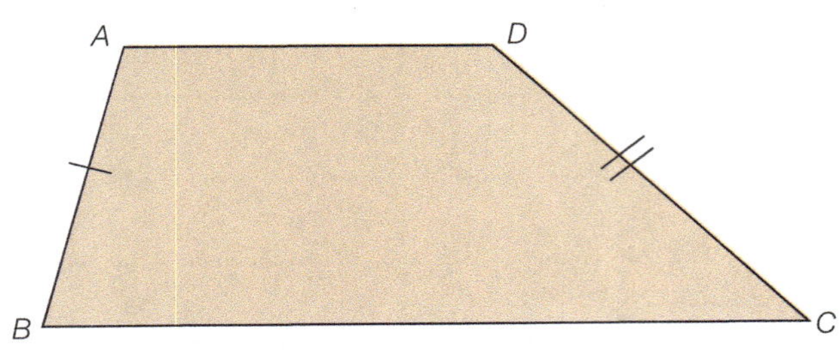

◆ $\overline{AB}$ .... $\overline{CD}$

- **Trapézio retângulo:** um dos lados transversais é perpendicular às bases.

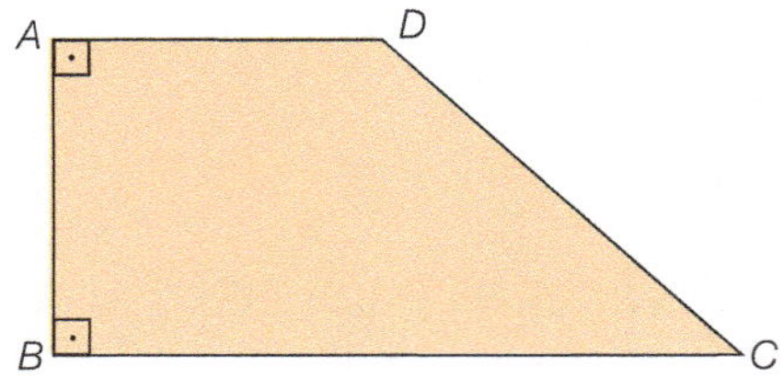

◆ $\overline{AB} \perp$ .... e $\overline{AB} \perp$ ....

$m(\hat{A}) = m($ .... $) =$ ....

- **Trapézio isósceles:** seus lados transversais são congruentes.

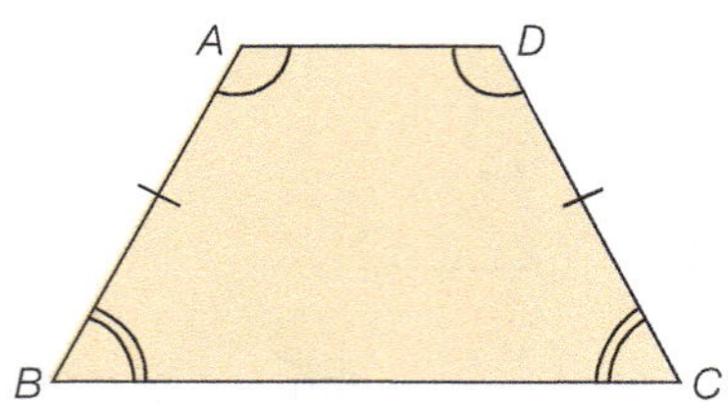

◆ $\overline{AB}$ .... $\overline{DC}$

$m(\hat{A})$ .... $m(\hat{D})$ e $m(\hat{B})$ .... $m(\hat{C})$

$m(\overline{DB})$ .... $m(\overline{AC}) \Rightarrow \overline{DB}$ .... $\overline{AC}$

Em um trapézio isósceles, os ângulos adjacentes a uma mesma base são .... entre si e as diagonais são .... entre si.

Você em ação

1 **O quadrilátero *PQRS* é um trapézio. Indique seus elementos.**

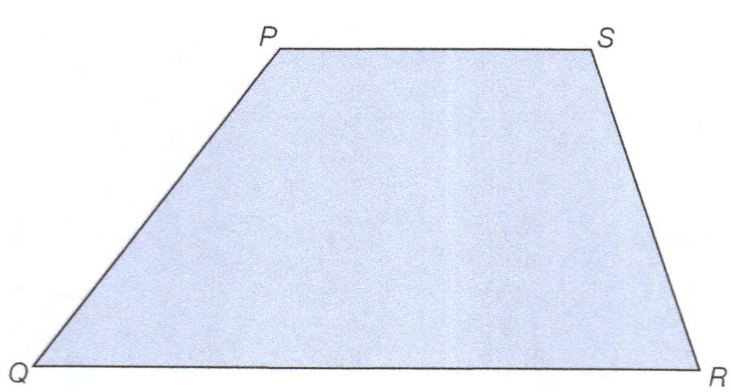

$\overline{QR}$: ....

$\overline{PS}$: ....

$\overline{PQ}$: ....

$\overline{SR}$: ....

$\overline{QS}$: ....

$\overline{PR}$: ....

$\hat{P}$ e $\hat{S}$: ....

$\hat{Q}$ e $\hat{R}$: ....

2 Classifique os trapézios e aponte as características que justificam a classificação.

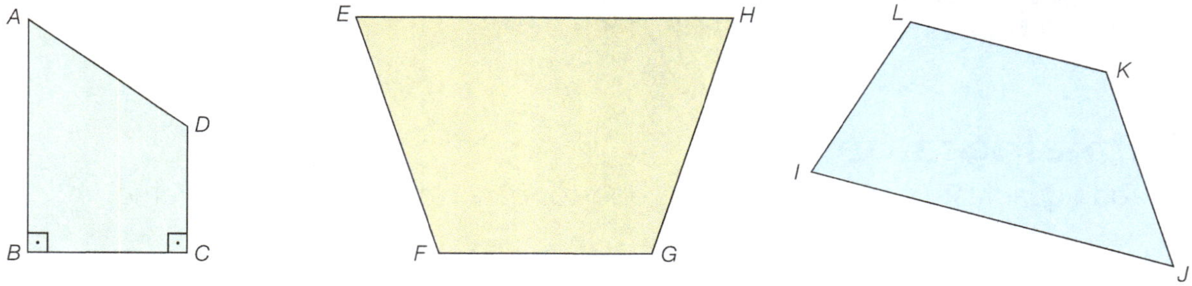

....

....

3 Assinale a alternativa **correta**.

a) As diagonais de um trapézio escaleno são congruentes.

b) As diagonais de um trapézio isósceles são congruentes.

c) As diagonais de um trapézio retângulo são perpendiculares.

d) As diagonais de um trapézio isósceles cortam-se no ponto médio.

4 Assinale a alternativa **incorreta**.

a) Qualquer diagonal divide um trapézio em dois triângulos.

b) Todo trapézio que possui os lados transversais não congruentes é escaleno.

c) Dois ângulos opostos de um trapézio isósceles são sempre suplementares.

d) Dois ângulos consecutivos de um trapézio são sempre congruentes.

5 O trapézio *EFGH* é isósceles. Sem fazer medições, indique:

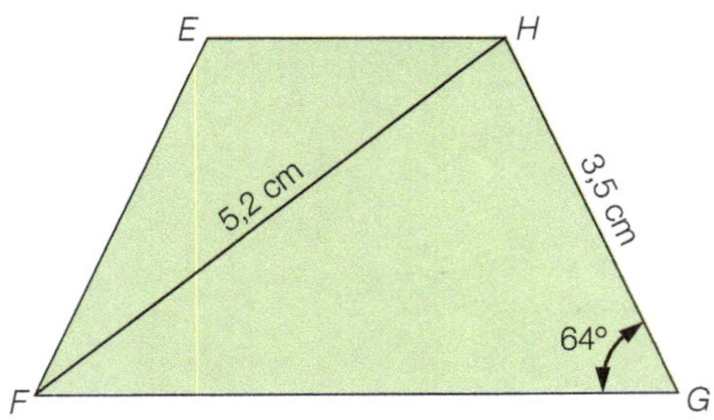

$m(\overline{EF}) =$ ....

$m(\overline{EG}) =$ ....

$m(\hat{F}) =$ ....

$m(\hat{E}) =$ ....

$m(\hat{H}) =$ ....

6 Dados os vértices *B*, *C* e *D* de um trapézio retângulo *ABCD*, complete a figura, sabendo que $\overline{BC}$ é uma de suas bases.

Compreendendo ideias

Paralelogramo

Todo quadrilátero que possui lados opostos paralelos é um paralelogramo.

◆ No paralelogramo *ABCD*:

$\overline{AB}$ // .... e $\overline{AD}$ // .... $\overline{AB} \cong$ .... e $\overline{AD} \cong$ ....

Os lados opostos do paralelogramo são paralelos e ....

$\hat{A} \cong$ .... e $\hat{B} \cong$ ....

Os ângulos .... do paralelogramo são congruentes.

$m(\hat{A}) + m(\hat{B}) =$ .... $m(\hat{C}) + m(\hat{D}) =$ ....

Os ângulos consecutivos do paralelogramo são ....

Na figura acima, trace as diagonais do paralelogramo *ABCD* e determine seu ponto *O* de interseção. Pelas medidas verificadas nas diagonais, conclua:

$\overline{AC}$ .... $\overline{BD}$

$\overline{AO}$ .... $\overline{OC}$ e $\overline{BO}$ .... $\overline{OD}$

O ponto *O* é o .... das diagonais.

O ponto *O* é o centro do .... *ABCD*.

As diagonais do paralelogramo .... congruentes, mas se cruzam nos seus ....

Cada uma das diagonais do paralelogramo divide-o em dois ....

Retângulo

Todo paralelogramo que possui os quatro ângulos congruentes é um **retângulo**. Todas as propriedades do paralelogramo são válidas para o retângulo.

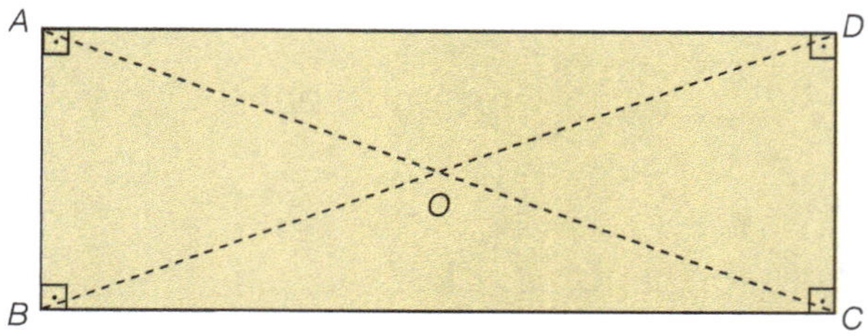

◆ No retângulo *ABCD*:

$m(\hat{A}) =$ .... $m(\hat{B}) =$ .... $m(\hat{C}) =$ .... $m(\hat{D}) =$ ....

Os quatro ângulos do retângulo têm medidas iguais. Então, todo retângulo é um paralelogramo ....

$\overline{AC}$ .... $\overline{DB}$

As .... de um retângulo são ....

A diagonal $\overline{AC}$ divide o paralelogramo *ABCD* em dois triângulos: $\triangle ABC$ e $\triangle CDA$.
Note que o lado $\overline{AC}$ é comum aos dois triângulos.
O lado $\overline{AB}$ é congruente ao lado .... e o lado $\overline{AD}$ é .... ao lado $\overline{BC}$.
Por isso, dizemos que o triângulo *ABC* é congruente ao triângulo *CDA*.
Observe a outra diagonal do paralelogramo. É correto dizer que o $\triangle ABD$ e o $\triangle CDB$ são congruentes? Por quê?

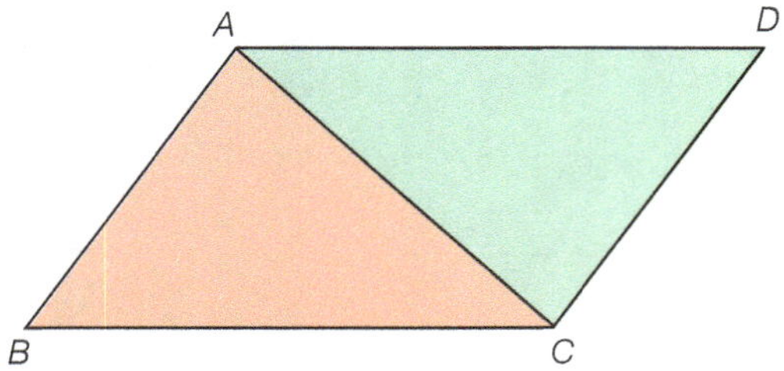

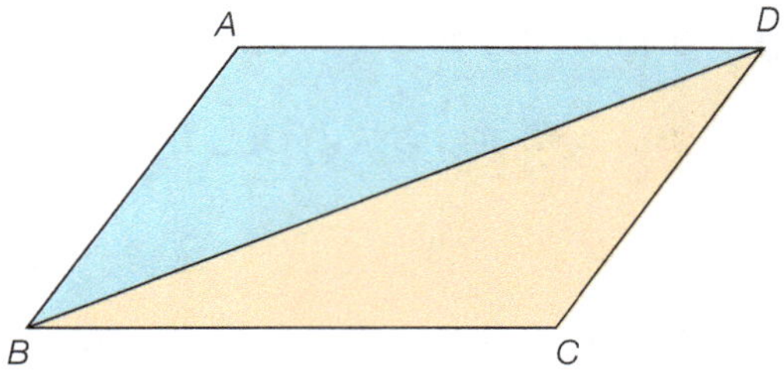

....

....

Losango

O **losango** é um paralelogramo de lados congruentes, portanto equilátero. Todas as propriedades do paralelogramo valem para o losango.

◆ Faça as medições necessárias e responda.

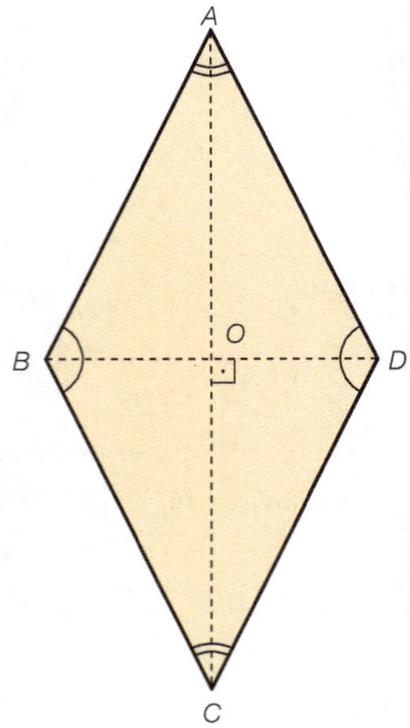

Elas são congruentes? .... Cruzam-se em seus pontos médios? ....

Quanto mede o ângulo formado por elas? ....

Então, elas são ....

O ângulo $A\hat{B}O$ tem a mesma medida do ângulo $C\hat{B}O$? ....

Nesse caso, a diagonal $\overline{BD}$ é .... do ângulo $\hat{B}$.

Só desse ângulo? ....

E os ângulos $B\hat{A}O$ e $D\hat{A}O$, são congruentes? ....

A diagonal $\overline{AC}$ é .... dos ângulos $\hat{A}$ e $\hat{C}$.

É correto dizer que:

> As diagonais de um losango são .... entre si e .... dos ângulos internos.

Quadrado

Quadrado é o paralelogramo que tem todos os lados e todos os ângulos congruentes.

Todas as propriedades do paralelogramo, do retângulo e do losango são válidas para o quadrado.

◆ Observe a figura e complete.

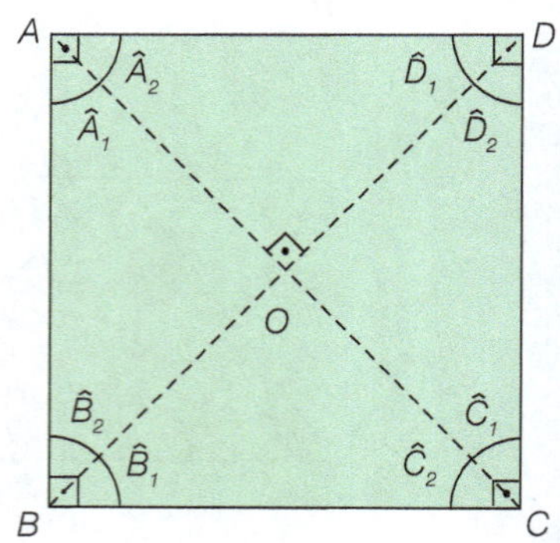

Os quatro lados do quadrado são ....

Os quatro ângulos do quadrado são ....

As diagonais são ...., ...

entre si e .... dos ângulos internos.

> Todo quadrado é um paralelogramo .... e ....
>
> Por essa razão, é o único quadrilátero ....

Você em ação

1 **Considere as afirmações e associe a cada uma delas a letra V, se for verdadeira, ou F, caso seja falsa.**

I) Em todo paralelogramo os lados opostos são congruentes.

II) Em todo paralelogramo as diagonais cortam-se nos seus pontos médios.

III) Em todo paralelogramo os ângulos opostos são congruentes.

Na ordem apresentada, temos:

a) V, V, V

b) V, V, F

c) V, F, V

d) F, V, F

2 **Leia com atenção as afirmações.**

I) Todo retângulo é losango e quadrado.

II) Todo losango é retângulo e quadrado.

III) Todo quadrado é retângulo e losango.

Agora responda:

a) I, II e III são verdadeiras.

b) II e III são verdadeiras e I é falsa.

c) I e II são falsas e III é verdadeira.

d) I, II e III são falsas.

3 **Possuem lados opostos paralelos e lados consecutivos perpendiculares os quadriláteros:**

a) retângulo e quadrado.

b) retângulo e losango.

c) retângulo e paralelogramo.

d) quadrado e losango.

4 **Assinale os quadriláteros que possuem:**

Lados congruentes				
Lados opostos congruentes				
Ângulos congruentes				
Ângulos opostos congruentes				
Diagonais congruentes				
Diagonais não congruentes				
Diagonais perpendiculares				
Diagonais oblíquas				
Diagonais bissetrizes dos ângulos internos				
Interseção das diagonais no ponto médio				
Eixo(s) de simetria				

5 Indique com o símbolo as afirmações que valem só para o paralelogramo, com o símbolo as que valem só para o losango e com os dois símbolos as que valem para ambos.

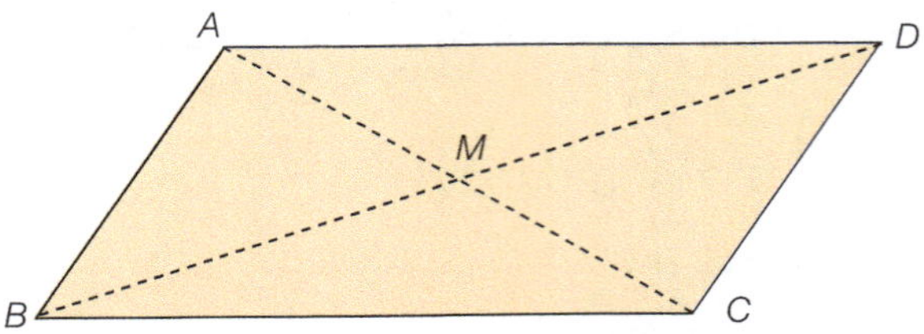

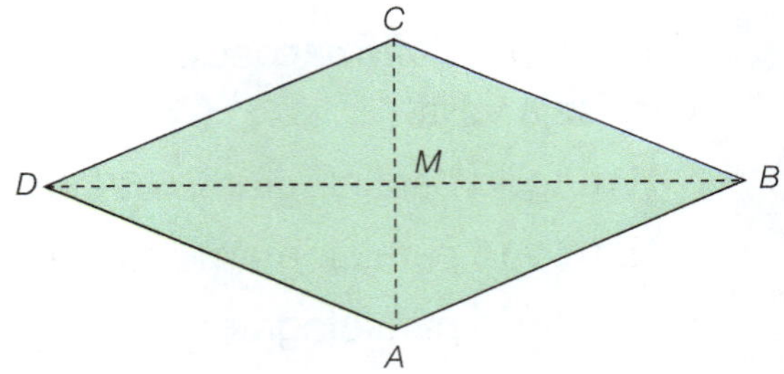

$\overline{AC} \perp \overline{BD}$

$\overline{AD} \cong \overline{BC}$

$\triangle BCD \cong \triangle BAD$

$A\widehat{M}D \cong D\widehat{M}C$

$m(B\widehat{M}C) = 90°$

$\overline{AD} \ncong \overline{AB}$

$\triangle ABC$ é isósceles.

$A\widehat{B}C \cong A\widehat{D}C$

$D\widehat{A}C \cong B\widehat{C}A$

$\overline{BM} \cong \overline{MD}$

$B\widehat{C}A \cong A\widehat{C}D$

$A\widehat{B}D \cong A\widehat{D}B$

M é ponto médio de $\overline{AC}$.

6 Nomeie os quadriláteros e construa seus eixos de simetria.

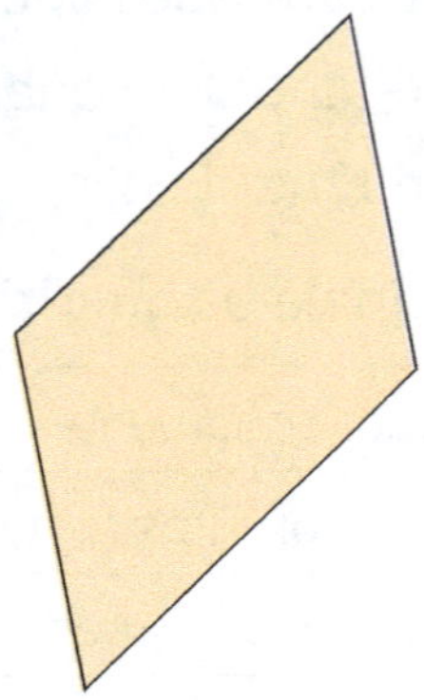

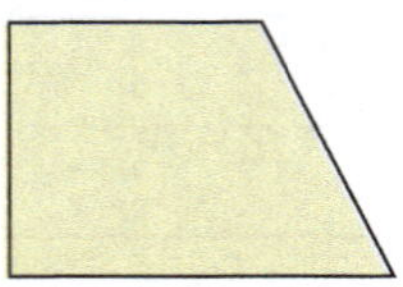

7 O triângulo *MNO* é parte do retângulo *KLMN*. Desenhe esse retângulo, sabendo que $\overline{MN}$ é um lado e o ponto *O* é a interseção de suas diagonais.

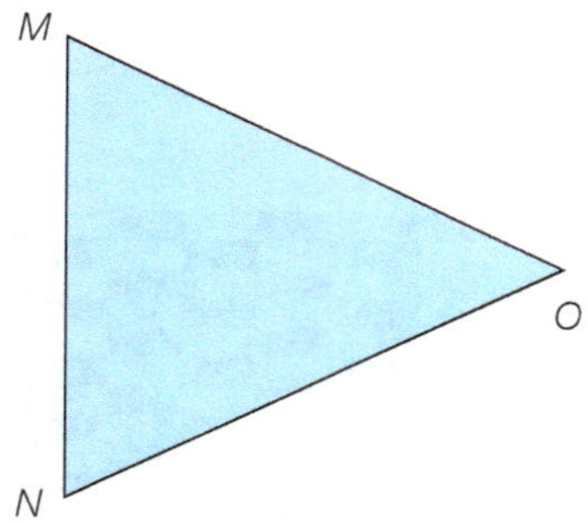

8 Desenhe um paralelogramo *WXYZ*, sabendo que $\overline{WZ} \subset r$ e $m(\hat{X}) = 60°$.

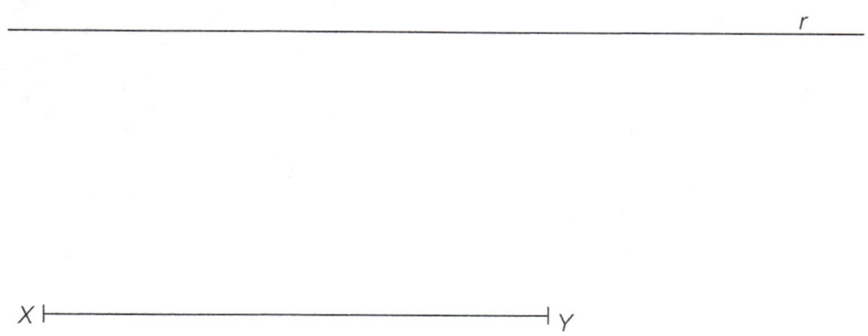

9 Desenhe um quadrado *RSTU*, do qual se conhece uma diagonal $\overline{RT}$.

10 Desenhe o losango *EFGH*, sabendo que a diagonal $\overline{EG}$ mede 7 cm.

Olhando ao redor

1 Observe duas obras de ilusão de óptica.

akg-images/Fotorena/Conselho Britânico, Londres, Inglaterra

Cataract 3, de Bridget Riley.

Ela parece se mexer em movimento ondulante.

Science Photo Library/Fotorena

A ilusão de Ouchi, de Hajime Ouchi.

Aqui você verá mudança de formas se olhar fixamente para o centro e mexer a cabeça.

Agora, responda a estas perguntas, com base na observação das imagens.

As diagonais $\overline{AB}$ e $\overline{BC}$ dos paralelogramos ao lado são congruentes?

....

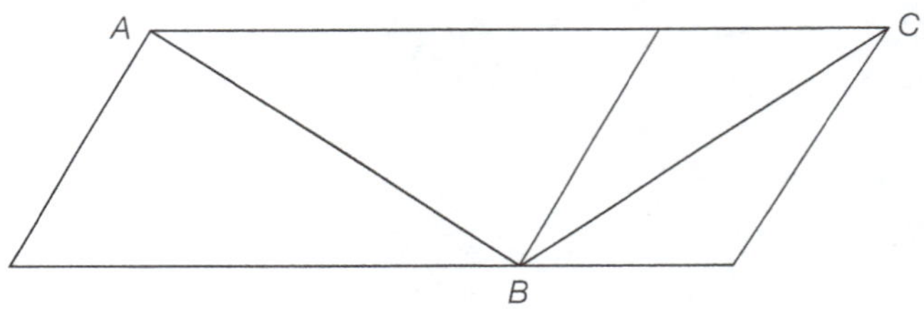

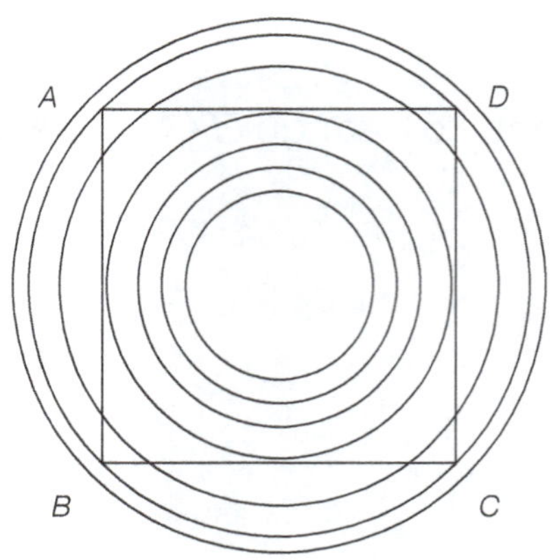

A figura *ABCD* é um quadrado?

....

2. Os quadriláteros estão presentes em diversas bandeiras dos estados do Brasil. Indique-os nestas imagens, nomeando-os.

Mato Grosso

Mato Grosso do Sul

Rio Grande do Sul

Paraíba

Rio de Janeiro

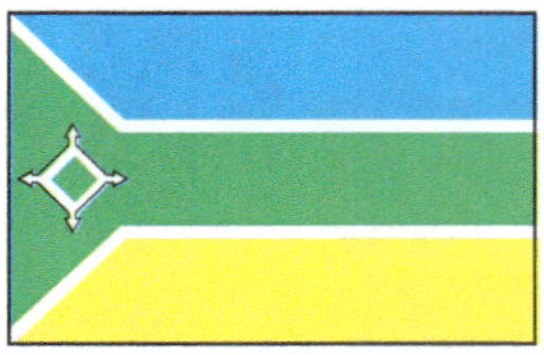
Amapá

3. **Faixas decorativas são muito utilizadas em decorações de interiores, principalmente em desenhos de azulejos, pisos, papéis de parede, tecidos e tapetes.**
Os motivos utilizados nessas faixas são os mais variados e, entre eles, destacam-se as figuras geométricas.
Esta faixa decorativa é composta de losangos congruentes parcialmente sobrepostos e está inacabada. Complete-a.

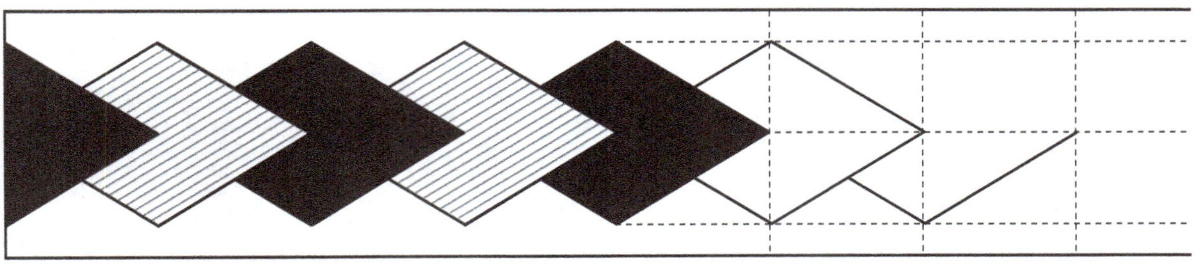

Agora, usando apenas quadriláteros, crie uma faixa decorativa para azulejos em uma folha de papel.

4 **Vamos aprender a confeccionar uma caixa de presente simples e prática, com formato de um prisma reto de base retangular?**

Para isso:

- Providencie um papel grosso (cartolina, papel-cartão).
- Desenhe, no avesso, esta planificação, aumentando todas as medidas conforme o tamanho que você deseja dar a sua caixa (sugestão: multiplique as medidas por 4).

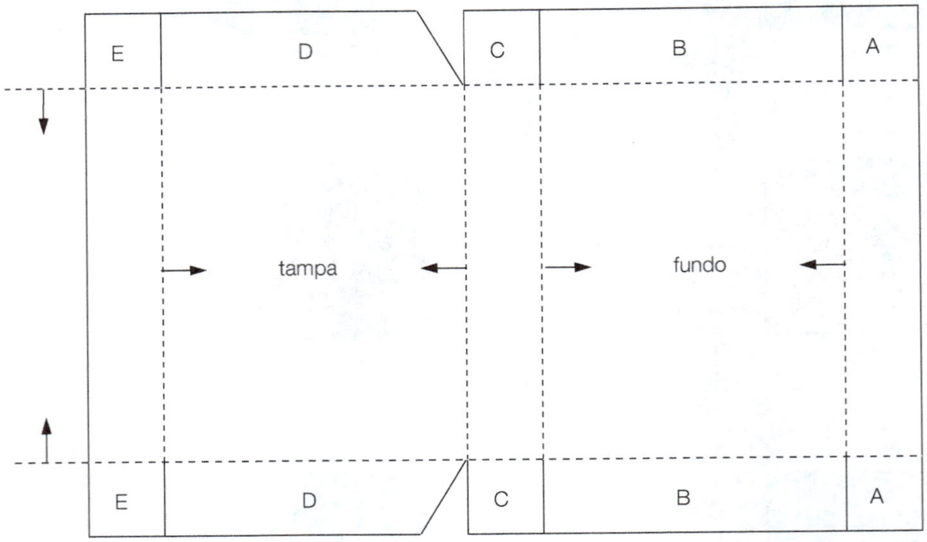

- Recorte nas linhas contínuas.
- Dobre nas linhas tracejadas, seguindo a orientação das setas.
- Cole *A* e *C* sobre *B*, pela parte interna; da mesma maneira, cole *E* sobre *D*.

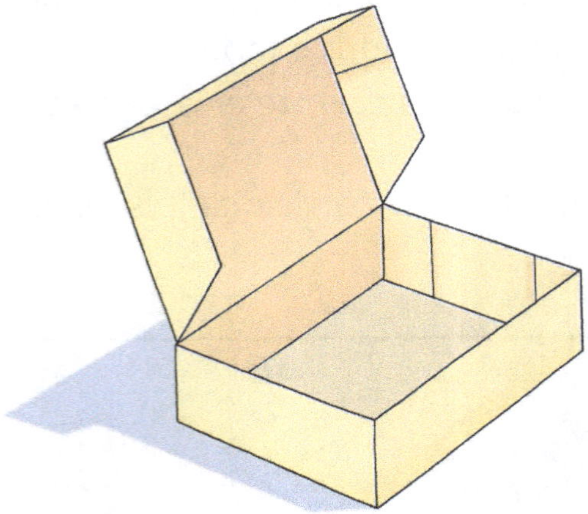

Decore a caixa e use-a para presentear alguém.

5. Que tal participar de um jogo conhecido como moinho (ou trilha)? Escolha um parceiro e leiam as regras para saber como jogar.

- **Número de jogadores:** dois.
- **Material:** tabuleiro, como o esquematizado abaixo. (Desenhe quadrados de medidas 20, 14 e 8 centímetros de lado.) Dezoito peças. (Sugestão: pinte a face superior de tampinhas de creme dental com esmalte, nove de cada cor.)
- **Objetivo:** retirar do tabuleiro, uma a uma, as peças do adversário.
- **Regras:**
  1. O jogo começa com o tabuleiro vazio, e os jogadores, alternadamente, vão colocando todas as suas nove peças nos pontos vagos.
  2. Depois, cada qual move uma peça ao longo de uma linha para uma casa vazia adjacente.
  3. O jogador que conseguir alinhar três peças (moinho ou trilha) pode retirar uma peça qualquer do adversário, desde que ela não faça parte de um moinho. A peça capturada não volta ao jogo.
  4. Construir dois moinhos com um só lance permite capturar duas peças.
  5. Quando um jogador ficar com apenas três peças, elas podem saltar para qualquer ponto vazio do tabuleiro.
  6. Perde o jogador que ficar só com duas peças no tabuleiro.

Vamos jogar?

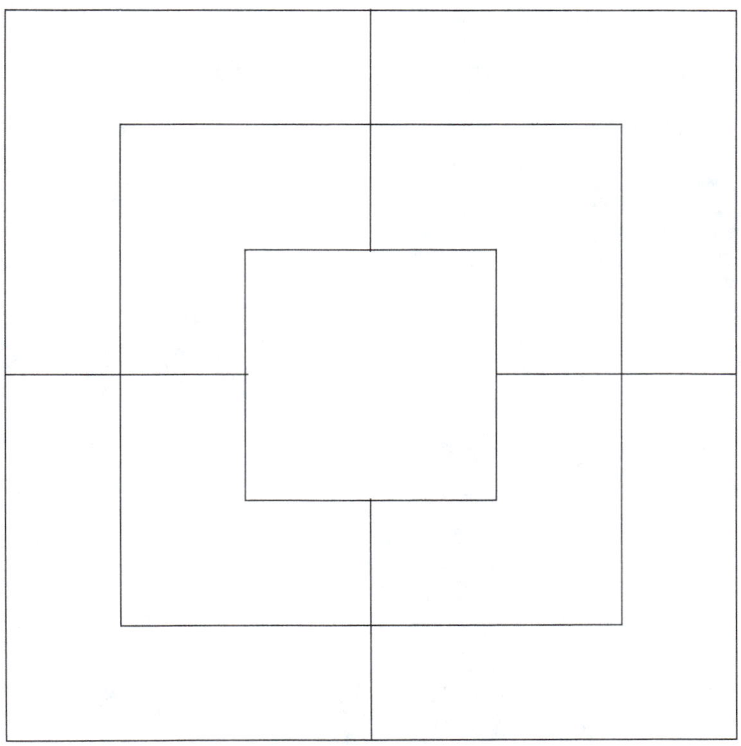

CAPÍTULO

8 Circunferências e os polígonos regulares

Ao observar algumas flores, como as apresentadas nas fotografias, podemos associar o número de pétalas e suas disposições a polígonos regulares. Podemos notar também formas que lembram polígonos em frutas, como na casca do abacaxi, e em animais, como no casco da tartaruga.

Observe a natureza e descubra outros seres vivos que apresentam formatos que podemos associar a outras figuras geométricas.

Pornpimon Chaiyaso/Shutterstock

Mikka Fotografie/Shutterstock

Suwat wongkham/Shutterstock

Els Jooren/Shutterstock

Compreendendo ideias

Conhecendo mais os polígonos

Você já estudou que **polígono** é uma figura plana formada pela união de uma linha poligonal simples e fechada com a região do plano que ela limita.

São elementos de um polígono *ABCD*:

- os vértices *A*, *B*, *C* e *D*;
- os lados $\overline{AB}$, $\overline{BC}$, $\overline{CD}$ e $\overline{DA}$;
- os ângulos internos $\hat{A}$, $\hat{B}$, $\hat{C}$ e $\hat{D}$;
- as diagonais *AC* e *BD*.

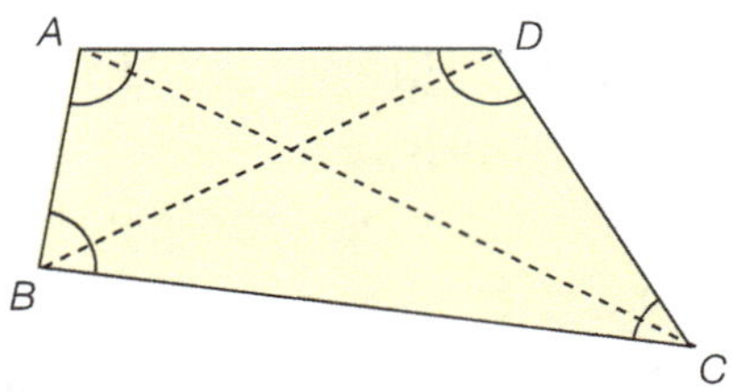

Polígono convexo é aquele em que os prolongamentos dos lados nunca passam pelo interior da figura.

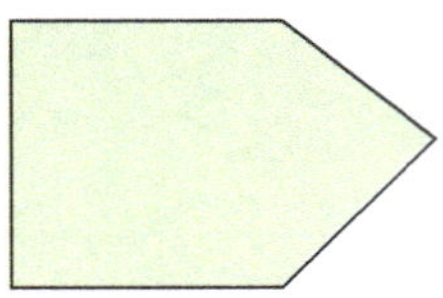

Polígono convexo.

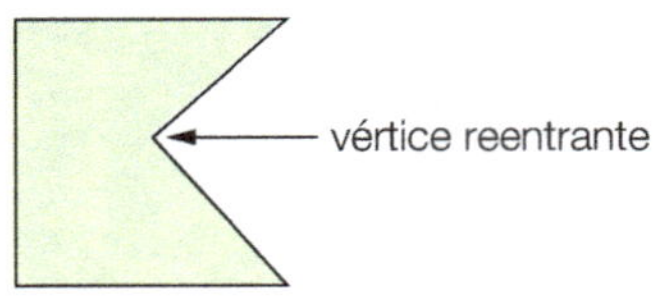

Polígono não convexo (ou polígono côncavo).

Em um polígono convexo:

- quaisquer dois de seus pontos determinam um segmento de reta contido inteiramente no polígono;

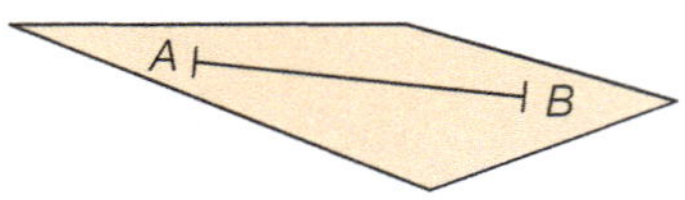

Polígono convexo.

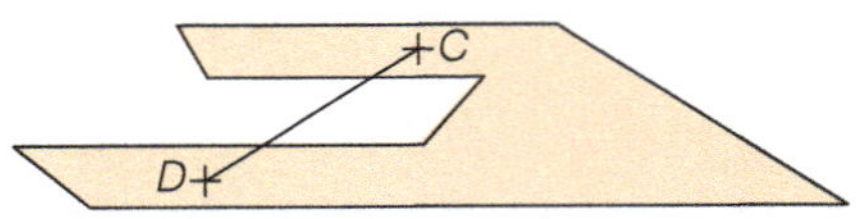

No polígono côncavo, existem segmentos com pontos fora da figura.

- todas as diagonais estão na região interna.

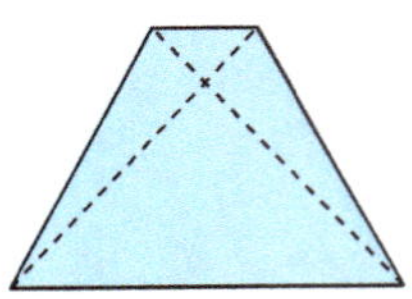

Polígono convexo.

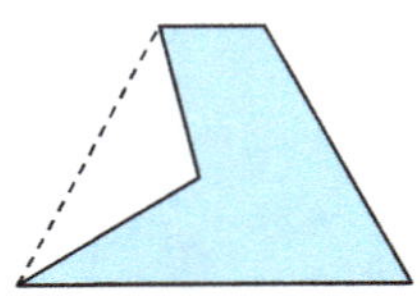

No polígono côncavo, existe pelo menos uma diagonal externa.

Polígono regular é o polígono convexo que tem:

- todos os lados congruentes, portanto equilátero;
- todos os ângulos internos congruentes, portanto equiângulo.

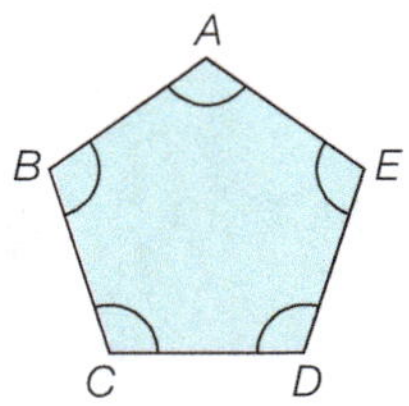

Lados congruentes: $\overline{AB} \cong \overline{BC} \cong \overline{CD} \cong \overline{DE} \cong \overline{EA}$

Ângulos internos congruentes: $\hat{A} \cong \hat{B} \cong \hat{C} \cong \hat{D} \cong \hat{E}$

Um triângulo regular é chamado de **triângulo equilátero** e, entre os quadriláteros, o único regular é o **quadrado**.

Qualquer outro polígono regular é nomeado de acordo com o número de ângulos que possui, acompanhado da palavra **regular**.

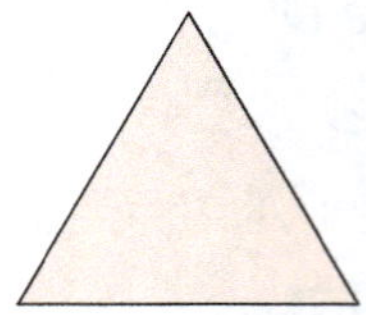

Triângulo equilátero.

Quadrado.

Por exemplo:

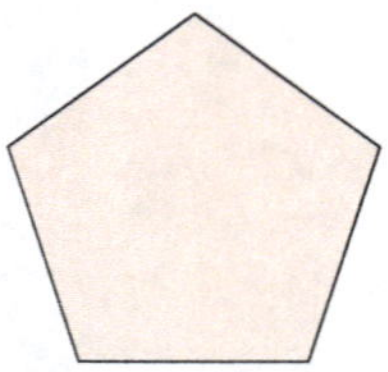

Pentágono regular.

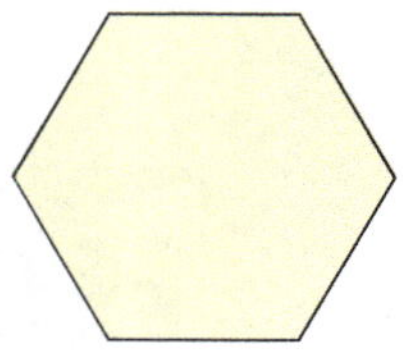

Hexágono regular.

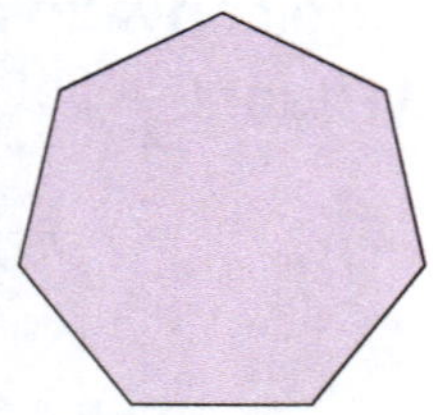

Heptágono regular.

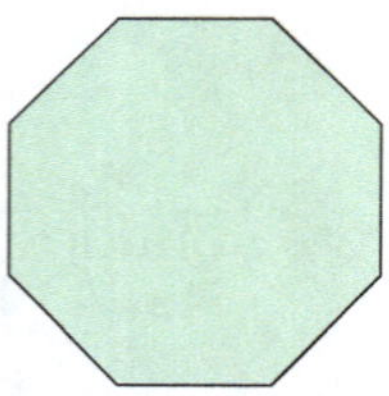

Octógono regular.

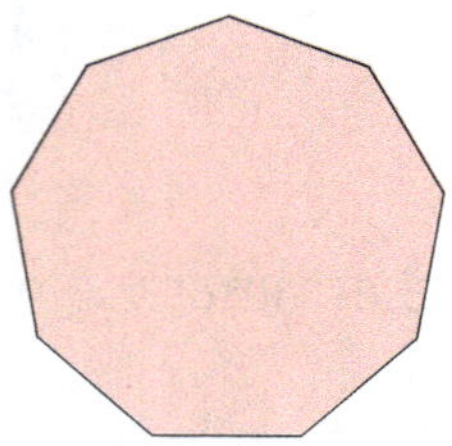

Eneágono regular.

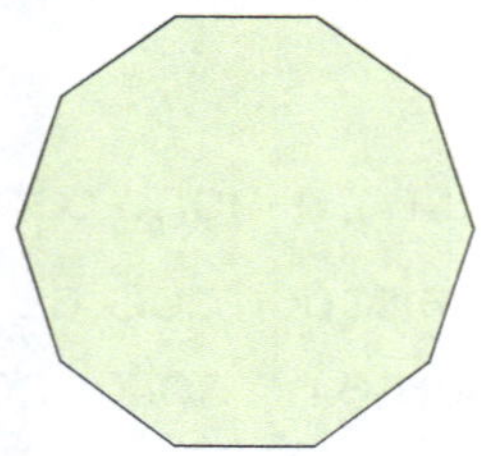

Decágono regular.

Um polígono pode ser **inscrito** em uma circunferência ou **circunscrito** a ela.

O polígono abaixo está **inscrito** na circunferência de centro **O** (*in* significa "dentro").

Note que os vértices do polígono pertencem à circunferência.

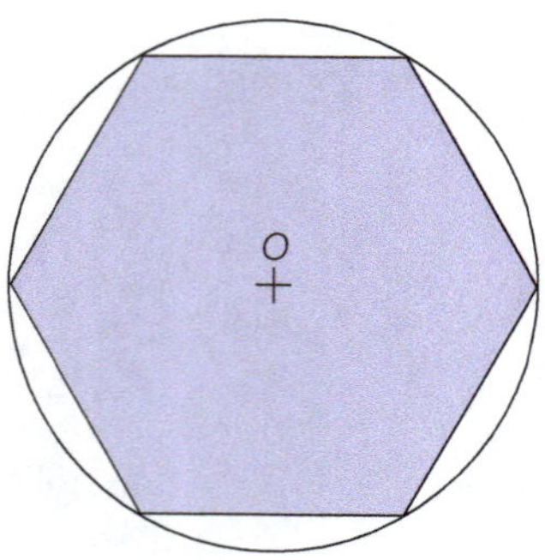

O polígono abaixo está **circunscrito** à circunferência de centro ***O*** (*circun* significa "em volta de"). Note que os lados do polígono são tangentes à circunferência.

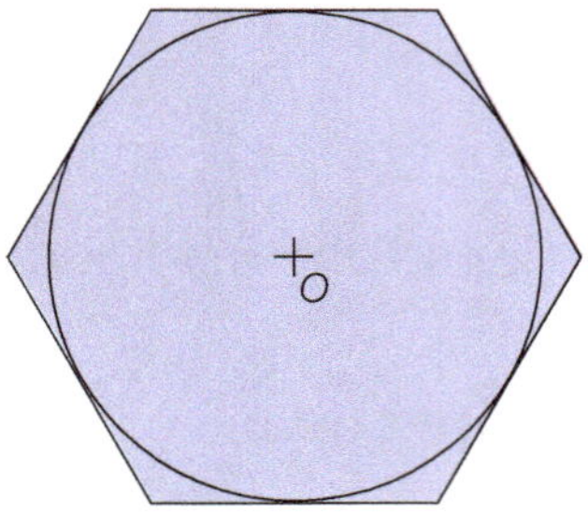

O centro *O* das circunferências inscrita e circunscrita é também o centro do polígono regular.

O ângulo central e a construção dos polígonos regulares

Um ângulo que possui o vértice no centro de uma circunferência é chamado de **ângulo central**. Ele determina na circunferência um arco cuja medida é a mesma que a desse ângulo.

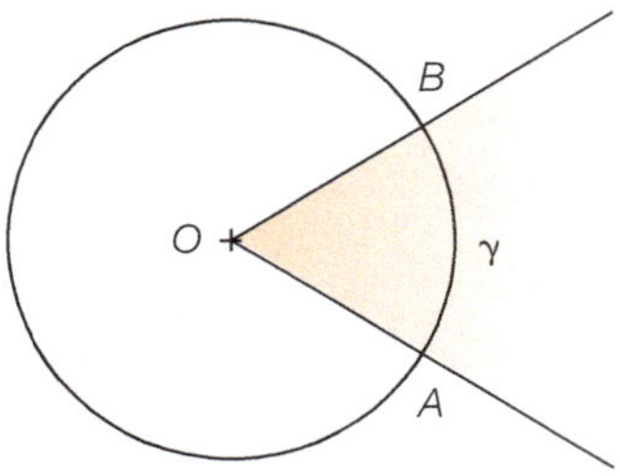

- $A\hat{O}B$ é ângulo central.
- $\overset{\frown}{AB}$ é o arco correspondente a $A\hat{O}B$.
- γ é a medida de $A\hat{O}B$ e de $\overset{\frown}{AB}$.

Se dividirmos a circunferência traçando *n* ângulos centrais congruentes, seus lados dividirão a circunferência em *n* arcos congruentes e determinarão os vértices do polígono regular de *n* lados ($n > 3$) inscrito nessa circunferência.

Como a soma das medidas de todos os ângulos centrais de uma circunferência é 360°, a medida de cada um desses ângulos é $\frac{360°}{n}$.

Por exemplo, os dez ângulos centrais congruentes traçados na circunferência abaixo dividem-na em dez arcos de medida 36° $\left(\frac{360°}{10}\right)$ e determinam os vértices do decágono inscrito.

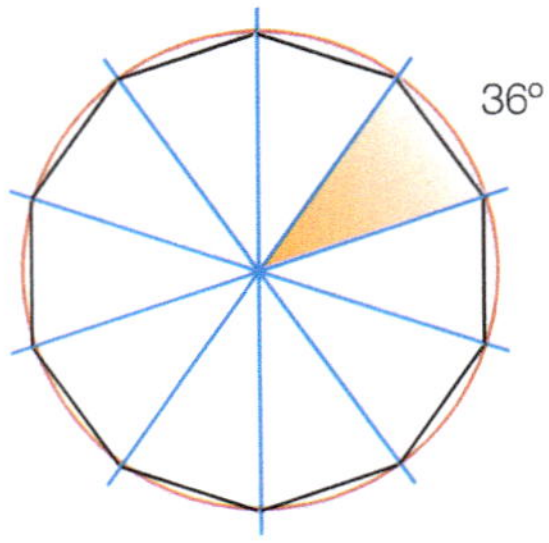

Dessa forma, podemos construir os polígonos regulares a partir dos ângulos centrais, um processo exato de divisão da circunferência em arcos congruentes.

Construindo imagens

Construção do quadrado inscrito

• **Dados:** ⊗ (*O*, 20 mm) • **Construir:** quadrado *ABCD* inscrito

Passos da construção:

1º) Trace o diâmetro $\overline{BD}$.

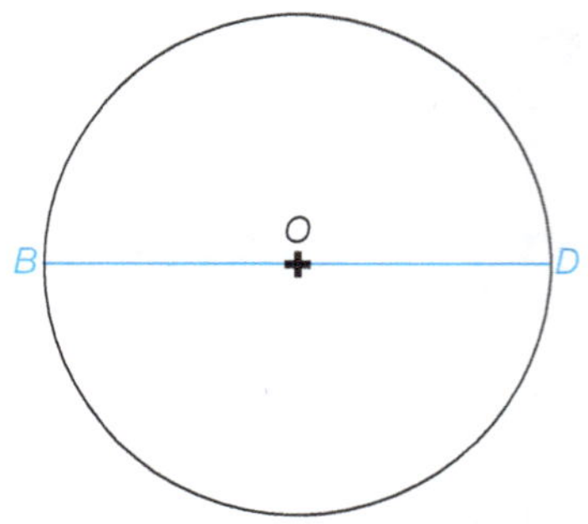

2º) Trace outro diâmetro $\overline{AC} \perp \overline{BD}$, determinando quatro ângulos centrais de 90°.

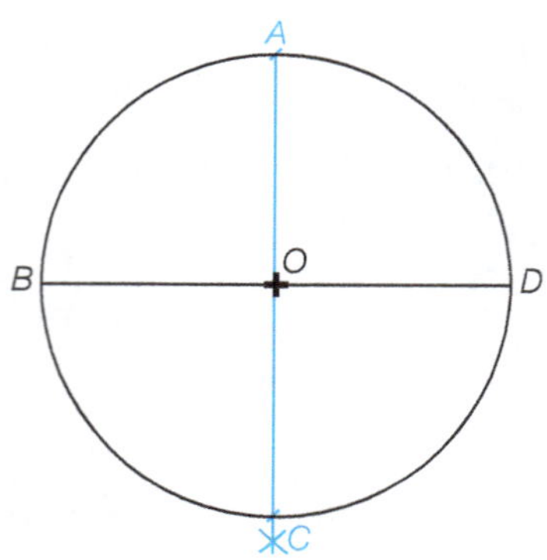

3º) Trace os lados pelos vértices *A*, *B*, *C* e *D*. O polígono *ABCD* é um quadrado.

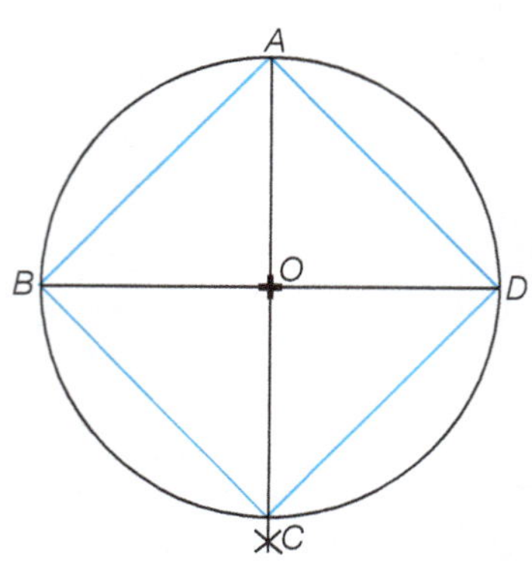

Justificativa:

Os triângulos *AOB*, *BOC*, *COD* e *DOA* são retângulos e isósceles.

Seus ângulos congruentes medem $\frac{180° - 90°}{2} = 45°$.

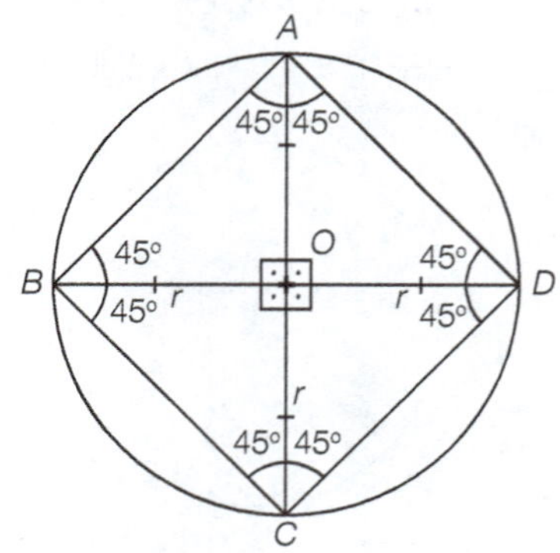

Então, os ângulos do quadrilátero medem 90° e seus lados são hipotenusas de triângulos retângulos congruentes; eles são, portanto, congruentes.

Para você construir:

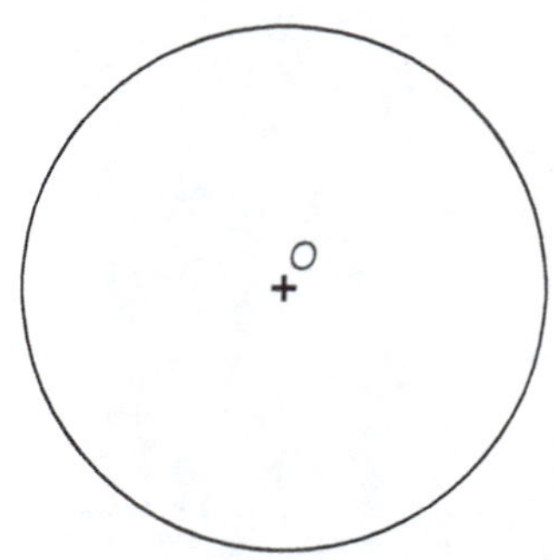

Construção do octógono regular inscrito

• **Dados:** ⊗ (*O*, 23 mm) • **Construir:** octógono *ABCDEFGH* inscrito

Passos da construção:

1º) Trace dois diâmetros $\overline{AE} \perp \overline{CG}$.

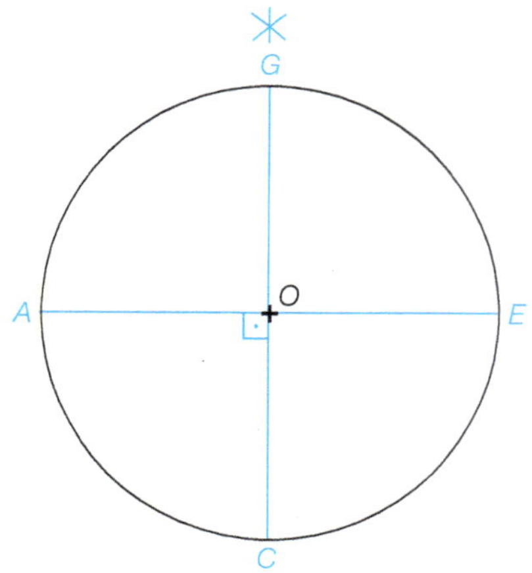

2º) Construa as bissetrizes dos ângulos retos, obtendo oito ângulos centrais de $45^\circ \left(\frac{360^\circ}{8}\right)$, que determinam os pontos *B*, *D*, *F* e *H* na circunferência.

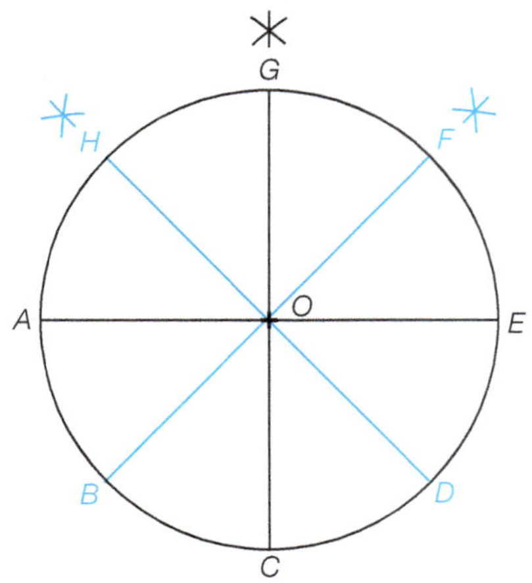

3º) Trace os lados pelos vértices *A*, *B*, *C*, *D*, *E*, *F*, *G* e *H*. O polígono *ABCDEFGH* é um octógono regular.

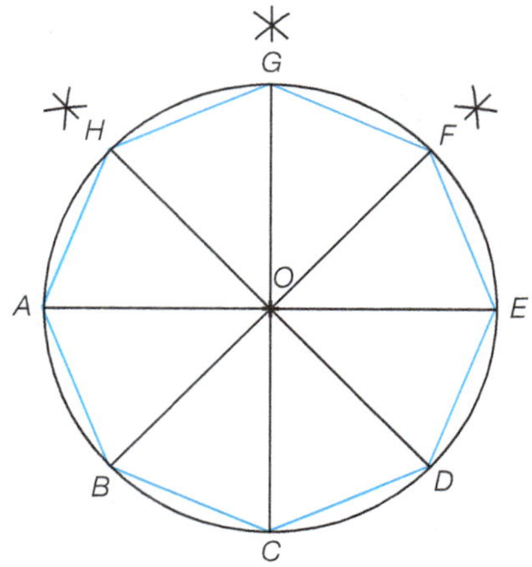

Para você construir:

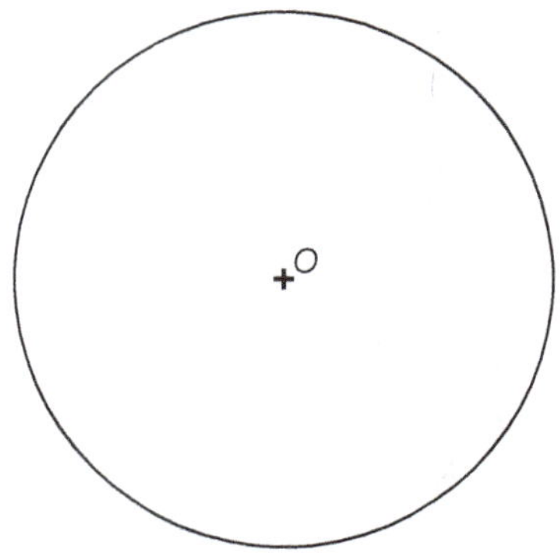

Construção do hexágono regular inscrito

• **Dados:** ⊗ (*O*, 23 mm) • **Construir:** hexágono *ABCDEF* inscrito

Passos da construção:

1º) Trace o diâmetro $\overline{AD}$.

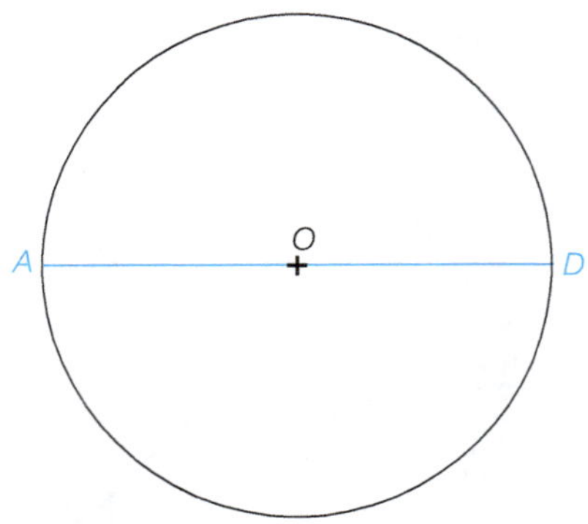

2º) Com a medida do raio, trace dois arcos de centros *A* e *D*, determinando *B*, *C*, *E* e *F* na circunferência.

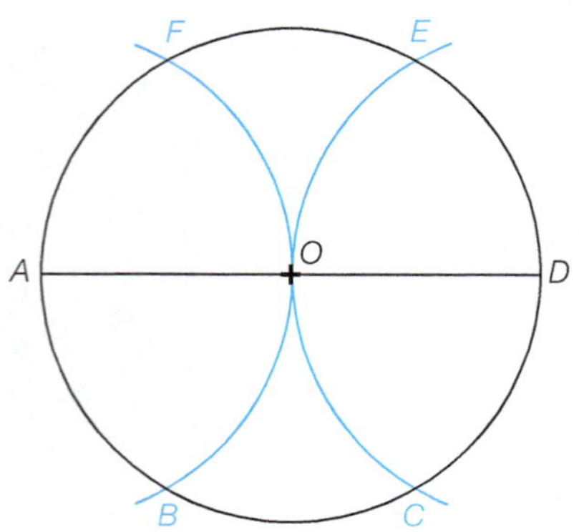

3º) Trace os lados pelos vértices *A*, *B*, *C*, *D*, *E* e *F*. O polígono *ABCDEF* é um hexágono regular.

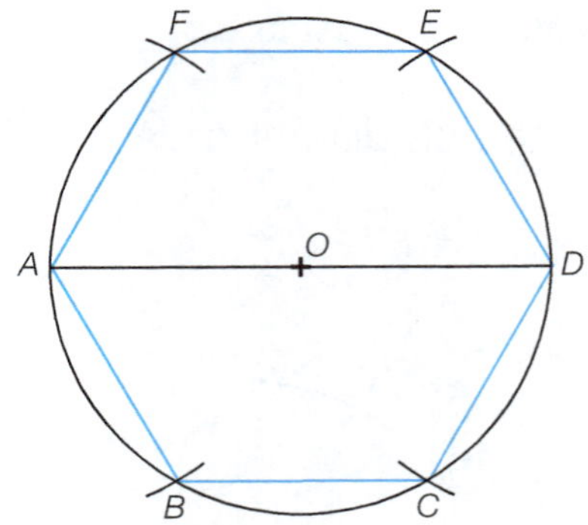

Justificativa:

A medida do ângulo central é $\frac{360^\circ}{6} = 60^\circ$.

O $\triangle AOF$ é isósceles:

$OA = OF = r$,

$m(\hat{A}) = m(\hat{F}) = 60^\circ$

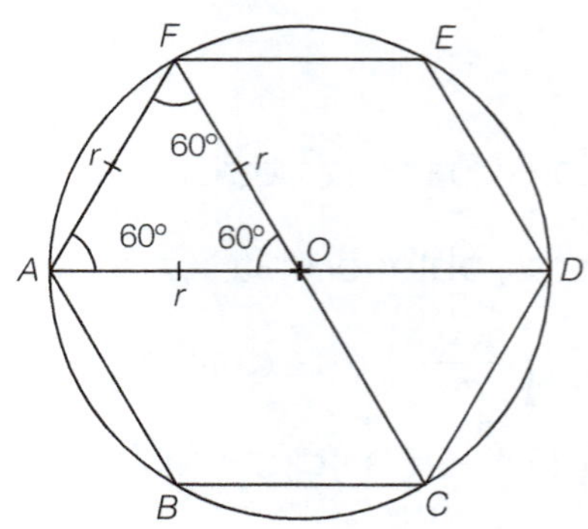

O $\triangle AOF$ é equiângulo e equilátero, sendo $m(\overline{AF})$ igual ao raio da circunferência.

Para você construir:

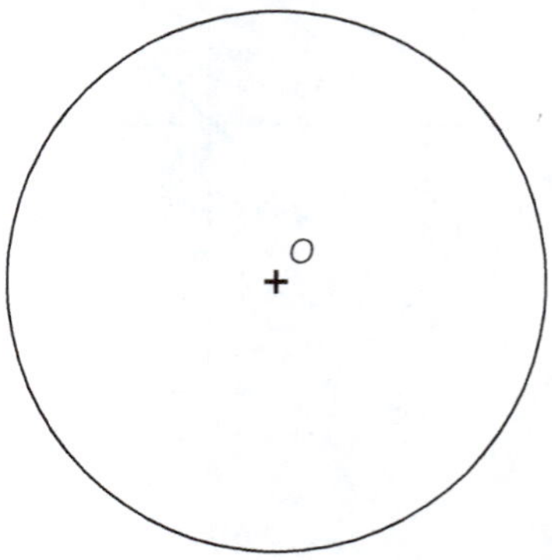

Construção do triângulo equilátero inscrito

• **Dados:** ⊗ $(O, 20 \text{ mm})$ • **Construir:** triângulo *ABC* inscrito

Passos da construção:

1º) Trace o diâmetro $\overline{AP}$.

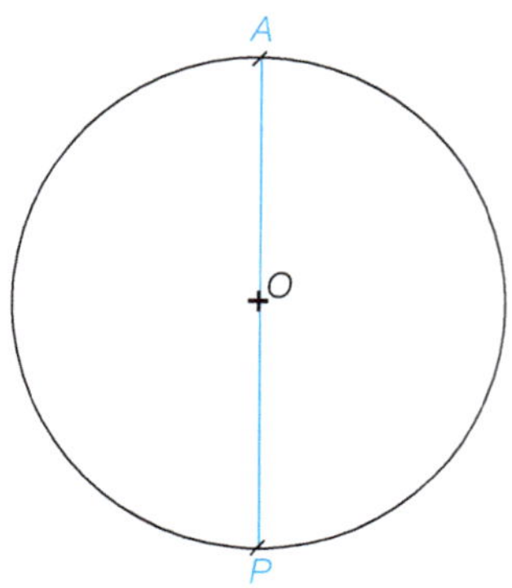

2º) Com a medida do raio, trace um arco de centro *P* que determine *B* e *C* na circunferência.

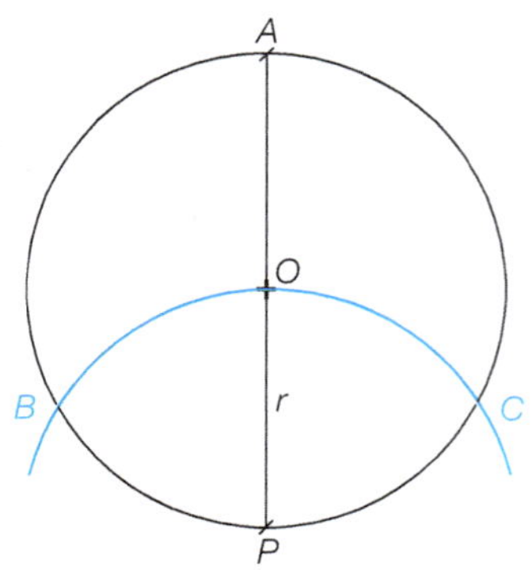

3º) Trace os lados pelos pontos *A*, *B* e *C*. O polígono *ABC* é um triângulo equilátero.

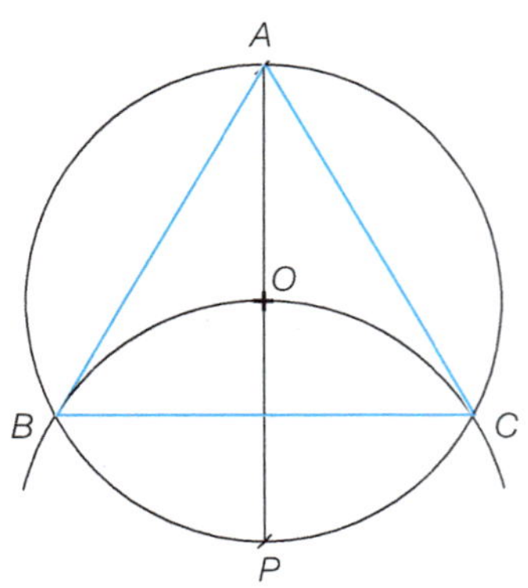

Justificativa:

A medida do ângulo central é $\dfrac{360^\circ}{3} = 120^\circ$.

Os triângulos *AOB*, *BOC* e *COA* são isósceles ($OA = OB = OC = r$) e, portanto, os ângulos de suas bases medem $\dfrac{180^\circ - 120^\circ}{2} = 30^\circ$.

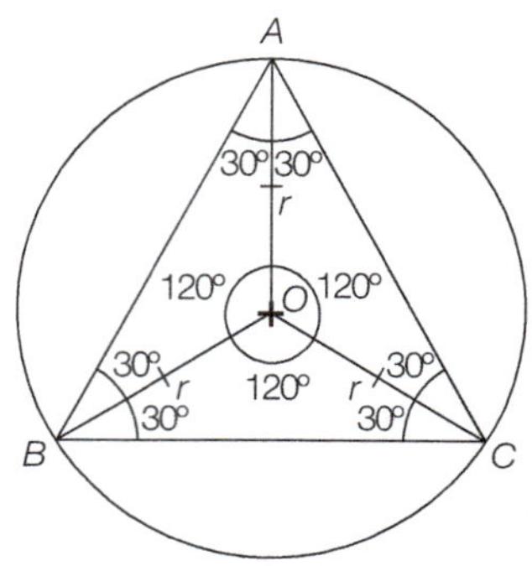

Então, os ângulos internos do $\triangle ABC$ medem 60°.

Para você construir:

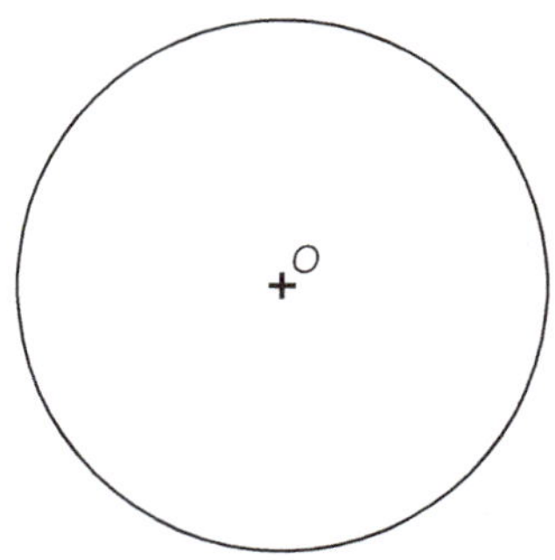

Construção do pentágono regular inscrito

• **Dados:** ⊗ (*O*, 23 mm) • **Construir:** pentágono *ABCDE* inscrito

Passos da construção:

1º) Construa $A\hat{O}B$ de medida 72° com um transferidor $\left(\frac{360°}{5} = 72°\right)$.

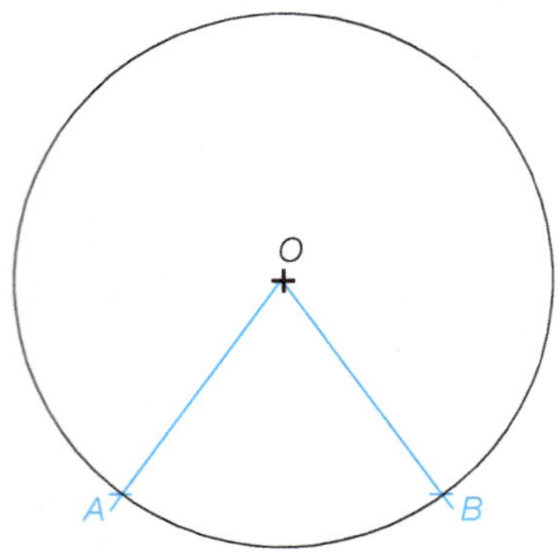

2º) Sendo $\overset{\frown}{AB}$ a quinta parte da circunferência, marque os pontos *C*, *D* e *E* com raio *AB*.

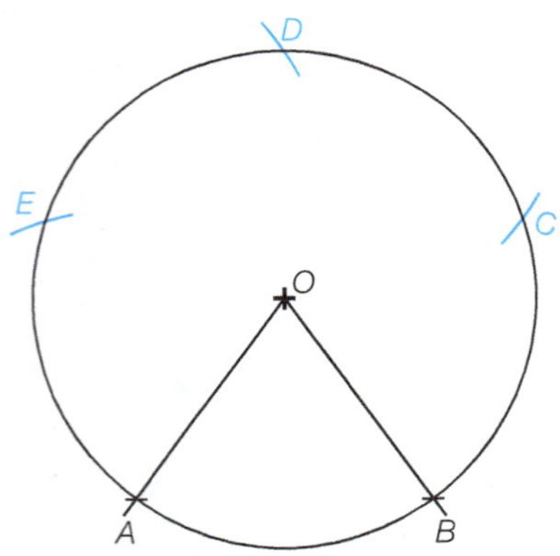

3º) Trace os lados pelos vértices *A*, *B*, *C*, *D* e *E*. O polígono *ABCDE* é um pentágono regular.

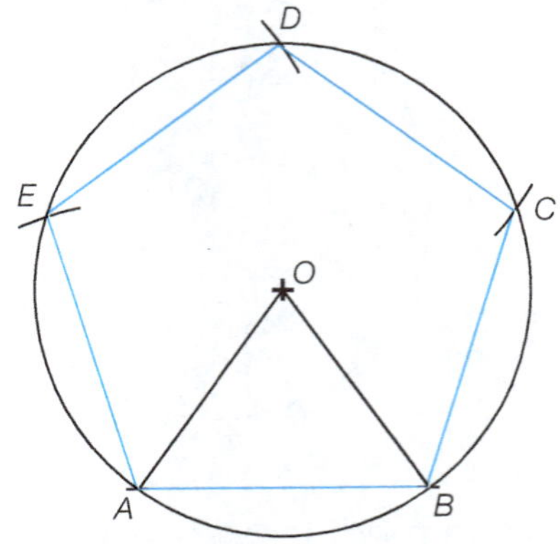

Para você construir:

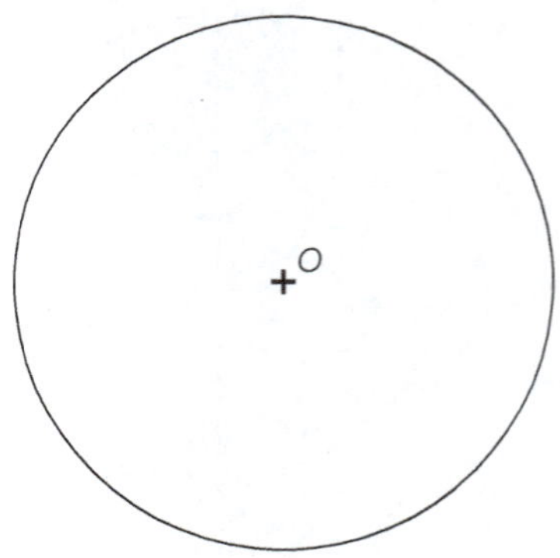

A construção de polígonos regulares pela divisão da circunferência

Existem vários processos para dividir uma circunferência em arcos congruentes. Dentre eles, destaca-se o processo geral de Rinaldini.

Por meio dele, podemos construir polígonos regulares de 7, 9, 11, 13, ... lados, para os quais não existe um processo particular exato. Veja a seguir um exemplo de construção utilizando esse processo.

Construindo imagens

Construção do heptágono regular inscrito pelo processo geral de Rinaldini

• **Dados:** ⊗ (*O*, 20 mm) • **Construir:** heptágono *ABCDEFG* inscrito

Passos da construção:

1º) Trace o diâmetro $\overline{AZ}$ da circunferência e divida-o em sete partes congruentes.

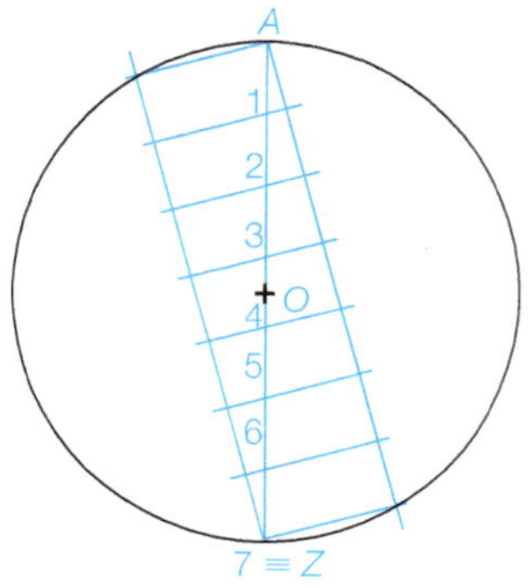

2º) Com raio de medida $\overline{AZ}$, trace dois arcos com centros *A* e *Z*, e determine em suas interseções os pontos *X* e *Y*.

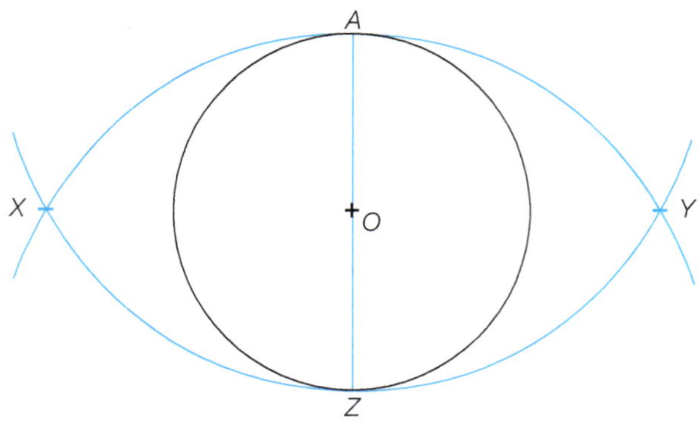

3º) Ligue os pontos *X* e *Y* com os números pares da divisão do diâmetro e determine na circunferência os pontos *B*, *C*, *D*, *E*, *F* e *G*.

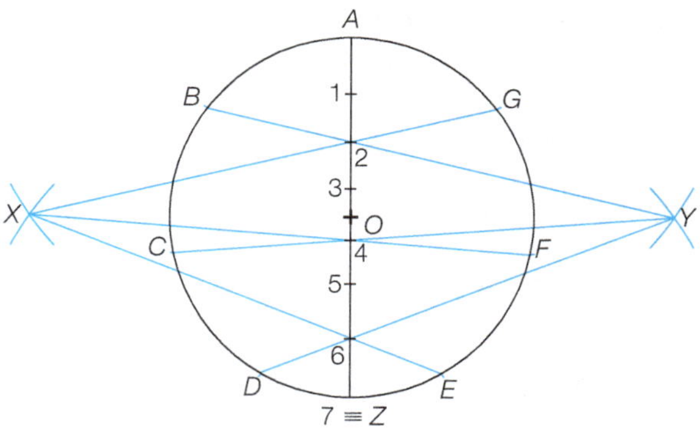

4º) Trace os lados do heptágono *ABCDEFG*.

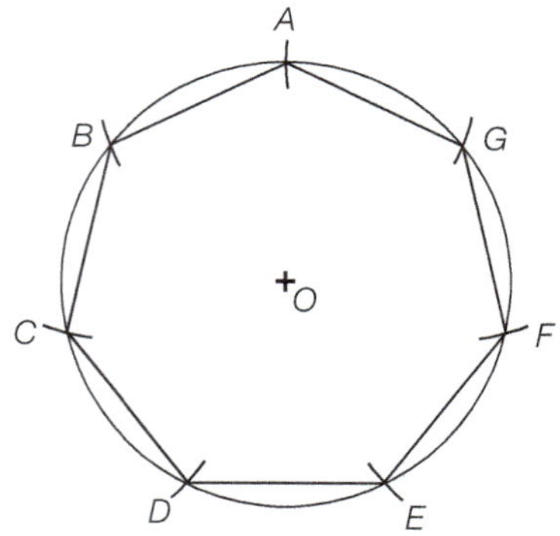

Para você construir:

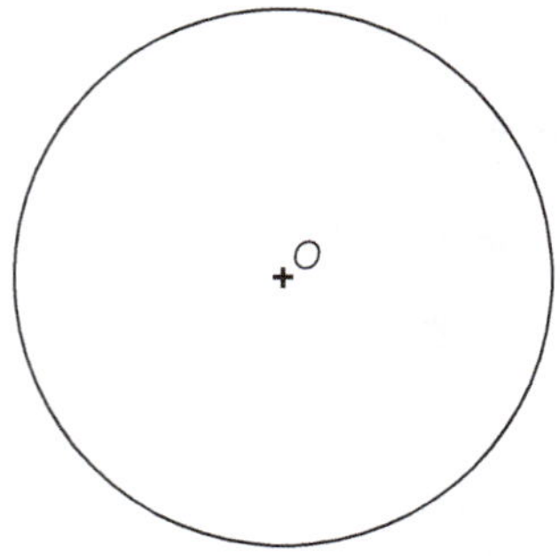

Usando tecnologia

Construção de um polígono regular de 15 lados

Nesta seção, você vai construir um polígono regular de 15 lados utilizando o *software* de geometria dinâmica GeoGebra, que pode ser encontrado no endereço <https://www.geogebra.org>. Para isso, é necessário relembrar que todo polígono regular pode ser inscrito em uma circunferência e que o ângulo central pode ser obtido pelo quociente $\frac{360^\circ}{n}$, em que n é a quantidade de lados do polígono.

Passos da construção:

1º) Utilize a ferramenta para construir uma circunferência de centro A e raio qualquer. Para isso, clique na tela, indicando o ponto A e depois o ponto B.

Agora, com a ferramenta construa um ângulo de 24° $\left(\frac{360^\circ}{15}\right)$ com vértice em A. Para isso, selecione a ferramenta, clique no ponto B, no vértice A, digite a medida do ângulo (24°) na caixa de texto e clique em OK. Os vértices B e B' são dois vértices do polígono regular de 15 lados.

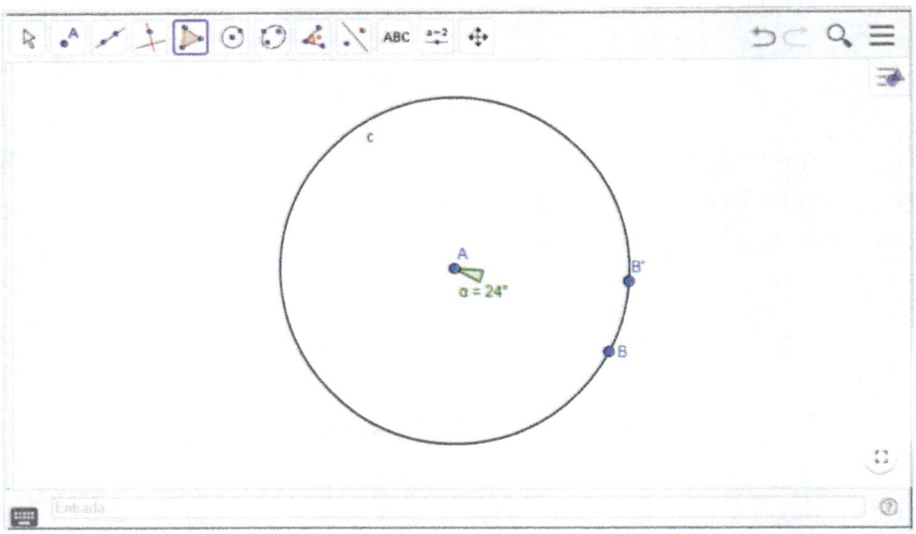

2º) Para obter os demais vértices, construa uma circunferência de centro B' e raio $\overline{BB'}$. Para isso, selecione a ferramenta e clique em B e B' para definir o raio. Depois, clique novamente em B' para definir o centro. Marque o ponto C, interseção das circunferências. Da mesma forma, com a ferramenta construa uma circunferência de centro C e raio $\overline{B'C}$. Depois, com a ferramenta marque o ponto D, interseção das circunferências. Repita esse processo mais 12 vezes.

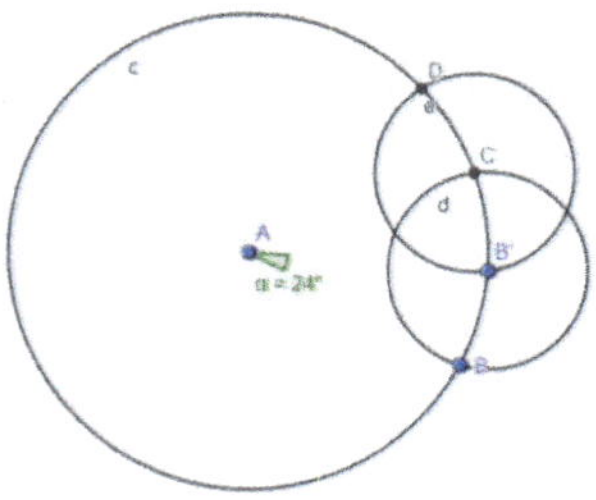

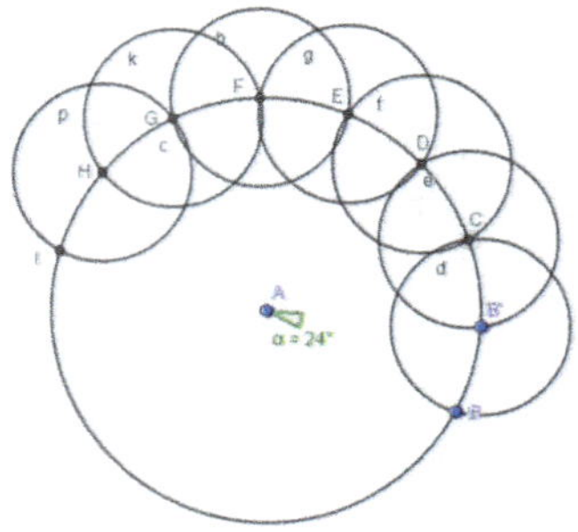

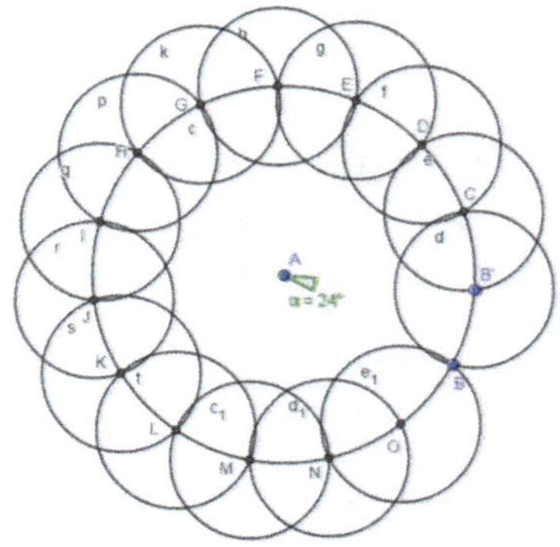

3º) Os pontos obtidos na circunferência de centro *A* são os vértices do polígono regular de 15 lados. Para obter o polígono, selecione a ferramenta 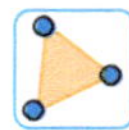 e clique nos pontos *B*, *B'*, *C*, *D*... até *B*, novamente.

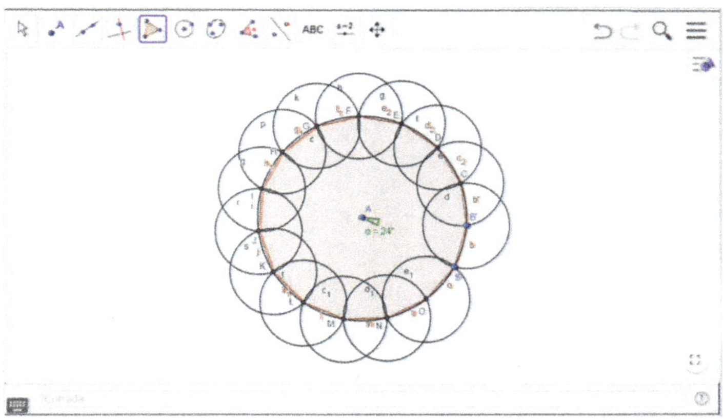

4º) Usando a ferramenta , você pode esconder todas as construções auxiliares feitas nos passos anteriores, deixando apenas o polígono regular de 15 lados.

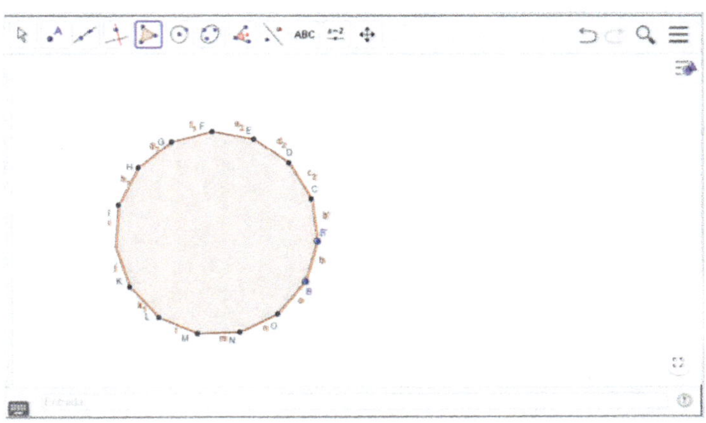

Para você construir:

- Construa, em um *software* de geometria dinâmica, um polígono regular de 9 lados, seguindo os passos indicados nesta seção.

Você em ação

1. Construa uma circunferência de centro O e raio $r = 2{,}0$ cm e, em seguida, desenhe um triângulo regular inscrito na circunferência.

$+^{O}$

2. Construa um pentágono regular inscrito em uma circunferência de centro O e raio de medida 23 mm.

O^{+}

3 Construa um quadrilátero regular inscrito na circunferência dada.

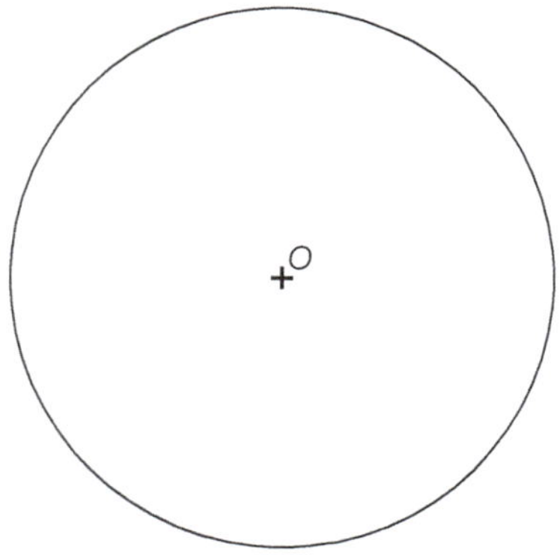

4 Construa um hexágono regular inscrito em uma circunferência de centro *O* e raio *r*.

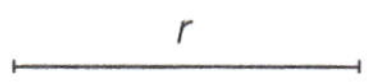

5 Construa um octógono regular inscrito na circunferência de centro *O* e raio *OA*.

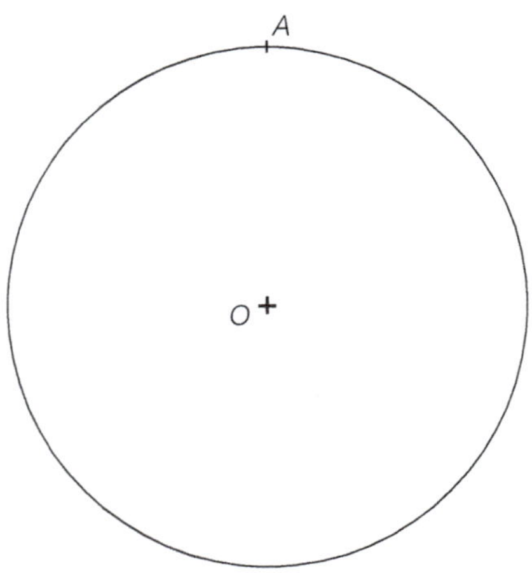

6 Construa um eneágono regular inscrito na circunferência dada pelo processo geral de Rinaldini.

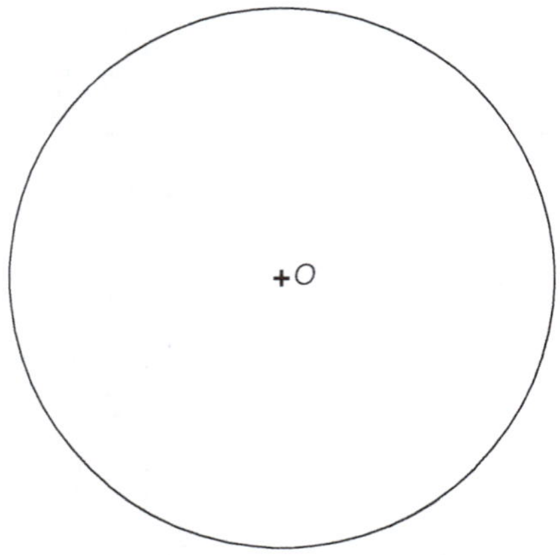

7 Construa um icoságono (polígono de 20 lados) inscrito na circunferência dada usando um processo à sua escolha.

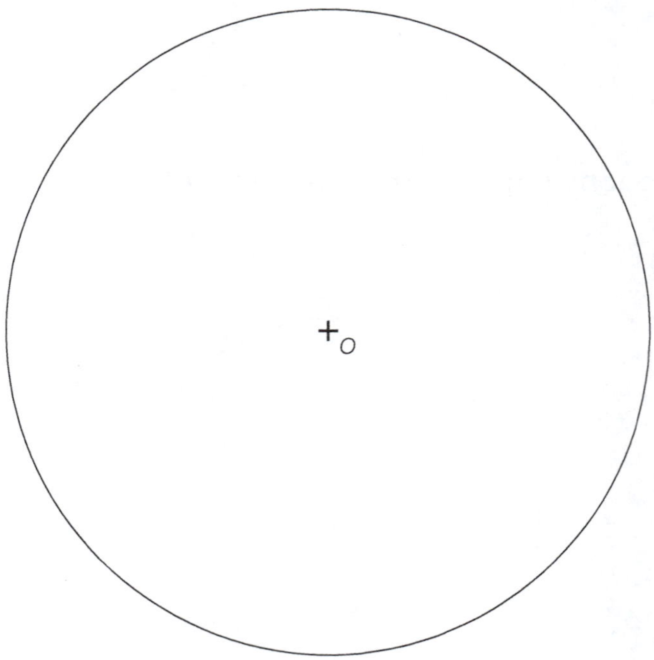

8. Divida a circunferência dada em 5 arcos congruentes pelo processo que preferir. Em seguida, identifique os 5 pontos de divisão numerando-os de 1 a 5. Se você ligar esses pontos seguindo a sequência numérica, construirá um pentágono regular.

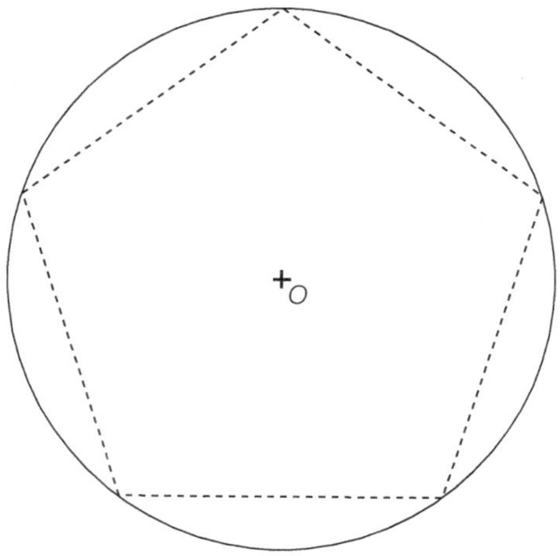

- Agora, ligue os pontos seguindo a sequência 1, 3, 5, 2, 4 e 1. Qual é a figura que você construiu?

....

9. Divida a circunferência dada em 6 arcos congruentes. Em seguida, identifique os 6 pontos de divisão nomeando-os de *A* a *F*. Se você ligar esses pontos seguindo a sequência alfabética, construirá um hexágono regular.

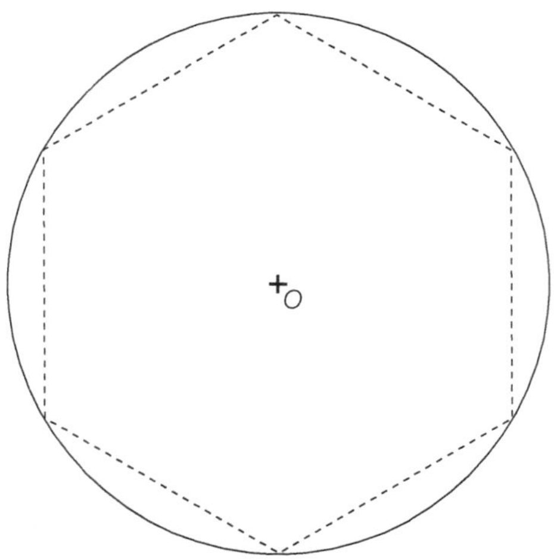

Agora, faça o que se pede e responda.

- Ligue os pontos na seguinte sequência: *A*, *C*, *E* e *A*.
- Que figura você construiu? ....
- Ligue os pontos na seguinte sequência: *B*, *D*, *F* e *B*.
- Que figura você identifica ao final das construções? ....

Olhando ao redor

1 Observe a escada da imagem ao lado.

Complete o projeto da escada desenhada em planta (vista de cima), traçando seus 12 degraus e sabendo que cada um deles equivale a $\frac{1}{16}$ da circunferência de centro *O* e raio *OA*.

Escada no museu do Vaticano, projetada por Giuseppe Momo, em 1932.

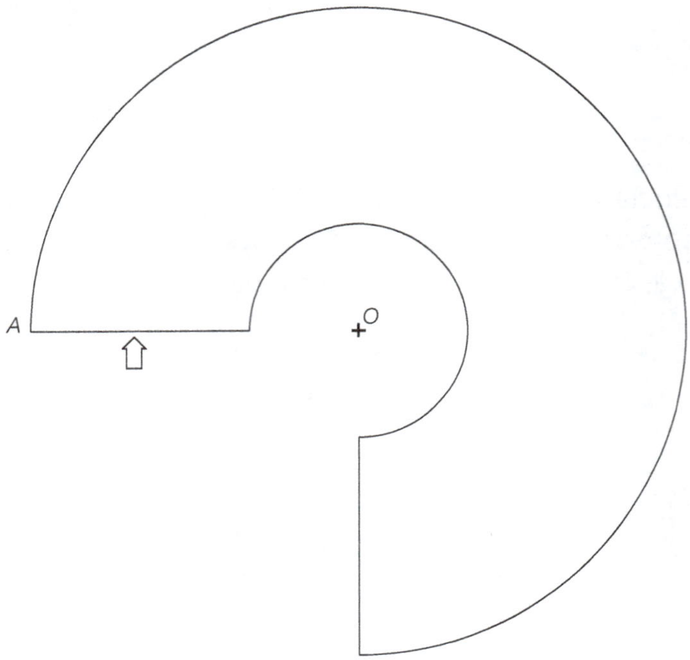

2 Você vai aprender a construir uma figura como a seguir. Podemos notar que se trata de duas estrelas de seis pontas sobrepostas e paralelas, sendo uma menor que a outra, como vemos na página seguinte. Como devemos proceder para construir essa figura? Veja as instruções a seguir.

a) Desenhe duas circunferências concêntricas, de forma que o raio da circunferência menor seja $\frac{2}{3}$ do raio da circunferência maior.

b) Divida uma delas em seis arcos congruentes.

c) Trace os raios que passam pelos pontos 1, 2, 3, 4, 5 e 6, determinando a divisão da outra circunferência.

d) Desenhe os polígonos.

e) Apague onde quiser a faixa sobreposta, para dar o efeito de entrelaçamento.

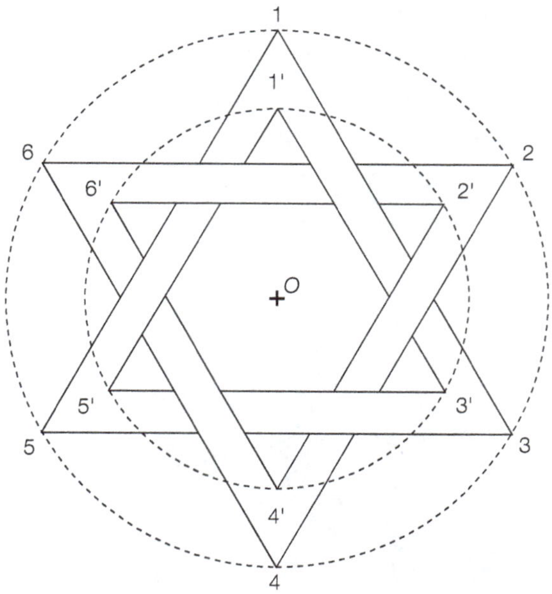

Agora, vamos desenhar essa figura.

Sabendo que *O* é o centro das circunferências circunscritas e que o raio da circunferência maior mede 40 mm, desenhe o símbolo e, em seguida, pinte as faixas.

O
+

3 A energia eólica tem sido aproveitada desde a Antiguidade para mover as pás dos moinhos a fim de bombear água ou moer grãos. Hoje essa energia é usada para a produção de energia elétrica, sendo uma das mais promissoras fontes naturais de energia, principalmente porque é renovável. Note que as hélices são desenhadas a partir da divisão de uma circunferência em partes congruentes.

Construa, em cada circunferência representada a seguir, a divisão correspondente a cada imagem.

Thinkstock/Getty Images

Moinho de vento.

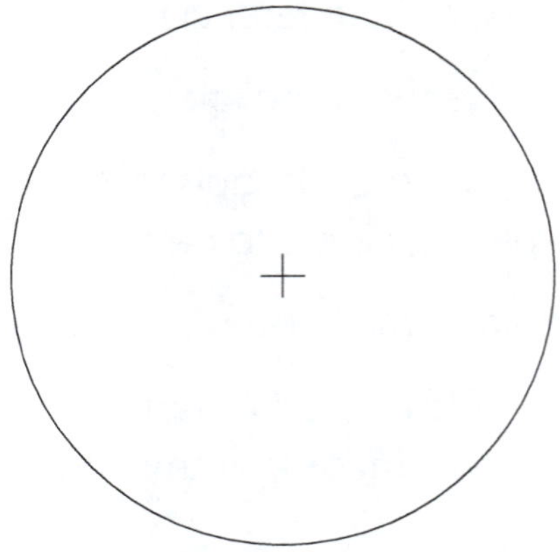

OlegD/Glow Images

Pás de turbinas eólicas.

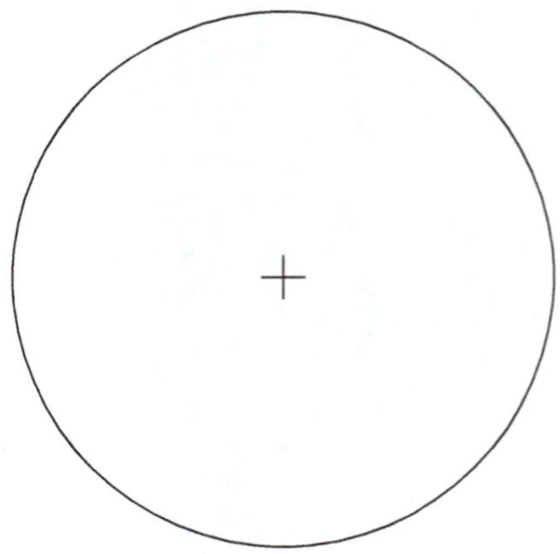

Digital Vision/Getty Images

Cata-vento de usina eólica.

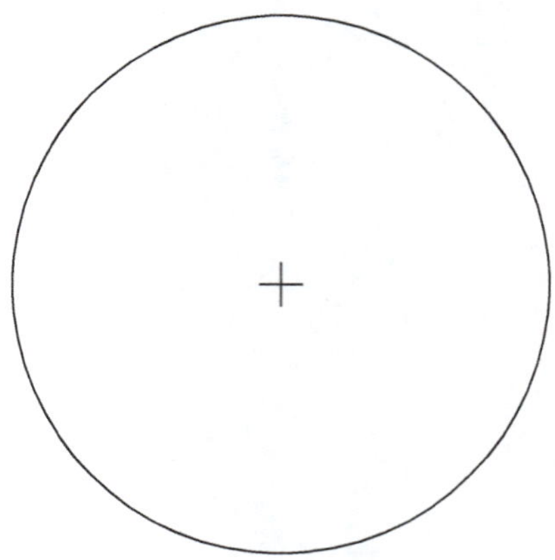

4 Composto de uma sucessão de compartimentos hexagonais ocos, o *design* interno das colmeias inspirou a construção de adegas para armazenar garrafas de vinho.

kosolovskyy/Shutterstock

Luis Louro/Shutterstock

Observe ao lado que os **hexágonos regulares** se encaixam perfeitamente, sem deixar vãos. Isso ocorre porque cada ângulo interno do hexágono regular mede 120° e, quando reunimos três deles em torno de um vértice comum, obtemos 360° (uma volta inteira).

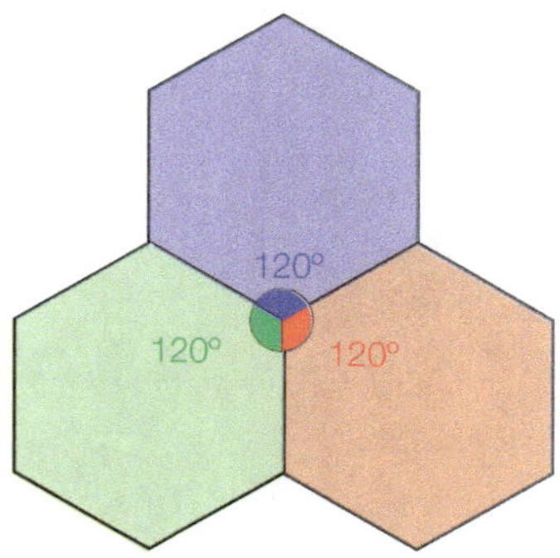

Por essa razão, a forma hexagonal é bastante utilizada na confecção de peças para pisos, paredes, mosaicos e até para coberturas, como você pode ver na cúpula deste moderno jardim botânico, construído em Saint Louis, nos Estados Unidos.

Pixabay/<pixabay.com>

luiiei/Shutterstock

À esquerda, cúpula do Jardim Botânico de Missouri, em Saint Louis (EUA), e, à direita, ladrilhos hexagonais.

Em uma folha de cartolina, desenhe um hexágono regular inscrito em uma circunferência de 6 cm de raio. Decore-o com linhas, formas, cores e muita criatividade, empregando pintura ou colagem de papéis ou tecidos. Depois, junte todos os módulos de sua turma, formando um grande painel.

5 Ao olhar para o céu e observar as estrelas, o ser humano ficou fascinado. Descobriu, no mar e na vegetação, outros organismos que apresentam formatos que lembram estrelas.

nienora/Shutterstock

Noite estrelada.

aquapix/Shutterstock

Estrela-do-mar *Hacelia attenuata*.

Desde então, essas belas e variadas formas estreladas inspiram produções humanas. Na arte, encontramos muitas aplicações dessas formas.

neenawat khenyothaa/Shutterstock

Mosaico.

Reprodução/Museu d'Orsay, Paris, França.

Pintura.

Por seu significado simbólico, as formas estreladas podem ser observadas em bandeiras, logotipos e em outras imagens, como a rosa dos ventos.

e X p o s e/Shutterstock

SergeyKlopotov/Shutterstock

Observe os efeitos visuais das imagens abaixo.

Agora, execute os passos a seguir:

- Construa uma circunferência com raio medindo 6 cm.
- Divida a circunferência construída em 8 arcos congruentes.
- Identifique os pontos de divisão numerando-os de 1 a 8.
- Ligue os pontos identificados com números pares.
- Ligue os pontos identificados com números ímpares.

Você construiu uma estrela de 8 pontas.

- Aplique um efeito visual, inspirando-se nas imagens acima.

CAPÍTULO 9

Isometria

Quando uma figura muda de posição, mas seu formato, suas medidas e suas propriedades se mantêm, dizemos ter havido uma transformação geométrica por isometria. Essas transformações geram padrões geométricos interessantes que costumam ser aplicados na arte da estamparia de papéis e tecidos.

Muitas vezes os padrões conferem identidade a artistas e traduzem valores culturais de uma comunidade. Você consegue relacionar estas estampas étnicas com suas respectivas culturas?

Julia Zharkova/Shutterstock

NAVINBHAI BABUBHAIPATEL/Shutterstock

olies/Shutterstock

Maria Menshova/Shutterstock

Compreendendo ideias

O que é isometria

Felix Klein (1849-1925), um matemático alemão cujas pesquisas impulsionaram o desenvolvimento da Matemática no século XX, trabalhou especialmente com os grupos de transformações geométricas das figuras, estabelecendo o grupo das isometrias (translação, rotação e reflexão) e o das não isometrias (homotetia), que serão trabalhadas no 9º ano.

Isometria são as transformações geométricas em que as figuras ocupam um novo lugar no plano, mas mantêm inalterados o formato, as medidas e as propriedades, resultando em figuras transformadas congruentes (que mantêm o formato, as medidas e as propriedades) às figuras originais.

O próprio nome diz:

iso significa "igual"
metria significa "medida"

Isometrias: mudanças de posição

Existem três tipos de transformação isométrica. Vamos conhecer cada uma delas.

Translação

Transformação em que a figura desliza no plano em linha reta, preservando as medidas de lados e ângulos, mantendo a relação de paralelismo.

Nesse movimento, são considerados três aspectos:

- a direção: horizontal, vertical ou inclinada;
- o sentido: à direita ou à esquerda, para cima ou para baixo;
- a distância: todos os pontos da figura da posição inicial e seus correspondentes na posição final percorrem a mesma distância.

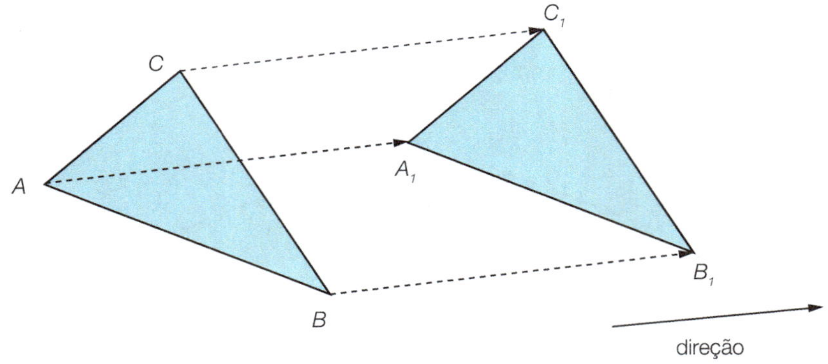

Rotação

Transformação em que todos os pontos da figura giram a mesma medida angular em torno de um ponto fixo chamado centro de rotação (vértice do ângulo).

Para representar uma rotação, é preciso conhecer:

- o centro de rotação;
- a amplitude do ângulo de rotação;
- o sentido de rotação, que pode ser positivo (anti-horário) ou negativo (horário).

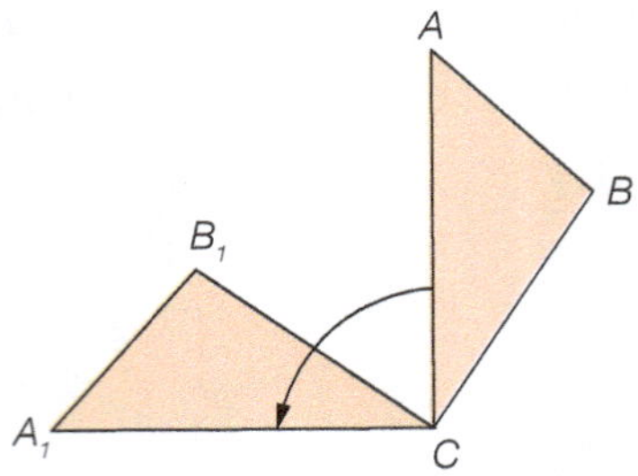

Rotação em *C* de 90° no sentido positivo.

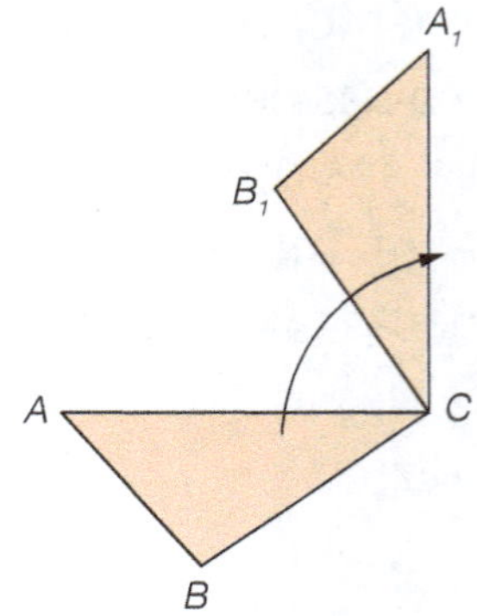

Rotação em *C* de 90° no sentido negativo.

A **simetria central** é um caso particular de rotação, em que a figura gira 180°. Nesse movimento, o centro de simetria *O* é o ponto médio de cada segmento que tem extremidades em pontos simétricos.

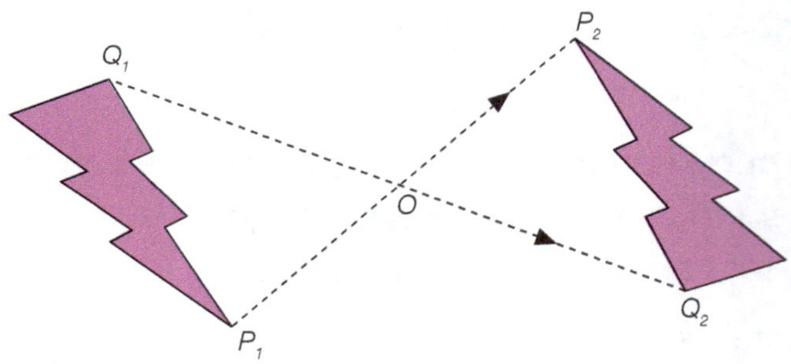

Reflexão ou simetria axial

Transformação de espelhamento da figura. Isso se dá pelo giro de 180° que a figura faz em torno de um eixo de reflexão. Como resultado, a figura original e seu reflexo ficam invertidos e em lados opostos do eixo de reflexão.

Na reflexão, cada ponto da figura espelhada corresponde a um ponto da figura original e os pontos correspondentes são equidistantes do eixo de reflexão.

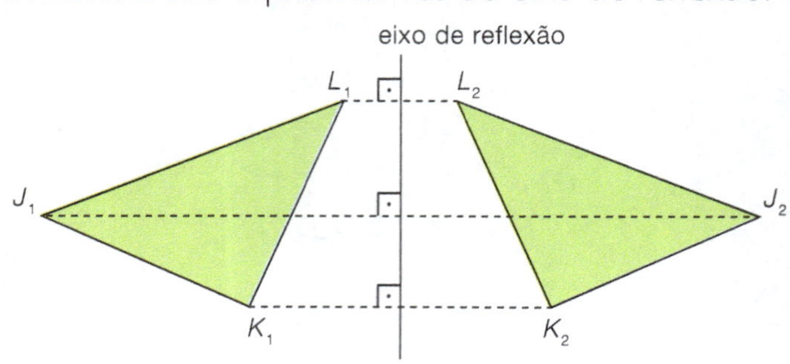

Construindo imagens

Construção de uma figura por translação

- **Dados:** trapézio *ABCD*; direção
- **Construir:** trapézio *A'B'C'D'* pela translação do trapézio *ABCD*

Passos da construção:

1º) Trace, a partir dos vértices do trapézio, semirretas paralelas à seta que indica a direção do deslocamento.

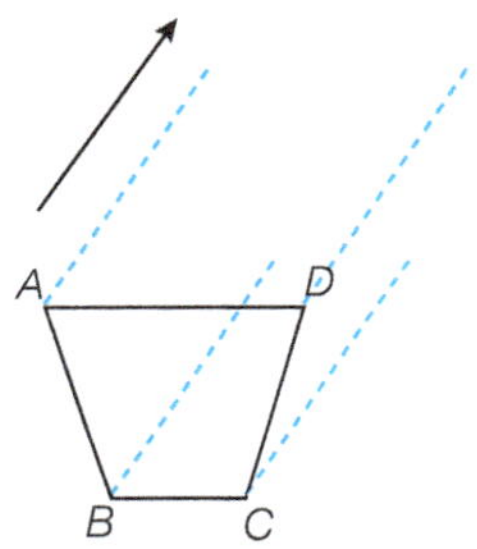

2º) Marque a mesma medida *x* nas semirretas a partir de cada vértice, identificando os pontos correspondentes.

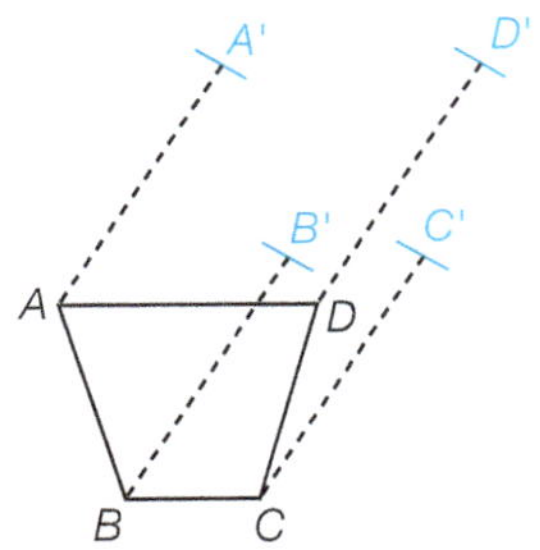

3º) Ligue os pontos *A'B'C'D'* para desenhar o novo trapézio.

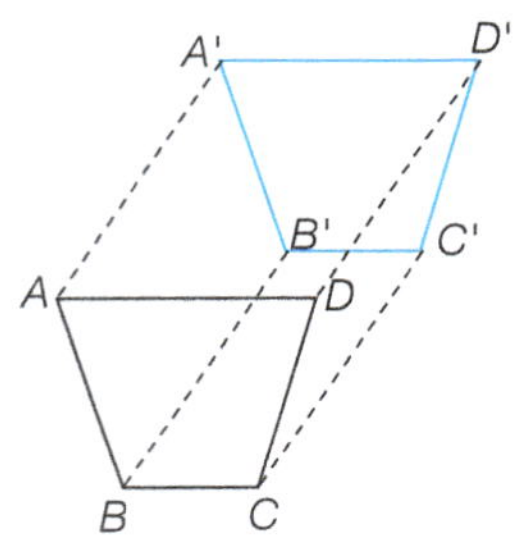

Para você construir:

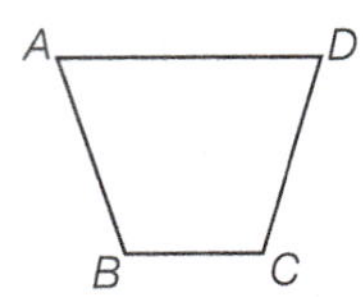

Construção de uma figura por simetria central

- **Dados:** polígono *ABCD*; centro *O*
- **Construir:** polígono *A'B'C'D'* pela simetria central do polígono *ABCD* em relação ao ponto *O*

Passos da construção:

1º) Trace $\overrightarrow{AO}$, $\overrightarrow{BO}$, $\overrightarrow{CO}$ e $\overrightarrow{DO}$.

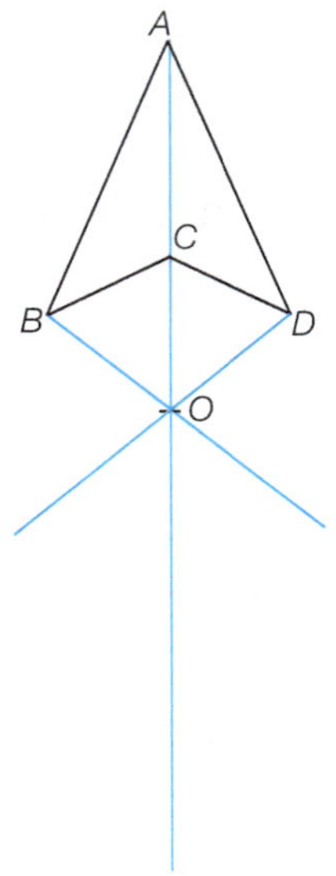

2º) Determine *A'* fazendo *OA'* = *OA* na semirreta oposta a $\overrightarrow{OA}$. Use o mesmo procedimento para determinar *B'*, *C'* e *D'*.

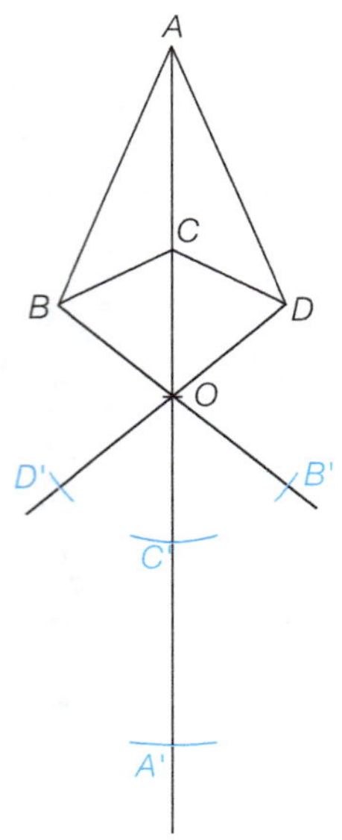

3º) Ligue os pontos encontrados para desenhar o polígono *A'B'C'D'*. Note que a figura ficou invertida.

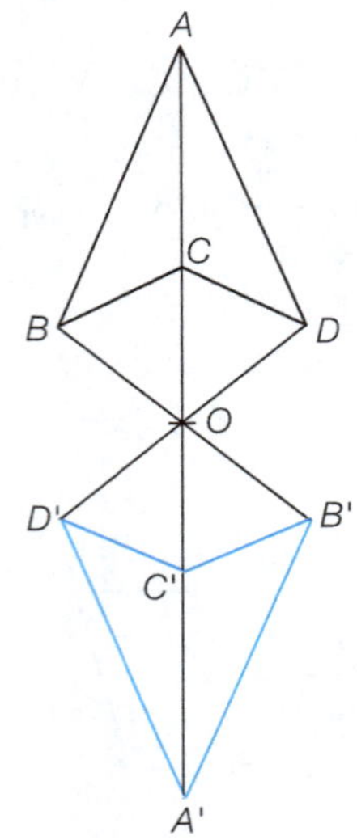

Para você construir:

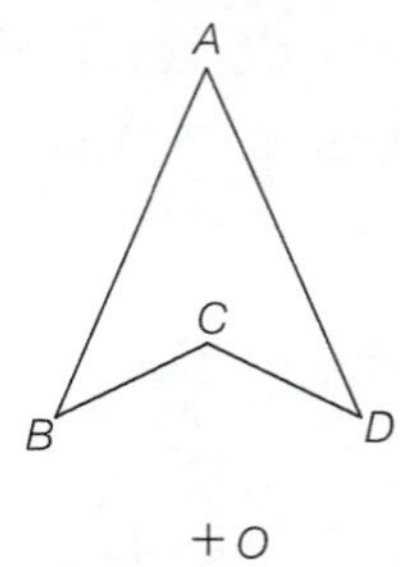

Construção de uma figura por reflexão

- **Dados:** ⊗ (O, r); eixo de simetria e
- **Construir:** ⊗ (O', r) pela reflexão de ⊗ (O, r)

Passos da construção:

1º) Trace uma semirreta perpendicular ao eixo e pelo centro da circunferência, determinando o ponto P.

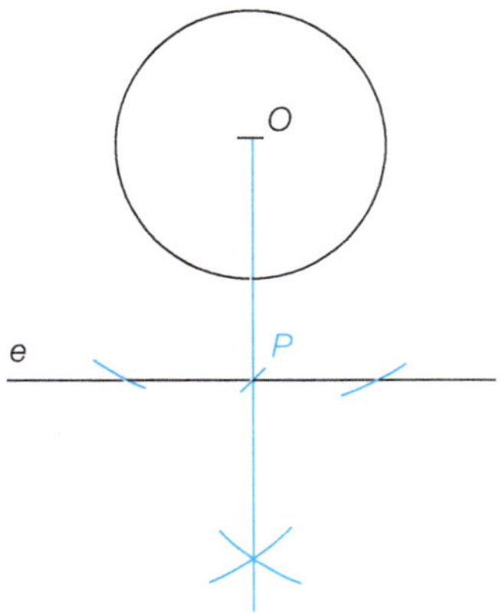

2º) Marque a distância OP a partir do eixo, determinando o ponto O'.

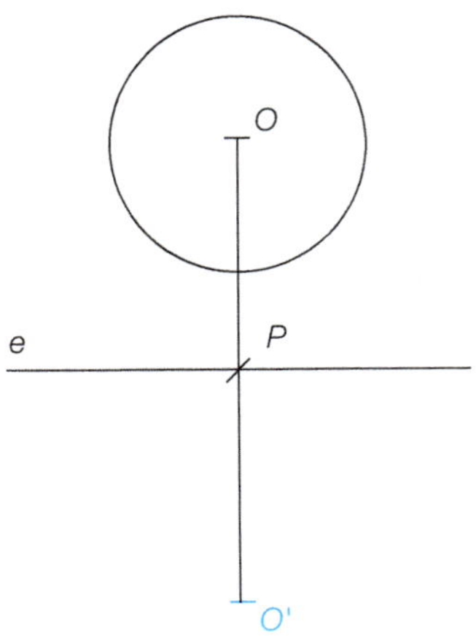

3º) Com centro em O' e raio r, desenhe a circunferência.

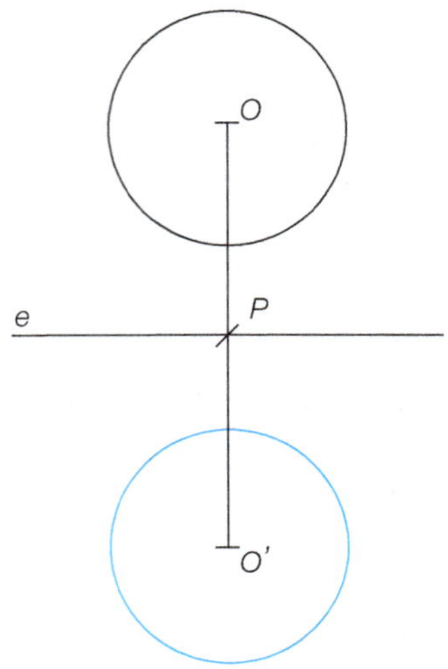

Para você construir:

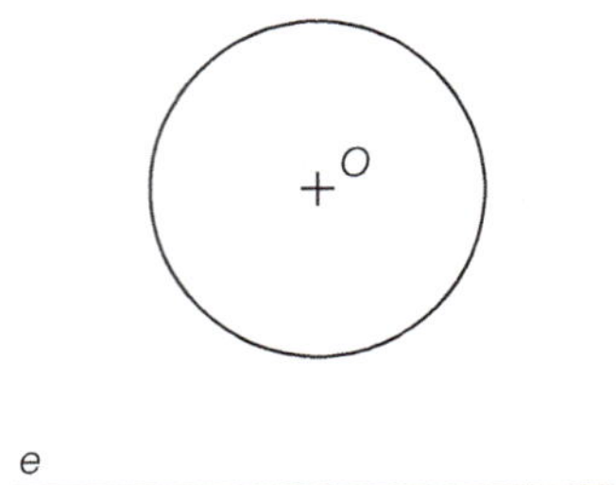

Usando tecnologia

Construção de uma figura por simetria central

Nesta seção, você vai construir um polígono simétrico a outro, por simetria central, utilizando o *software* de Geometria dinâmica GeoGebra, que pode ser encontrado no endereço <https://www.geogebra.org>. Para começar essa construção, é necessário relembrar que o ponto de simetria central é o ponto médio de cada segmento de extremidades em pontos simétricos.

Passos da construção:

1º) Construa um polígono qualquer de 5 lados utilizando a ferramenta e clicando em 5 pontos distintos da tela. Não se esqueça de clicar novamente no primeiro ponto marcado para que a ferramenta construa corretamente o polígono.

Agora, com a ferramenta A, marque um ponto fora do polígono. Esse ponto será o centro de simetria (F). Em seguida, utilizando a ferramenta, trace semirretas, cada uma delas com origem em um vértice do polígono e passando pelo ponto F, que é o centro de simetria. Serão 5 semirretas: $\overrightarrow{AF}$, $\overrightarrow{BF}$, $\overrightarrow{CF}$, $\overrightarrow{DF}$ e $\overrightarrow{EF}$.

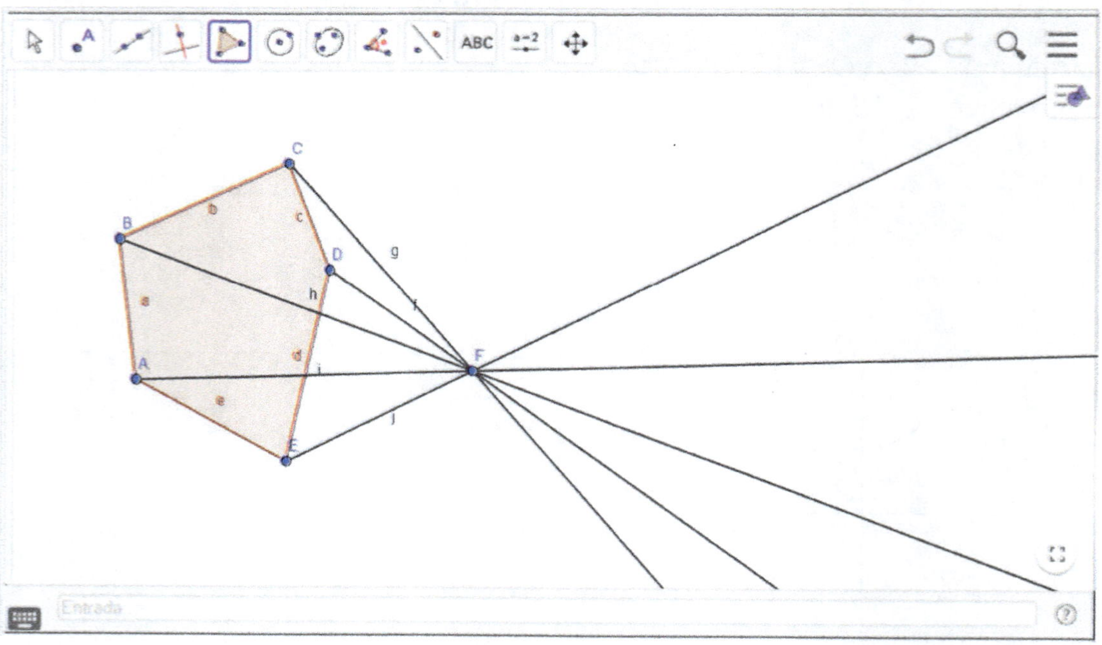

2º) Para obter o vértice A' que será simétrico do vértice A do polígono, utilize a ferramenta e construa uma circunferência de centro F e raio $\overline{AF}$. Para isso, selecione a ferramenta e clique nos pontos F e A.

Na semirreta $\overrightarrow{AF}$ marque o ponto de interseção entre a circunferência e a semirreta utilizando a ferramenta 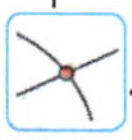. Com o botão direito do *mouse*, troque o nome do ponto para *A'*. Repita o processo para determinar os vértices *B'*, *C'*, *D'* e *E'*.

Por fim, utilize a ferramenta 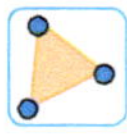 para construir o pentágono simétrico do pentágono *ABCDE*, clicando nos vértices *A'*, *B'*, *C'*, *D'*, *E'* e em *A'* novamente, para que a ferramenta construa corretamente o polígono.

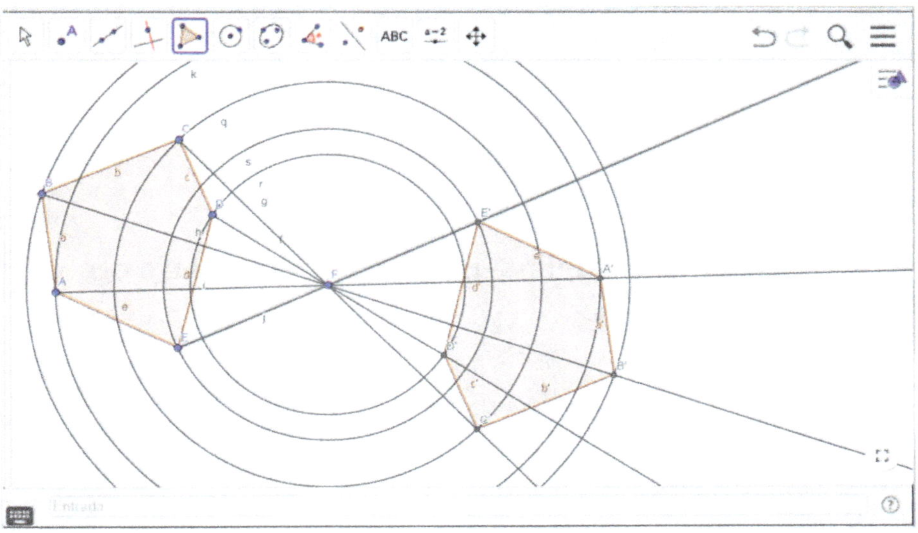

Usando a ferramenta 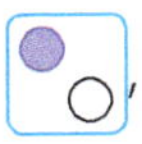, você pode esconder todas as construções auxiliares feitas nos passos anteriores, deixando visíveis apenas os polígonos *ABCDE* e *A'B'C'D'E'* e o centro de simetria.

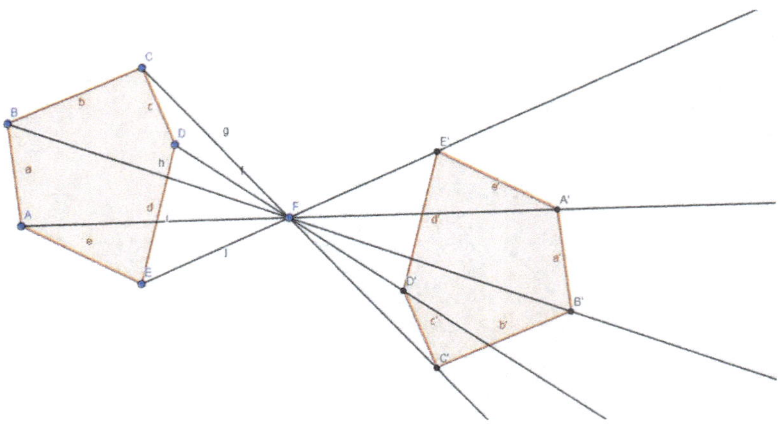

Para você construir:

Construa, no *software* de Geometria dinâmica GeoGebra, um polígono de 6 lados, um ponto *O* qualquer fora do polígono e o polígono simétrico dele em relação ao ponto *O*, seguindo os passos indicados nesta seção.

Você em ação

1 A figura abaixo passou por uma rotação e, com o menor giro possível, a nova figura coincidiu com a original. Determine o centro de simetria *O* e a medida do ângulo de rotação.

2 Nomeie os vértices das duas figuras. Em seguida, determine o centro de simetria e a medida do ângulo de rotação.

3 Construa o eixo de reflexão das figuras.

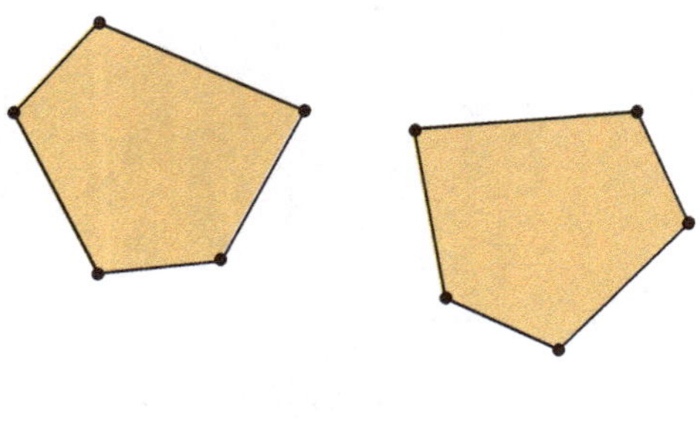

4 **Construa as isometrias pedidas.**

a) Translação na direção indicada, tal que a distância de *A* para *A'* seja de 3,5 cm.

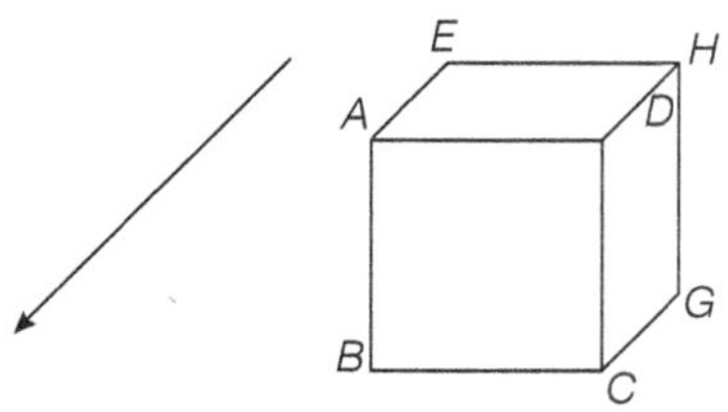

b) Reflexão da figura em relação ao eixo *x*.

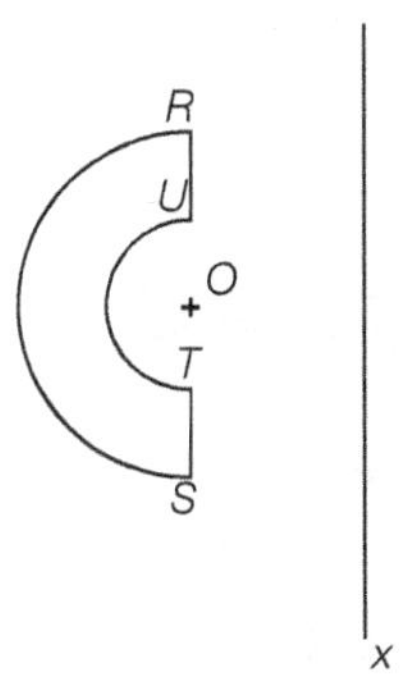

c) Rotação da figura em ângulo de medida 60° no sentido anti-horário.

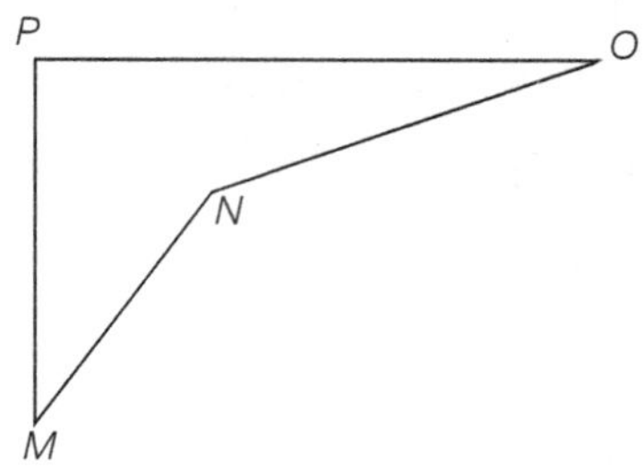

d) Transforme a figura dada por simetria central.

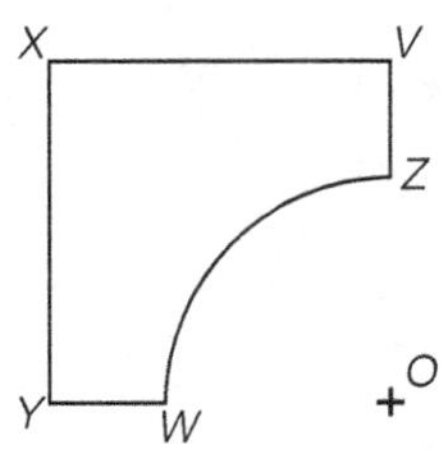

Olhando ao redor

1 Podemos associar a ideia de isometria a alguns elementos da natureza e produções humanas, por remeter à ideia de equilíbrio, proporção, padrão e harmonia estética. Observe as fotografias a seguir e identifique o tipo de isometria que cada uma delas lembra. Depois, desenhe o centro, o eixo ou o ângulo, conforme o caso.

As imagens não estão representadas em proporção.

Tim UR/Shutterstock

....

Oleg1824/Shutterstock

....

YanaDesign/Shutterstock

....

Andrejs Marcenko/Shutterstock

....

2 O planeta Terra realiza dois movimentos que você já conhece dos estudos em Geografia. Pois agora você vai saber que não foi por acaso que esses movimentos receberam os nomes rotação e translação; eles são isometrias executadas simultaneamente.

As imagens não estão representadas em proporção.

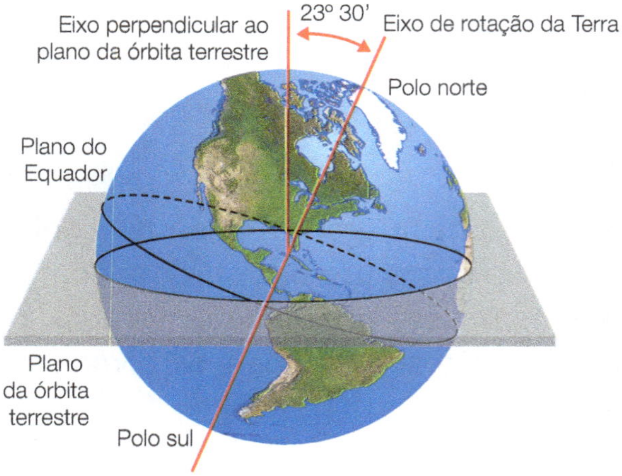

Movimento de rotação da Terra. Cores fantasia.

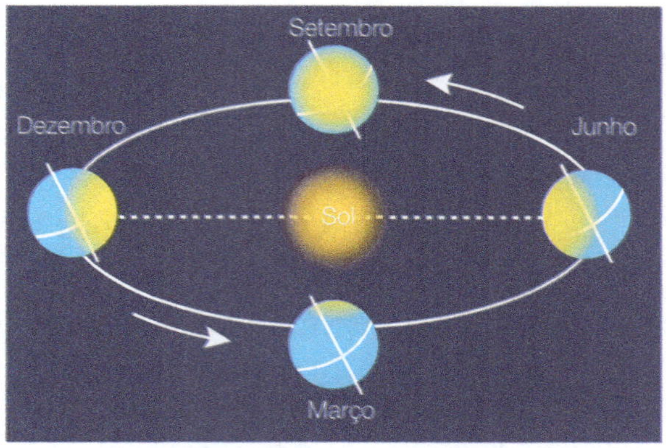

Movimento de translação da Terra. Cores fantasia.

A rotação é o movimento realizado pelo planeta Terra em torno de seu próprio .... no sentido anti-horário. Demora .... para retornar à sua posição inicial e, tendo como referência o Sol, determina a sucessão de dia e ....

O movimento de translação é o que a Terra faz em torno do Sol, descrevendo uma órbita elíptica, também no sentido anti-horário. Demora aproximadamente .... para completar o movimento, que determina a sucessão das ....

3 As placas de trânsito têm o objetivo de manter a ordem e a segurança do fluxo de veículos e pedestres. Essas placas são classificadas em 7 categorias. Por exemplo, as placas de regulamentação em geral são circulares, apresentam borda vermelha e símbolos em preto; as de advertência, em formato de losango, têm fundo amarelo com símbolos em preto. Em várias delas, podemos associar a ideia de isometria. Veja:

Zack Stock Photo/Shutterstock

Reflexão

Robert J. Beyers II/Shutterstock

Rotação

LAN02/Shutterstock

Simetria central

Jojoo64/Shutterstock

Translação

Usando seus conhecimentos de isometria de reflexão, complete a placa:

Ponte estreita

4 Maurits Cornelis Escher (1898-1972) foi um artista gráfico holandês conhecido por suas xilogravuras, litografias e meios-tons e pelo uso de padrões geométricos entrecruzados que se transformam (metamorfoses). Utilizando conceitos da geometria da transformação, Escher produzia mosaicos muito criativos, como este, em que observamos claramente a simetria de rotação:

Peixe/Pato/Lagarto, de M. C. Escher, 1948.

Nos mosaicos a seguir, destaque os casos de isometria existentes colorindo as figuras.

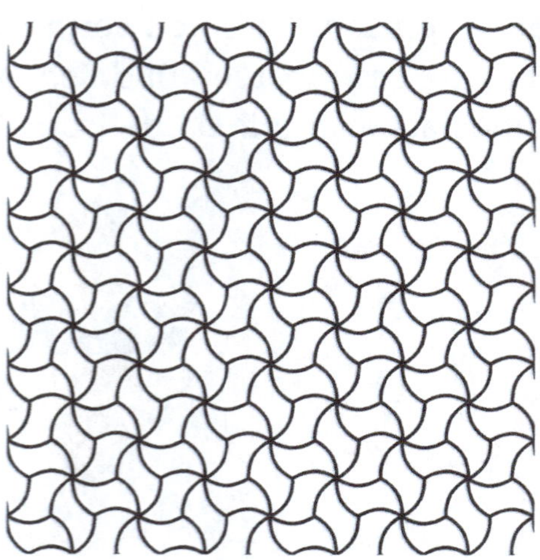

5 **O "olho de deus" é um objeto tecido com fios coloridos sobre uma estrutura de varetas de madeira. Esse tipo de tecelagem é uma prática contemplativa antiga originária da cultura indígena Huichol, do México. Esse objeto, considerado sagrado, simboliza uma prece para a saúde, a felicidade e a prosperidade.**

Esse tipo de trabalho admite grande variedade de formas, cores e texturas táteis ou visuais. Não há limite para as possibilidades criativas. Veja algumas produções e note que se trata de uma aplicação de um dos tipos de isometria: a rotação.

Nataliia Khlapushyna/Alamy/Fotoarena

BUTENKOV AI FKSFI/Shutterstock

inspired_by_the_light/Shutterstock

Vamos aprender a fazer uma tecelagem como esta? Você vai precisar de duas varetas de madeira e fios de lã de várias cores. Comece dispondo uma vareta sobre a outra em seus pontos médios e as amarre com um fio de lã na cor que pretende usar no centro. Umas 4 voltas são suficientes para que a estrutura de varetas fique bem firme e se formem 4 ângulos retos.

Cattleya2017/Shutterstock

Para tecer, passe o fio por cima e dê uma volta na vareta, estique o fio até a próxima vareta (sempre no mesmo sentido de rotação) e passe por cima dela, dando a volta antes de seguir para a seguinte. Os fios devem ficar bem esticados e firmes.

Para mudar de cor, complete a volta e una os dois fios com um nozinho, preferencialmente junto à vareta para ficar mais fácil escondê-lo e proporcionar um arremate mais caprichado.

Teça até cobrir toda a vareta e, para finalizar, faça uma alça para poder pendurar a sua arte.

Glossário

$A, B, C, \ldots$	Pontos (qualquer letra latina maiúscula).
$a, b, c, \ldots$	Retas (qualquer letra latina minúscula).
$\alpha, \beta, \gamma, \ldots$	Planos (qualquer letra grega minúscula).
$\overleftrightarrow{AB}$	Reta que passa pelos pontos *A* e *B*.
$\vec{A}$	Semirreta de origem no ponto *A*.
$\overrightarrow{AB}$	Semirreta de origem no ponto *A* e que passa por *B*.
$\overline{AB}$	Segmento de reta de extremidades nos pontos *A* e *B*.
$m(\overline{AB})$ ou AB	Medida do segmento *AB*.
$\hat{A}$	Ângulo de vértice no ponto *A*.
$A\hat{B}C$	Ângulo de vértice em *B* e de lados $\overrightarrow{BA}$ e $\overrightarrow{BC}$.
$m(A\hat{B}C)$	Medida do ângulo $A\hat{B}C$.
$\alpha = 60°$	A medida do ângulo, representada por α, é 60 graus.
$0° < \gamma < 90°$	A medida γ é maior que 0° e menor que 90°.
$d(A, B)$	Distância entre os pontos *A* e *B*.
$d(A, r)$	Distância do ponto *A* à reta *r*.
$d(r, s)$	Distância entre as retas *r* e *s*.
$P \in r$	O ponto *P* pertence à reta *r*.
$P \notin m$	O ponto *P* não pertence à reta *m*.
$a \subset \beta$	A reta *a* está contida no plano β.
$a \not\subset \omega$	A reta *a* não está contida no plano ω.
$\exists \vert r$	Existe uma única reta *r*.
$\hat{A} \cong \hat{O}$	O ângulo *A* é congruente ao ângulo *O*.
$\hat{A} \not\cong \hat{E}$	O ângulo *A* não é congruente ao ângulo *E*.
$r \parallel s$	A reta *r* é paralela à reta *s*.
$r \times s$	A reta *r* é concorrente à reta *s*.
$r \perp s$	A reta *r* é perpendicular à reta *s*.
$r \angle f$	A reta *r* é oblíqua à reta *f*.
$h = g$	A reta *h* é coincidente com a reta *g*.
$A = B$	Os pontos *A* e *B* são coincidentes.

$\triangle ABC$	Triângulo de vértices nos pontos *A*, *B* e *C*.
$\otimes(O, r)$	Circunferência de centro em *O* e raio de medida *r*.
$\otimes(C, CA)$	Circunferência de centro em *C* e raio de medida *CA*.
$\overset{\frown}{AB}$	Arco de extremidades nos pontos *A* e *B*.
$\overset{\frown}{MPN}$	Arco de extremidades em *M* e *N* e que passa por *P*.
/	Tal que.
Escala 1 : 10	Escala de 1 para 10 (1 cm no desenho corresponde a 10 cm na medida real).
Escala 10 : 1	Escala de 10 para 1 (10 cm no desenho correspondem a 1 cm na medida real).
$\Rightarrow$	Implica.
$\cap$	Interseção.
$\cup$	União.
$\sphericalangle$	Ângulo.
$\llcorner$	Ângulo reto (90°).
$\{P\}$	Conjunto dos pontos *P*.
{ } ou $\varnothing$	Conjunto vazio.
$=$	Igual.
$\neq$	Diferente.
$>$	Maior que.
$<$	Menor que.
$\geqslant$	Maior ou igual a.
$\leqslant$	Menor ou igual a.
u	Unidade de medida.
btz	Bissetriz.
mtz	Mediatriz.
1°	Um grau.
60'	Sessenta minutos (equivalem a 1°).
60"	Sessenta segundos (equivalem a 1').

Equivalência de medidas

1 mm = 0,001 m	1 dam = 10 m
1 cm = 0,01 m	1 hm = 100 m
1 dm = 0,1 m	1 km = 1000 m

Atividades para revisão

Testes

1. São instrumentos clássicos usados para as operações gráficas do Desenho Geométrico:

   a) régua e transferidor.

   b) par de esquadros.

   c) régua e compasso.

   d) régua e par de esquadros.

2. **Circunferência é uma linha plana fechada cujos pontos são equidistantes do centro; círculo é a região do plano limitada pela circunferência, incluindo-a, e esfera é a união do círculo com a circunferência. A afirmação está:**

   a) totalmente certa.

   b) totalmente errada.

   c) errada em relação à esfera.

   d) errada em relação ao círculo.

3. **Duas retas distintas, perpendiculares a uma terceira reta, são:**

   a) paralelas entre si.

   b) perpendiculares entre si.

   c) paralelas a uma quarta reta.

   d) oblíquas entre si.

4. **O centro de uma circunferência é o ponto médio de cada um de seus diâmetros.**

   a) Está errado.

   b) Não de todos, só de diâmetros especiais.

   c) Nem sempre, o centro pode estar mais perto de uma das extremidades do que da outra.

   d) Está correto.

5. **Uma reta tangente a uma circunferência é .... ao raio que tem por extremidade o ponto de tangência.**

   a) paralela

   b) congruente

   c) oblíqua

   d) perpendicular

6 Um triângulo com dois lados que medem 5 cm e dois ângulos de 60° classifica-se como triângulo:

a) equilátero.

b) isósceles.

c) escaleno.

d) retângulo.

7 Assinale a alternativa falsa.

a) A soma das medidas dos ângulos internos de um quadrilátero é 360°.

b) O trapézio possui dois lados paralelos que são chamados de bases.

c) O losango é um paralelogramo que possui dois ângulos retos.

d) O quadrado é o único quadrilátero regular.

8 Assinale a alternativa correta.

a) O ângulo central serve para dividir a circunferência em arcos congruentes.

b) O ângulo central tem vértice no centro da circunferência.

c) O processo de Rinaldini permite dividir a circunferência em qualquer número de partes.

d) Polígono estrelado é a mesma coisa que estrela.

9 Todo polígono regular:

I – possui lados congruentes;

II – possui ângulos congruentes;

III – é inscritível.

a) I, II e III estão certas.

b) III está errada.

c) Só a I está certa.

d) Todas estão erradas.

Desafio

Palavras cruzadas

Horizontal

1. Parte do círculo limitada pelo diâmetro e pela semicircunferência correspondente.
3. Retas coplanares que podem ser perpendiculares.
4. Distância do centro a um ponto da circunferência.
5. Quantidade de ângulos retos de um trapézio retângulo.
6. Quadrilátero de lados congruentes.
9. Quadrilátero de ângulos retos e de lados congruentes, dois a dois.
13. União da circunferência com sua região interna.
15. Abreviatura de bissetriz.
16. Reta que tem um só ponto em comum com uma circunferência.
17. Maior corda da circunferência.
19. Relação de tamanho entre o diâmetro e o raio.
20. Região compreendida entre dois círculos concêntricos.
23. Trapézio que admite um eixo de simetria.
24. Ponto que equidista de todos os pontos da circunferência.
25. Parte da circunferência.
26. Quadrilátero que possui dois lados paralelos.
27. Conjunto de pontos que equidistam de um centro.

Vertical

2. Reta perpendicular que divide um segmento ao meio.
7. O que falta a um ângulo para chegar a 90°.
8. Circunferências que possuem o mesmo centro.
10. Ponto comum a dois lados de um triângulo.
11. Os diâmetros o são para a circunferência.
12. Retângulo de lados congruentes.
14. Ângulos consecutivos que não possuem pontos internos comuns.
18. Paralelogramo de lados congruentes e ângulos opostos congruentes.
21. Circunferência que tem dois pontos em comum com outra circunferência.
22. Região do círculo compreendida por dois raios e o arco entre eles.

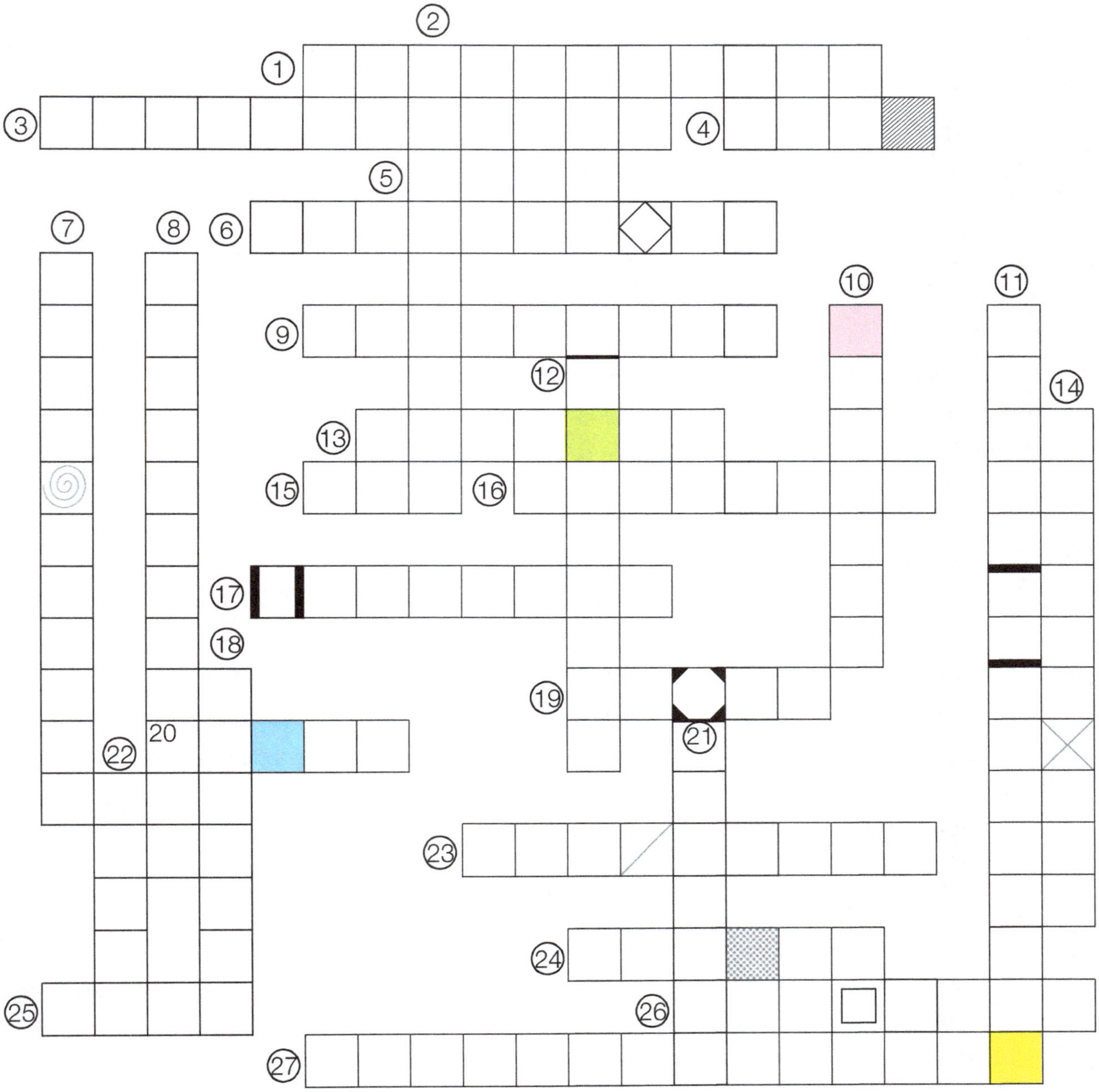

Agora que você já completou as palavras cruzadas, descubra a mensagem que ela traz, procurando as letras conforme os símbolos abaixo:

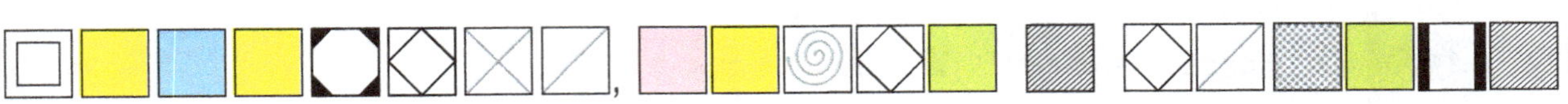

....

Referências bibliográficas

ADONIAS FILHO. *Leonardo da Vinci*: o homem da Renascença. São Paulo: Ediouro, s/d. (Coleção Os grandes personagens e a História).

BARBOSA, Ruy Madsen. *Descobrindo padrões em mosaicos*. São Paulo: Atual, 1993.

BECK, Sergio. *O livro de estrelas do excursionista sonhador*. São Paulo: Edição do Autor, 2001.

BIENBENGUT, Maria Salett. *Número de ouro e secção áurea*. Blumenau: FURB, 1996.

_______; SILVA, Viviane Clotilde da; HEIN, Nelson. *Ornamentos × criatividade*: uma alternativa para ensinar geometria plana. Blumenau: FURB, 1996.

BONGIOVANNI, Vincenzo Campos; SADDO, Tânia M. M. Almouloud. *Descobrindo o Cabri-Gèométre*. São Paulo: FTD, 1997.

BOYER, C. *História da Matemática*. São Paulo: Blucher, 2010.

BRASIL. Ministério da Educação. Secretaria de Educação Básica. Diretoria de Currículos e Educação Integral. *Diretrizes Curriculares Nacionais da Educação Básica*, Brasília: MEC/SEB/Dicei, 2013.

_______. Ministério da Educação. *Base Nacional Comum Curricular*. Brasília, DF: 2017. Disponível em: <http://basenacionalcomum.mec.gov.br/abase>. Acesso em: 29 mar. 2019.

CÂNDIDO, Suzana Laino. *Formas num mundo de formas*. São Paulo: Moderna, 1997.

COLL, Cesar; TEBEROSKY, Ana. *Aprendendo personagens*. São Paulo: Ática, 2000.

DUARTE, Ruth de Gouvea. *A água nossa de cada dia*. São Paulo: Ícone, 1998. (Coleção Voando alto).

FORSLIND, Ann. *Desenhos* – jogos e experiências. São Paulo: Callis, 1998.

FUNARI, Raquel dos Santos. *O Egito dos faraós e sacerdotes*. São Paulo: Atual, 2001. (Coleção A vida no tempo).

HOWARD, Eves. *Tópicos da história da Matemática para uso em sala de aula* – Geometria. São Paulo: Atual, 1996.

IMENES, Luiz Márcio Pereira; JAKUBO, José; LELLIS, Marcelo Cestari Terra. *Geometria*. São Paulo: Atual, 1992. (Coleção Pra que serve a Matemática?).

IMENES, Luiz Márcio. *Geometria das dobraduras*. São Paulo: Scipione, 1992.

_______. *Semelhança*. São Paulo: Atual, 1992. (Coleção Pra que serve a Matemática?).

_______. *Proporções*. São Paulo: Atual, 1992. (Coleção Pra que serve a Matemática?).

MACHADO, Nílson José. *Polígonos, centopeias e outros bichos*. São Paulo: Scipione, 1994. (Coleção Vivendo a Matemática).

_______. *Medindo comprimentos*. São Paulo: Scipione, 1994. (Coleção Vivendo a Matemática).

_______. *Semelhança não é mera coincidência*. São Paulo: Scipione, 1999. (Coleção Vivendo a Matemática).

PUTNOKI, José Carlos. *Geometria e Desenho Geométrico*. São Paulo: Scipione, 1991.

SMOLE, Katia; DINIZ, M. Ignez. *O conceito de ângulo e o ensino da Geometria*. São Paulo: IME/USP, 1996.

SMOOTHEY, Marion. *Atividades e jogos com círculos*. São Paulo: Scipione, 1998.

______. *Atividades e jogos com ângulos*. São Paulo: Scipione, 1997.

______. *Atividades e jogos com triângulos*. São Paulo: Scipione, 1997.

______. *Atividades e jogos com quadriláteros*. São Paulo: Scipione, 1997.

______. *Atividades e jogos com formas*. São Paulo: Scipione, 1997.

______. *Atividades e jogos com escalas*. São Paulo: Scipione, 1998.

ZASLAVSKY, Claudia. *Jogos e atividades matemáticas do mundo inteiro*. Porto Alegre: Artmed, 2000.